U0180962

高职高专食品类专业系列教材

GAOZHI GAOZHUAN SHIPINLEI ZHUANYE XILIE JIAOCAI

饮料加工技术

（第2版）

主　编◇杨红霞

副主编◇王　岩　姚瑞祺

参　编（按姓氏笔画为序）

李和平　李国平　吕映辉

重庆大学出版社

内 容 提 要

本书汇集了全国多所高职高专院校,优选具有丰富教学经验的食品专业教师共同编写完成。主要内容包括:饮料用水及水处理、饮料生产常用添加剂、包装用水的加工、碳酸饮料的加工、果蔬汁饮料的加工、茶饮料的加工、含乳饮料的加工、植物蛋白饮料的加工、功能型饮料的加工、固体饮料的加工、果酒饮料的加工、高新技术在软饮料加工中的应用等相关知识,系统介绍了有代表性的饮料生产的产品配方、工艺流程、操作要点及生产中容易出现的问题和解决方案等。

本书可作为高职高专院校、成人高等院校食品类专业以及相关专业的教学用书,也可供中等职业院校学生及相关从业者参考使用。

图书在版编目(CIP)数据

饮料加工技术 / 杨红霞主编. -- 2 版. -- 重庆：
重庆大学出版社,2022.1(2024.1 重印)
高职高专食品类专业系列教材
ISBN 978-7-5624-8779-1

Ⅰ.①饮… Ⅱ.①杨… Ⅲ.①饮料—食品加工—高等职业教育—教材 Ⅳ.①TS275

中国版本图书馆 CIP 数据核字(2022)第 013990 号

饮料加工技术
(第 2 版)
主 编 杨红霞

责任编辑:袁文华　　版式设计:袁文华
责任校对:谢 芳　　责任印制:赵 晟

*

重庆大学出版社出版发行
出版人:陈晓阳
社址:重庆市沙坪坝区大学城西路 21 号
邮编:401331
电话:(023) 88617190　88617185(中小学)
传真:(023) 88617186　88617166
网址:http://www.cqup.com.cn
邮箱:fxk@cqup.com.cn(营销中心)
全国新华书店经销
重庆新荟雅科技有限公司印刷

*

开本:787mm×1092mm　1/16　印张:16.5　字数:413 千
2022 年 1 月第 2 版　　2024 年 1 月第 4 次印刷
ISBN 978-7-5624-8779-1　定价:42.00 元

本书如有印刷、装订等质量问题,本社负责调换
版权所有,请勿擅自翻印和用本书
制作各类出版物及配套用书,违者必究

前言
Foreword

中国饮料市场发展迅速，从20世纪80年代开始，仅用了20多年的时间就几乎走完了欧美国家80年的软饮料发展全过程。时至今日，已成长为一个庞大、成熟的市场。近年来，随着人们生活水平的提高、经济的快速增长、城乡消费者收入水平和消费能力的持续提高，促使饮料消费需求始终处于较快增长的阶段，但目前仍处于世界偏低水平，国内饮料行业拥有了巨大的市场基础和依托，随着社会稳步发展，我国人均消费软饮料量也在逐步提高，后期产量提升方面仍存在较大空间。

我国饮料市场已成为中国食品行业中发展最快的市场之一。仅2010年，面对国际市场需求不振、国内市场竞争激烈的经营环境，中国软饮料工业加大市场开拓力度，产品推陈出新，使行业保持了产销两旺的增长态势。全国软饮料累计产量9 984万吨，同比增长18.27%。2013年1—11月，全国共生产软饮料1.37亿吨，同比增长13.03%。近年来，软饮料行业分布更加广泛的同时，国内产量也出现了明显的增多。

展望2014年以后的软饮料行业，仍将保持12%~15%的年均增速发展，行业整体规模将继续扩大。随着饮料市场需求结构的不断变化调整，软饮料行业生产结构会持续调整，茶饮料、蛋白饮料比重将有所提高，健康型饮料将形成新的产业结构主体。

本书由鹤壁职业技术学院杨红霞任主编，杨凌职业技术学院生物工程系姚瑞祺、河北交通职业技术学院粮食工程系王岩任副主编。本书的绪论、第2章、第5章由鹤壁职业技术学院杨红霞编写；第3章、第11章由杨凌职业技术学院生物工程系姚瑞祺编写；第1章、第4章由河北交通职业技术学院粮食工程系王岩编写；第6章、第9章由山东职业学院生物工程系吕映辉编写；第7章、第10章由湖北生物科技职业学院动物科学系李国平编写；第8章、第12章由郑州牧业工程高等专科学校食品工程系李和平编写；在本书的编写过程中，得到了重庆大学出版社的大力支持，在此深表感谢！

在本书编写过程中，参考了相关文献、资料、书籍，在此谨向参考文献的编著者表示诚挚的谢意。

由于现代饮料生产新工艺、新技术涉及内容非常广泛，难免存在疏忽与不当之处，请同行、专家与广大读者提出宝贵意见。

编　者
2021年12月

目 录
Contents

1.饮料

饮料是以饮用水为基本原料,采用不同的配方,经过加工和制作,供人们饮用并提供保证人体正常生理功能所必需的水分和其他营养素,达到生津止渴和增进身体健康为目的的一类液态食品。

随着饮料工业的发展,饮料的种类越来越多,风味也各不相同,饮料概括起来可分为两大类:含酒精饮料(包括各种酒类)和不含酒精饮料。从组织形态来讲,饮料可分为固体、共态和液体饮料 3 种。

2.软饮料

软饮料是指凡不含乙醇或乙醇含量不超过 0.5% 的饮料制品。具体包括瓶装饮用水、碳酸饮料、纯果汁与果汁饮料、蔬菜汁与蔬菜复合汁饮料、蛋白饮料、固体饮料、茶饮料、发酵型饮料和其他饮料等。

根据国家标准 GB 10789—2007,饮料按原料或产品性状进行分类,可分为 11 个类别及相应的种类。

1)碳酸饮料类

碳酸饮料是指在一定条件下充入 CO_2 的软饮料,不包括由发酵法自身产生 CO_2 的饮料,其成品为 CO_2 容量不低于 2.0 倍(20 ℃时的体积倍数)。碳酸饮料又分为果汁型碳酸饮料、果味型碳酸饮料、可乐型碳酸饮料、其他型碳酸饮料等。

2)果汁和蔬菜汁类

用水果和(或)蔬菜(包括可食的根、茎、叶、花、果实)等为原料,经加工或发酵制成的饮料。主要包括果汁(浆)和蔬菜汁(浆)、浓缩果汁(浆)和浓缩蔬菜汁(浆)、果汁饮料和蔬菜汁饮料、果汁饮料浓浆和蔬菜汁饮料浓浆、复合果蔬汁(浆)及饮料、果肉饮料、发酵型果蔬汁饮料、水果饮料以及其他果蔬汁饮料。

3)蛋白饮料类

以乳或乳制品,或有一定蛋白质含量的植物的果实、种子或种仁等为原料,经加工或发酵制成的饮料。主要分为含乳饮料、植物蛋白饮料和复合蛋白饮料 3 种。

4)饮用水类

密封于容器中可直接饮用的水。我国 GB 10789—2007 将包装饮用水分为饮用天然矿

泉水、饮用天然泉水、其他天然饮用水、饮用纯净水、饮用矿物质水和其他包装饮用水。

5)茶饮料类

以茶叶的水提取液或其浓缩液、茶粉等为原料,经加工制成的饮料。茶饮料类因为原料、辅料种类的不同和加工方法的不同可分为茶饮料(茶汤)、茶浓缩液、调味茶饮料、复(混)合茶饮料。

6)咖啡饮料类

以咖啡的水提取液或其浓缩液、速溶咖啡粉为原料,经加工制成的饮料。咖啡饮料类分为浓咖啡饮料、咖啡饮料、低咖啡因咖啡饮料。

7)植物饮料类

以植物或植物抽提物(水果、蔬菜、茶、咖啡除外)为原料,经加工或发酵制成的饮料。主要包括食用菌饮料、藻类饮料、可可饮料、谷物饮料、其他植物饮料。

8)风味饮料类

以食用香精(料)、食糖和(或)甜味剂、酸味剂等作为调整风味的主要手段,经加工制成的饮料。风味饮料类包括果味饮料、乳味饮料、茶味饮料、咖啡味饮料、其他风味饮料。

9)特殊用途饮料类

添加适量的食品营养强化剂,以满足某些人群特殊营养需要的饮料。包括运动饮料、营养素饮料、其他特殊用途饮料。

10)固体饮料类

用食品原料、食品添加剂等加工制成粉末状、颗粒状或块状等固态料的供冲调饮用的制品,如果汁粉、豆粉、茶粉、咖啡粉、果味型固体饮料、固态汽水(泡腾片)、姜汁粉。

11)其他饮料类

以上分类中未能包括的饮料。

3.饮料的工业现状及发展趋势

1)我国饮料工业的发展现状

我国饮料工业是改革开放以后高速发展起来的新兴行业,饮料工业起步较晚,但近年来,我国饮料工业发展十分迅速,成为我国食品消费中的发展热点和新增长点。30多年来,饮料行业不断地发展和成熟,逐渐改变了以往规模小、产品结构单一、竞争无序的局面,饮料企业的规模和集约化程度不断提高,产品结构日趋合理,饮料行业生产量增长了近300倍,目前我国已超过日本成为第2大饮料生产消费国。

从行业产品品类结构来看,截至2012年9月末,在我国饮料行业中,饮用水、碳酸饮料、茶饮料、凉茶、果汁、功能饮料分别占据了25.65%、21.91%、16.36%、7.21%、22.24%、6.63%的销量份额。

从品类结构的变化看,近年来我国饮料行业产品结构不断优化,健康型饮料比重不断上升,碳酸饮料份额呈下降趋势。从各类饮料占比可见,饮用水、果汁、碳酸饮料的市场份额均超过了 20%,构成了饮料行业中的主要产品;茶饮料、凉茶、功能饮料、饮用水所占份额较去年有所提高。

从品类结构看,不同市场、不同区域的竞争程度差异明显。罐装饮料市场前四强份额最低,凉茶市场前四强份额最高。

目前仍由果菜汁及果菜汁饮料、碳酸饮料、瓶(罐)装饮用水 3 类细分产业占据前三名的位置。从近年来品类结构的变化趋势来看,碳酸饮料市场份额将呈逐步下降的态势,含乳饮料和植物蛋白饮料市场份额将表现出良好的增长性,果菜汁及果菜汁饮料产业的市场占有率将会有所提高,功能饮料与健康型饮料将得到较快的发展。

饮料工业已成为食品工业的重要组成部分,目前我国饮料行业的突出特点主要表现为:种类繁多、工艺性强、营养丰富等特点。饮料的发展趋势则是朝着批量化、规模化、自动化方向发展,更绿色、更健康的呼声成为主流。

(1)产量大,增长速度快

近些年饮料工业发展十分迅速,2005 年总产量为 3 380 万 t,较上年增长 24.08%,2006年总产量超过 4 100 万 t,增幅约 20%,2009 年饮料工业生产总体保持了高速增长,全年共生产各类饮料 8 086.2 万 t,比 2008 年增长 24.33%。

(2)质量稳步提高,产品结构不断调整

我国饮料生产的增长点主要集中在果蔬汁饮料、植物蛋白饮料和茶饮料等产品上,瓶(罐)装饮用矿泉水的生产也在同步发展,其生产与经营越来越规范。由于我国饮料业的迅速发展及其前景广阔的消费市场吸引了国际众多知名品牌饮料厂商,许多跨国公司凭借雄厚的财力和丰富的市场运作经验,通过收购、合资、独资经营等方式参与到国内饮料市场竞争中来,这便更加促进了我国饮料行业的快速发展,质量稳步提高,同时也加剧了企业间的竞争。

(3)品种丰富多彩,包装不断更新,生产设备不断完善

饮料品种从单一的碳酸饮料发展成为果汁、蔬菜汁、矿泉水和各种饮用水齐头并进、全面发展的格局,如健力宝、椰树牌椰子汁、乐百氏奶、喜乐、津美乐、雪菲力、可口可乐、百事可乐、雪碧、芬达、益力矿泉水等。包装形式从单一的玻璃瓶发展到塑料瓶(PET 瓶)、易拉罐、利乐包装、复合软包装等多种多样。饮料生产企业的技术装备水平有了显著提高。

(4)饮料企业的规模化、集团化和名牌化初见成效

经过发展,在激烈的市场竞争中,一批规模化企业脱颖而出。

另外,在我国饮料工业在持续高速地发展的同时,我国饮料工业也存在一些问题:我国饮料行业还存在着企业地区分布不尽合理的现象,东部沿海省市较发达,年产量较高,消费水平高、消费量大;广大中西部地区丰富的资源没有得到充分利用;农村市场、国际市场尚未开拓,广大的农村市场只有一些地产地销的低档饮料;品牌众多,质量参差不齐;滥用、超量使用添加剂的现象屡屡发生。另外,还有很多地下工厂利欲熏心,生产假冒伪劣产品,危害消费者的身体健康和安全。

2)我国饮料工业的发展趋势

我国饮料行业的发展潜力巨大,发展前景诱人。饮料工业在今后一段时期内将会有如下发展趋势:

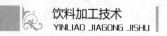

（1）功能型向营养型转变

以红牛为代表的功能型饮料占据国内市场近10年，虽然品牌知名度非常高，但是一直不温不火，市场销售稳中有升，而后起之秀王老吉虽然与红牛定位不同，但是由于其独特定位，一夜之间红透大江南北。

因此随着生活水平的不断提高和保健意识的不断增强，未来饮料发展将从功能型向营养型转变，营养型饮料将更加受到消费者的欢迎和青睐。

（2）儿童向中老年转变

从娃哈哈到蒙牛酸酸乳，虽然跨越了两代人，但是目前市场上仍是儿童型饮料占据市场主导地位，但是随着儿童型饮料竞争加强、产品同质化严重、产品缺乏创新等因素，随着老龄化人群消费、保健意识的增强，饮料市场在未来几年内这种格局将被逐渐打破，中老年饮料有望成为饮料市场的新宠和主流发展趋势。

（3）解渴、避暑向健康、美容转变

随着市场消费需求的多样化和产品定位的多样化，消费者在考虑单纯解渴、避暑的同时，越来越注重产品的健康元素，使用产品后如果能带来身体上的健康，将更受欢迎，所以饮料在未来发展中，将从单一解渴、避暑逐渐向健康、美容等转变。

（4）单一型向复合型转变

以汇源果汁饮料为主的饮料已成为国内果汁饮料的领导品牌和知名品牌，但是随着消费需求的多样化，将逐渐从单一型向复合型转变，比如，汇源集团现在市场销售非常好的果蔬复合型饮料，就非常受消费者欢迎。

如消费者都非常熟悉的承德露露杏仁饮料，虽然产品占据了国内植物蛋白饮料的半壁江山，但是如果再推出一款复合型饮料，企业的销售额一定会增加数倍，还有大寨核桃露也是如此。

（5）个人消费向家庭消费转变

四川地震的发生对中国老百姓的消费观念有很大影响，中国消费者的消费意识将从过去保守型向开放型转变，大家更加强调和重视亲情，所以未来饮料发展，个人消费将向家庭消费逐渐倾斜，大包装、家庭型的产品将更受欢迎。

（6）果味型向果蔬型转变

长期以来，各种果汁饮料一直是饮料市场的主导，而在国外，蔬菜饮料早已风靡。在我国，随着消费需求的多样化，生活元素的多元化，消费者对于健康元素的重新认识，能够给身体补充各种果汁所没有的维生素，比如铁锌钙，将更受欢迎。蒙虎营销策划机构2007年策划的一款黄瓜饮品就是这样，由于产品定位准确，所以一上市立即掀起热销，非常受消费者欢迎。

我国饮料工业20世纪末21世纪初的发展指导方针是：坚持"天然、营养、优质、多品种、多档次"的方针，在普及碳酸饮料的情况下，积极发展果蔬类饮料、植物蛋白饮料和饮用矿泉水，适当发展固体饮料和特种营养饮料。在发展生产的同时，强化营销工作，拓展国内外市场，特别是农村市场，以销售拉动生产，以搞好生产促进销售，最大限度地满足城乡居民日益增长的生活需要。

国家轻工业局已把饮料行业列为"十五"轻工业重点发展行业之一，要重点支持和帮助解决十强企业在发展中存在的问题，使十强企业更好地发挥骨干和龙头作用，推动全行业发展。据宇博智业市场研究中心饮料行业分析报告指出,到 2020 年,全球果汁及碳酸饮料将增至 730 亿 L,未来产品品质及创新是饮料业企业获利的关键因素,企业间的并购也将是占有市场的良方。

4.饮料加工技术的内容与学习方法

饮料加工技术是一门综合性的应用学科,是研究饮料生产中原辅料、半成品和产品的加工过程和方法以及饮料质量检验与控制的学科。

饮料加工技术的内容主要包括 3 方面:第一,饮料生产中所需的各种原辅料:主要研究原辅料的种类、性能、品质要求以及在加工过程中的变化;第二,各种饮料的生产技术:主要研究各类饮料的生产工艺、技术参数对产品品质的影响、生产所用设备及对工艺水平的适应性;第三,饮料质量及卫生管理:主要研究饮料生产过程中出现的质量问题及控制方法、饮料产品的质量分析、饮料生产中的卫生管理与要求等。

本课程的学习必须首先掌握化学、物理、数学、生物学、机械基础知识,以及食品生物化学、食品微生物学、食品添加剂和食品分析等专业基础知识。饮料生产技术发展很快,许多新知识、新技术、新产品、新工艺、新材料等均在不断地发展之中,因此学习本课程必须采用发展的观点,及时参阅新资料,补充新内容。只有这样,才能学好本课程,更好地掌握饮料的加工技术。

复习思考题)))

1.什么叫软饮料?怎么分类?
2.论述我国饮料的现状及发展趋势。
3.饮料加工技术的内容有哪些?

第1章
饮料用水及水处理

知识目标

通过本章知识的学习了解在饮料加工中对水质的要求,知道在水的处理中常用的方法,了解相关水处理的设备。

能力目标

通过理论知识的学习,掌握饮料用水的基本方法与设备要求。

1.1 饮料用水的水质要求

1.1.1 饮料用水的来源

饮料用水的来源可以是井水、泉水、湖水、河水、自来水等,但大多是自来水(生活饮用水)。若选择水源,则应根据城乡远期、近期规划,历年来的水质、水文和水文地质资料,取水点及附近地区的卫生状况,同时考虑地方病等因素,从卫生、经济、技术、水资源等多方面进行综合评价,选择水质良好、水量充沛、便于防护的水源。宜优先选用地下水,取水点应设在城镇和工矿企业的上游。

作为生活饮用水水源的水质,应符合下列要求:

若只经过加氯消毒即供作生活饮用的水源水,总大肠菌群平均每升不得超过1 000个,经过净化处理及加氯消毒后供作生活饮用的水源水,总大肠菌群平均每升不得超过10 000个。

水源水的毒理学和放射性指标,必须符合国标要求。

在高氟区或地方性甲状腺肿地区,应分别选用含氟、含碘量适宜的水源水。否则应根据需要,采取预防措施。

生活饮用水的水源,必须设置卫生防护地带。集中式给水水源卫生防护地带的规定如下:

地面水的取水点周围半径100 m水域内,严禁捕捞、停靠船只、游泳和从事可能污染水源的任何活动并由供水单位设置明显的范围标志和严禁事项的告示牌。取水点上游

1 000 m至下游100 m的水域,不得排入工业废水和生活污水,其沿岸防护范围内不得堆放废渣,不得设立有害化学物品仓库、堆栈或装卸垃圾、粪便和有毒物品的码头,不得使用工业废水或生活污水灌溉及施用持久性或剧毒的农药,不得从事放牧等有可能污染该段水域水质的活动。供生活饮用的水库和湖泊,应根据不同情况的需要,将取水点周围部分水域或整个水域及其沿岸划为卫生防护地带。受潮汐影响的河流取水点上下游及其沿岸防护范围,由供水单位会同卫生防疫站、环境卫生监测站根据具体情况研究确定。

以河流为给水水源的集中式给水,由供水单位会同卫生、环境保护等部门,根据实际需要,可把取水点上游1 000 m以外的一定范围河段划为水源保护区,严格控制上游污染物排放量。排放污水时应符合《工业企业设计卫生标准》(GBZ 1—2002)和《地面水环境质量标准》(GB 3838—2002)的有关要求,以保证取水点的水质符合饮用水水源水质要求。

水厂生产区的范围应明确划定并设立明显标志,在生产区外围不小于10 m范围内不得设置生活居住区和修建畜禽饲养场、渗水厕所、渗水坑,不得堆放垃圾、粪便、废渣或铺设污水渠道,应保持良好的卫生状况和绿化。单独设立的泵站、沉淀池和清水池的外围不小于10 m的区域内,其卫生要求与水厂生产区相同。

地下水的取水构筑物的防护范围,应根据水文地质条件、取水构筑物的形式和附近地区的卫生状况进行确定,其防护措施与地面水的水厂生产区要求相同。在单井或井群的影响半径范围内,不得使用工业废水或生活污水灌溉和施用持久性或剧毒的农药,不得修建渗透水厕所、渗水坑,堆放废渣滓或铺设污水渠道,并不得从事破坏深层土层的活动。如取水层在水井影响半径内不露出地面或取水层与地面水没有互相补充关系时,可根据具体情况设置较小的防护范围。取水构筑物的防护范围,影响半径的范围以及岩溶地区地下水的水源卫生防护,应由供水部门同规划设计、水文地质、卫生、环境保护等部门研究确定。

若使用自来水作饮料用水的水源,则应考虑管线的供水能力和管道内壁是否有材料污染等问题。

1.1.2　饮料工业用水的水质要求

1)饮料用水的水质要求

水是饮料生产中的重要原料之一,水质的好坏,直接影响成品的质量,高质量的饮料是与高品质的水分不开的。目前大中型饮料厂均备有完善的水处理设备系统,这是许多名牌饮料质量稳定的关键因素之一。一些小厂直接采用自来水、井水等生产饮料,饮料易产生沉淀、变质、变色等现象。因此,饮料用水的来源及处理对饮料生产具有重要意义。饮料用水必须符合我国《生活饮用水卫生标准》(GB 5749—1985),但饮用水的理化指标并不能满足生产饮料的要求,特别是蛋白饮料、果汁饮料。

根据饮料工艺用水的特殊要求,需强调下列指标,例如硬度,生活饮用水要求总硬度应≤25度(德国度),而一般饮料用水应≤8.5度,蛋白饮料则要求硬度≤4度。水的硬度有两种衡量方法:一是毫摩尔每升(mmol/L),即每升水中含有CaO的毫摩尔数;二是德国度。二者的换算方法:1 mmol/L=5.6德国度,或1德国度=0.178 6 mmol/L。又如浊度指标,生活用水应≤5度,而饮料用水应≤2度;色度指标生活用水为≤15度,饮料用水则要求无色透明,色度≤5度。

随着饮料工业生产的科学化和现代化,饮料加工工艺越来越精细,对水质提出了越来越高的要求。因此,分析与研究饮料用水,将对产品质量的稳定和经济效益的提高具有重要的意义。但一般经过砂芯过滤、紫外线灭菌、离子交换树脂软化等水处理工序可满足饮料生产的需要。

2)水质硬度高、碱度高对生产饮料的危害

饮料一般是以柠檬酸作为酸味剂的,如果生产饮料用水中硬度和碱度偏高,则必将会中和一部分柠檬酸,而使饮料的酸甜比失调,饮料偏甜,降低了饮料滋味的美感。还由于酸度的降低,pH 值升高,为细菌的繁殖提供了条件,导致饮料变质。

为了抵消水中硬度和碱度对酸度的影响,在设计产品配方时,必须将饮料用水的这一自然状况考虑进去,采取多加酸的办法来保证产品的质量,这就说明,作为酸味剂的柠檬酸有一部分是消耗在水中了。

1.2 饮料用水的处理

对水处理的目的是除去水中固体物质,降低硬度和含盐量;杀灭微生物及排除所含的空气,从而把生活饮用水处理成纯净水、超纯水、软化水、医药用纯水、蒸馏水、矿泉水等,应用于食品饮料、电子、医药、化工、电力、电镀、光学玻璃等。一般需要对水源来水进行净化、软化、除盐及消毒处理。但并不是对每一种水源(如井水、泉水、湖水、河水、自来水等)都需要进行这几种处理,对水质较差的水源,如湖水、河水的处理就较复杂,而对较洁净的自来水,处理就较简单。总之,应根据水源的具体情况,各饮料厂对所用的水质要求不同,来选择不同的处理流程和设备。

饮料用水的总体水处理工艺流程图一般如下:

原水——→净化(澄清、过滤)——→软化——→消毒——→成品水

1.2.1 水的净化处理

一般来说,水的净化处理包括澄清和过滤。澄清主要用于一些水质较差水源的预处理(如河水、湖水),它们内含多量细小悬浮物和胶体物质,水质混浊。而对一些水质较好的水源,其浊度较低,用过滤即可达到目的。

1)澄清处理

水的净化处理,是将水中的不溶性杂质除去。这些杂质包括悬浮物、有机物和胶体,如泥沙、黏土、微生物、原生动物、藻类等,主要是 10 μm 以下的固体物质颗粒(其中1 nm~0.1 μm的颗粒属于胶体粒),包括绝大多数的黏土颗粒(粒度上限为 4 μm)、大部分细菌(0.2~80 μm)、病毒(10~300 nm)和蛋白质(1~50 nm)等。它们使水质混浊、产生异味和影响卫生,并将极大地影响饮料质量。澄清净化的目的是去除水中的悬浮物、有机物和胶体,主要方法有澄清(凝聚沉淀)和过滤。

水中胶体颗粒一般具有保持分散的稳定性。这些胶体颗粒可分为憎水和亲水两大类。水中黏土等无机物属于憎水性胶体,而有机物如蛋白质、淀粉和胶质等属于亲水胶体。胶体表面是带电的,其中黏土、细菌、病毒等均带负电,$Al(OH)_3$、$Fe(OH)_3$ 等的微晶体都是带正电的胶体。

凝聚沉淀是在原水中添加凝聚剂与助凝剂,水和水中胶体表面的电荷被破坏,胶体的稳定性丧失,使胶体颗粒发生凝聚并包裹悬浮颗粒而沉降,从而使水得以澄清的方法。水处理中大量使用的凝聚剂可分为铝盐和铁盐两类。铝盐凝聚剂有明矾、硫酸铝、碱式氯化铝等。铁盐凝聚剂主要有硫酸亚铁、硫酸铁和三氯化铁。用于调整水的 pH 值、促进凝聚的助凝剂有消石灰、氢氧化钠、藻酸钠、羧甲基纤维素钠(CMC-Na)、氢氧化淀粉等。硬度高的水广泛使用硫酸铝或硫酸亚铁的凝聚沉淀法。碳酸盐硬度每降低 1 度大致需要的凝聚剂量如下:硫酸铝 $Al_2(SO_4)_3$ 用 20.5 g/m^3;硫酸铁 $Fe_2(SO_4)_3$ 用 23.7 g/m^3;三氯化铁 $FeCl_3$ 用 19.3 g/m^3。常见的凝聚沉淀原理如下:

（1）明矾法

明矾是无色晶体或白色结晶性粉末,易溶于水,略有涩味,有收敛性,学名为十二水合硫酸钾铝,分子式为 $KAl(SO_4)_2 \cdot 12H_2O$。它是一种由两种不同金属离子和一种酸根离子组成的复盐。在水中 $Al_2(SO_4)_3$ 水解生成氢氧化铝,其水溶液呈酸性。氢氧化铝的溶解度小,聚合后以胶体状态从水中析出。氢氧化铝带正电荷,天然水中的胶体大都带负电荷,两者具有中和凝聚作用。与此同时,由于氢氧化铝胶体吸附能力很强,可以吸附水中的胶体和悬浮物,随之凝聚成粗大絮状物而沉降,使水澄清。因此,明矾作为一种较好的净水剂广泛使用。明矾用量一般为 0.001% ~ 0.02%。

（2）硫酸铝法

硫酸铝水溶液(pH 值为 4.0 ~ 5.0)在水中的反应原理与明矾相同。由于硫酸铝是强酸弱碱形成的盐,为了能从硫酸铝形成氢氧化铝的凝胶,原水必须具有一定的碱度。

反应生成氢氧化铝,形成凝胶,同时反应中消耗了碱度并降低了硬度。硫酸铝的有效添加量为 20 ~ 100 mg/L,同时添加的石灰(CaO)量一般为硫酸铝用量的一半。

此外,水的澄清还有硫酸亚铁法和石灰软化法。

2）水的过滤

过滤是一种净化水的有效而重要的处理工艺过程,即使已达到饮用水要求的自来水,在作饮料用水的处理中,过滤仍是一种必不可少的处理过程。因为当今的过滤不再是仅仅只除去水中的悬浮杂质和胶体物质。采用最新的过滤技术,还能除去水中的异味、颜色、铁、锰及微生物等物质,从而获得品质优良的水。

通过过滤可以除去以自来水为原水中的悬浮杂质、氢氧化铁、残留氯及部分微生物。自来水中的杂质,对采用敞开式配水的绝大多数自来水厂来说,这些杂质主要是来自大气环境、蓄水池,还有一些是人为的因素。过滤也可以除去以井水(或矿泉水、泉水)为原水中的悬浮杂质、铁、锰及部分细菌。

一般的地下水都是很清澈洁净的。但也有为数不多的杂质,是在取水或输水过程中所带入的。含铁量偏高的地下水,可以在过滤前采用曝气的方法,使空气氧化二价铁变成高价的氢氧化铁沉淀,然后通过过滤加以除去。当原水含锰量达 0.5 mg/L 时,水具有不良的味道,会影响饮料的口感,所以必须去除。除锰的方法很多:可以先用氯氧化,使锰以二氧化锰的形式沉淀;也可添加氧化剂($KMnO_4$或O_3)使锰快速氧化,以二氧化锰形式沉淀。如果水中的含锰量不太高,可采用在滤料上面覆盖一层一定厚度的锰砂(即软锰矿砂)的处理方法,能获得很好的除锰效果。

1.2.2 水的软化

硬度大的水(一般是地下水),未经处理不能作饮料生产和冷却等的用水,不然会产生大量水垢,使清洁的玻璃瓶发暗、堵塞洗瓶机的喷嘴和降低换热器的传热效率等,因此使用前必须进行软化处理,使原水的硬度降低。水的软化常采用以下方法。

1)离子交换法

当硬水通过离子交换剂层即可软化。离子交换剂有阳离子交换剂与阴离子交换剂两种,用来软化硬水的为阳离子交换剂。阳离子交换剂常用钠离子交换剂和氢离子交换剂。离子交换剂软化的原理,是软化剂中Na^+或H^+能与水中的Ca^{2+}、Mg^{2+}等离子进行交换,把水中的Ca^{2+}、Mg^{2+}交换出来,硬水就被软化了。

硬水中Ca^{2+}、Mg^{2+}被Na^+置换出来,残留在交换剂中,当钠离子交换剂中的Na^+全部被Ca^{2+}、Mg^{2+}代替后,交换剂层就失去了继续软化水的能力,这时就要用较浓的食盐溶液进行交换剂再生。食盐中的Na^+仅能将交换剂中的Ca^{2+}、Mg^{2+}交换出来,再用水将置换出来的钙盐和镁盐冲洗掉,离子交换剂又恢复了软化水的能力,可以继续使用。

2)电渗析法

采用电渗析处理,可以脱除原水中的盐分和提高其纯度,从而降低水质硬度并可提高水的质量。

电渗析广泛应用于化工、轻工、冶金、造纸、海水淡化、环境保护等领域;近年来更推广应用于氨基酸、蛋白质、血清等生物制品的提纯和研究。它在水的淡化除盐、海水浓缩制盐、精制乳制品、果汁脱酸精制提纯、锅炉给水的初级软化脱盐,食品、轻工等行业制取纯水,电子、医药等工业制取高纯水的前处理都得到应用。

电渗析水处理设备是利用离子交换膜和直流电场,使溶液中电解质的离子(带电溶质粒子,如离子、胶体粒子等)产生选择性的迁移,从而达到使溶液淡化、浓缩、纯化或精制的目的。工作时,阳离子交换膜只允许阳离子通过,阻挡阴离子通过,阴离子交换膜只允许阴离子通过,在外加直流电场的作用下,水中离子作定向迁移,使一路水中大部分离子迁移到另一路离子水中去。

3)反渗透法

反渗透是采用膜分离的水处理技术,膜分离是利用膜的选择透过性进行分离和浓缩的方法,它涉及流体力学、传质学、热学、高分子物理学、高分子材料等多门学科,膜分离技术包括电渗透、超过滤、反渗透、微孔过滤、自然渗透和热渗析等,数十年来,随着膜分离的工业化和膜分离的发展,一批有效的膜分离装置在环境领域得到应用,并已逐步成为水源开发、城市和工业废水处理与回用的一种经济有效的技术手段。随着膜科学和制造技术的进步,反渗透水处理技术得到了迅速的发展。

反渗透设备的系统可从水中除去90%以上的溶解性盐类和99%以上的胶体、微生物、微粒和有机物等,除盐率常达 98%～99%,这样的除盐率在大部分情况下是可以满足制水要求的,反渗透技术常用于纯水制备、废水处理、水的软化处理、饮料和化工产品的浓缩、回收工艺等多个领域。还用于海水、苦咸水的淡化,食品、医药工业、化学工业的提纯、浓缩、分离等方面。不仅在饮料工业中,在电子工业、超高压锅炉补给水、制药行业及对纯水要求更高的行业也普遍应用,它是高纯水制备中应用最广泛的一种脱盐技术,系统具有水质好、耗能低、无污染、工艺简单、操作简便等优点。

1.2.3　水的消毒

原水经以上各项处理后,水中绝大多数的微生物已被除去。但是仍有部分微生物留在水中(反渗透处理除外),为了保证产品质量和消费者的健康,对水要进行严格的消毒处理。水的消毒方法很多,其中以紫外线消毒最适用于饮料用水的消毒。因为,用紫外线消毒具有很多优点,它不会改变水的物理化学性质,无毒性,杀菌能力强,可连续处理,时间短,设备简单,操作方便等,因而得到饮料厂商广泛应用。

1)紫外线消毒

电波、红外线、可见光、紫外线、X 射线和 γ 射线都是电磁波,波长比可见光中最长的红光还长的是不可见红外光,而波长比可见光中最短的紫色光还短的就是不可见的紫外线,所以紫外线是指波长范围为 100～400 nm 的电磁波。从太阳发出的电磁波到达地表时,其波长一般大于 290 nm,即地表的日光极少含有产生臭氧和杀菌作用强的紫外线,否则就会影响地球上生物的生存,所以近年来臭氧层被破坏(出现孔洞,杀菌力强、对人体有害的紫外线就会照射到地表),引起人们的普遍关注。

(1)紫外线杀菌原理及其作用

紫外线的波长不同,具有的作用也不一样。315～400 nm 的紫外线,有附着色素及光化学作用,称为化学线。波长为 280～315 nm 的紫外线有促进维生素生成的作用,称为健康线(特别有促进维生素 D 生成作用)。波长为 100～230 nm 的紫外线能使空气中的氧气氧化成臭氧,称为臭氧发生线。而波长为 200～280 nm 的紫外线具有杀菌作用,称为杀菌线。杀菌线之所以具有杀菌效果,是因为在各种波长的电磁波中,微生物最易吸收的是紫外线,微生物吸收的紫外线可使维持生命的细胞内核蛋白质分子结构发生变化,产生蛋白质变性,结果会带来微生物新陈代谢的障碍,不能增殖并产生细胞破坏作用,特别是 250～260 nm 的紫外线最易被微生物细胞内的核酸吸收,所以它也最具杀菌效果,被用于生产车间、实验室的空气清毒和饮用水的杀菌。

(2)紫外线杀菌特点

紫外线杀菌不像化学杀菌法会带来二次污染,其设备简单、操作方便,用于净水效率高,杀菌时对菌和病毒的选择性很小,几乎能杀死所有的菌和病毒。紫外线对水有一定的穿透能力,故能杀灭水中的微生物,使水得以消毒。紫外线的杀菌效果受水的色度、浊度以及微生物等因素的影响。因此,对原水的水质要求较高。原水必须无色,浊度在 1.6 度以下,微生物数很少,否则影响杀菌的效果。

在用 15 W 紫外灯对敏感的革兰阴性无芽孢杆菌杀菌时,在空气中距离 50 cm,照射1 min,或距离 10 cm,照射 6 s,可把大肠杆菌、痢疾杆菌、伤寒杆菌全部杀死。而杀死革兰

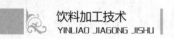

阳性球菌还需将照射量增大 5~10 倍。

紫外线还可用于对固体表面进行杀菌。在对液体杀菌时,由于穿透力弱,照射液体时会迅速衰减,穿透率低,所以液体过深时达不到良好的杀菌效果(液体中含脂肪或蛋白质较多,照射能量过大,有时会产生异臭味)。穿透率还随水中悬浮物质及铁离子等吸收紫外线物质的含量不同而不同,穿透率从高到低的液体依次是蒸馏水、饮料水、澄清的海水、工业用水、无色糖液、啤酒及牛奶等。

2)水的加氯消毒

水的加氯消毒,是当前世界各国最普遍使用的用水消毒法。由于此法操作简单,费用低,无须专用设备,适宜处理大容量水,而且杀菌能力很强,因此在生产实际中得到广泛的应用。此消毒法只适于某些没有采用自来水的饮料厂,用来处理自取的地下水为生产及生活用水的水消毒。经氯化消毒的水中会存在一定的残余氯,它会使水带有程度不同的氯味和其他异味,并且过量的氯还会与饮料中的色素和香料发生氯氧化作用,影响其质量。因此,氯化法不能用在直接配制饮料用的水消毒。水的加氯消毒常用的氯有液氯(钢瓶装)、次氯酸钠、漂白粉和高效漂白粉。水的加氯消毒时,最好在 pH 值 7 以下的环境中进行。

一般的地下水都比较洁净,所含的微生物也较少,这些地下水如硬度、含铁量、含锰量等均符合生活饮用水标准,可直接使用,不需进行水处理和水的消毒。如果细菌指标超标,必须对这些地下水进行严格的消毒处理。通常采用漂白粉的澄清液对水进行消毒。漂白粉的消毒作用仍然是由于在水中产生次氯酸的结果。加氯是将漂白粉澄清液通过塑料管滴入储水池进水口的水流中,使漂白粉液与水能充分混合,并保持较长的接触时间,从而取得好的杀菌效果。滴奎的量按余氯比色来定,以出水口的余氯控制在 0.25 mg/L 为宜,小于 0.1 mg/L 时不安全,大于 0.3 mg/L 时则水含有明显的氯味。漂白粉澄清液的浓度为 1%~2%,容器要加盖封严,避免分解挥发而失效。

3)臭氧消毒

臭氧分子由 3 个氧原子组成,是氧气的同素异形体,很不稳定,在水中易分解成氧气和一个活泼的氧原子。这一活泼的氧原子是一种很强的氧化剂,能与水中的微生物或有机物作用,使其失去活性。因此,臭氧是很强的杀菌剂。

臭氧消毒的方法是在水中直接加入臭氧,其作用主要是除臭、脱色、杀菌和去除有机物。原水的浊度对其消毒效果有显著影响。一般多用于浊度较小的水消毒。臭氧工作中不会产生二次污染,这正是人类环保所追求的,也是应用臭氧技术的最大优越性。由于臭氧是用空气通过臭氧器进行无声放电制成,耗电量大,价格较高,所以使用受到一定限制。

(1)臭氧水处理技术

原理臭氧水处理中臭氧处理单元包括碱催化臭氧氧化、光催化臭氧氧化、多相催化臭氧氧化 3 种形式。碱催化臭氧氧化是通过 OH^- 催化,生成 $OH\cdot$ 自由基,然后氧化分解有机物。光催化臭氧氧化是以紫外线 UV 为能源、O_3 为氧化剂,利用臭氧在紫外线照射下分解产生的活泼的次生氧化剂氧化有机物。一般认为,利用光催化氧化法处理难降解有机废水时,部分难降解有机物在紫外线的照射下,提高了能级,处于激发状态,与 $OH\cdot$ 自由基发生羟基化或羧基化反应,从而改变这些物质的分子结构,生成易于生物降解的新物质。多相催化臭氧氧化是近年来发展起来的新技术,其金属催化的目的是促进 O_3 分解,以产生活泼自由基,强化其氧化作用。

臭氧虽然能氧化水中许多难降解有机物,但它与有机物的反应选择性差,且不易将有机物彻底分解为 CO_2 和 H_2O,其产物常常为羧酸类,易于生物降解有机物,如一元醛、二元醛、醛酸、一元羧酸、二元羧酸类有机小分子。因此,处理工业废水一般是采用臭氧与其他处理方法联合的工艺去除难以生物降解的有机物。

(2)臭氧处理饮用水的特点

在饮用水处理中,臭氧主要用于杀菌、除臭、除味、脱色、除铁、除锰、除微量有机物等。其他消毒剂,如氯气或次氯酸,虽然能有效地杀死水中细菌,但与原水中的有机污染物作用,会生成有机卤化物,这些物质有的是"三致"物质。臭氧具有很强的杀菌消毒作用,且不易引起二次污染,作为饮用水的消毒杀菌剂在许多欧洲国家得到了广泛应用。

臭氧溶于水后形成的臭氧水溶液具有很强的杀菌作用,可以去除水中的微污染物。臭氧在水中发生氧化还原反应的瞬间,能破坏和分解细菌的细胞壁,迅速地扩散入细胞里,氧化破坏细胞内酶,致死病原体。当其浓度达到 2 mg/L 时,作用 1 min 就可以把大肠杆菌、金黄色葡萄球菌、细菌的芽孢、黑曲菌、酵母等微生物杀死,同时降低水的色度、浊度、悬浮固体,去除水中异味和臭味。

臭氧的杀菌效果主要取决于水中臭氧含量。当通入水中的臭氧气体浓度越高、水温越低、臭氧在水中的分散程度越高,臭氧与水的混合就越充分,其在水中的浓度就越高,杀菌消毒的效果也就越好。

臭氧的强氧化、杀菌消毒性能及无残余污染的特点,方便的发生和使用方法已经成为目前生活饮用水处理技术中不可替代的物质。随着国内外对臭氧反。应机理和相关工艺的深入研究,臭氧与其他方法的连用技术也正在大量实验中。

臭氧属强氧化剂,可将果蔬等食品中的残留农药氧化成二氧化碳、水和其他较简单的化合物,从而消除农药残留,确保人体健康。臭氧水是经"富来尔"臭氧水消毒杀菌器处理过的水,其原理为采用高频放电,电离空气产生臭氧,使用时将杀菌器与自来水龙头连接,使产生的臭氧溶于水中,即得臭氧水。据试验,经臭氧水冲淋 5 min,可杀灭 99.9%以上的金黄色葡萄球菌;冲淋 10 min,可杀灭 99.9%以上的大肠杆菌。

1.3 水处理设备

1.3.1 水净化处理设备

1)悬浮澄清池

悬浮澄清池是利用上升水流与絮体(由混凝剂与悬浮颗粒产生的凝聚物)产生重力平衡,使絮体处于既不沉淀又不上浮的悬浮状态,形成絮体悬浮层。当原水通过时水中部溶性杂质又充分机会与絮体碰撞接触,并被絮体悬浮层中的絮体吸附,成为较大颗粒而逐渐沉淀下来,原水也就得到了澄清。

（1）基本结构

如图 1.1 所示为悬清池的结构。它主要由进出水系统、悬浮层、清水层和排泥系统等组成。澄清池的池体 9 呈长方形，用混凝土砌成，其底部倾斜。钟形反应罩 7 处于底部中央，进水管 6 在反应罩内，原水在反应罩内可以进行混合和反应。出水槽 10 在澄清池的上部，当清水溢入出水槽时，即可由连接出水槽的穿孔排水管（图中未示出）排出。在侧板 2 的中部，即悬浮层与清水层的分界处开有排泥孔，以供带有絮体的水排往浓缩室 3。在浓缩室的底部装有排泥管 4，以排除浓缩室中的污泥。其上部安有孔板，通往强制出水槽 1。该设备从结构上将澄清池分为 3 部分，即第一反应室（反应罩 7 内）、第二反应室 8（反应罩外）和浓缩室 3。

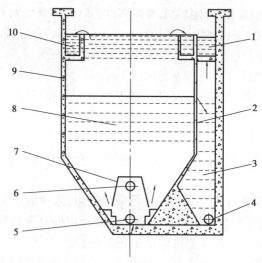

图 1.1　悬浮澄清池

1—强制出水槽;2—侧板;3—浓缩室;4—排泥管;5—泄水管;
6—进水管;7—反应罩;8—第二反应室;9—池体;10—出水槽

（2）工作过程

原水在加注混凝剂后，由底部的进水管 6 经密集分布的小孔高速喷出，分布于反应罩 7 内，由于反应罩内容积较小，混凝剂与水能充分均匀地混合，然后从反应罩下的间隙进入第二反应室 8。由于截面逐渐变大，流速也就逐渐变小，原水与混凝剂得以充分混合和反应。

在第二反应室中，原来就有悬浮的絮体，当原水由于水泵的压力上升经过悬浮层时，经过接触絮凝、吸附和过滤等作用，杂质便被悬浮层截留，清水上升漫过出水槽 10，再由排水管排走。

当悬浮的絮体由于吸附水中的悬浮颗粒而不断增加时，多余的絮体便由侧板 2 上的排泥孔进入浓缩室 3。在浓缩室中，流速更低，絮体迅速沉降、浓缩，然后由底部的排泥管 4 排走。在浓缩室中分离出来的清水，经过上面安置的孔板进入强制出水槽 1，再排往池外。

（3）悬浮层的形成和稳定

由工作过程可以看出，悬浮层的存在是该设备正常工作的关键。它是这样形成的：当加注混凝剂的原水进入第二反应室 8 中时，混凝剂即与悬浮颗粒反应产生絮体，颗粒逐渐增大，受重力作用有下沉的趋势，但由于水流方向自下而上，具有一定的流速，使絮体受到顶托而处于悬浮状态。由于加混凝剂的原水不断进入,新鲜絮体不断产生。当悬浮层达到一定高度和一定浓度时,就形成一个起净水作用的悬浮层。悬浮层中的絮体具有活性,是一种特殊的吸附剂,能够大量地吸附原水中的杂质,使原水变清。

因此,为使原水净化过程顺利进行,必须保证悬浮层工作的稳定。为此,该设备采取了两个措施:一是澄清池的截面自下而上由小到大,水流的流速逐渐减小,水流上冲的能量得以减小;二是应使进入澄清池的原水中的空气尽量少,防止空气在上升时搅乱悬浮层,并把絮体带入清水层。为此,有的设备外安置了一个空气分离器,它是将加注混凝剂的原水在一个敞开的水槽中静置几秒钟,再泵入澄清池。

(4)使用注意事项

①事先要取样化验原水水质,确定杂质的成分和含量,再选取合适的混凝剂及用量。

②原水在进入澄清池以前,应使其中所含空气尽量少,必要时应经空气分离器处理。

③原水进入的流速应合适。流速太大,悬浮层难以形成;流速太小,悬浮层中的絮体会沉淀下来,也破坏了悬浮层。

④要随时注意水温的改变和进水量的变化,它们都可使悬浮层工作不稳定。

⑤定期检查清水水样,清水浊度应控制在 5 mg/L 左右,否则不符合要求。

⑥定期开放排泥管排放污泥,一般工作 48 h 排放 1 次,每次 4~5 min。

⑦若进水量太大,可关小进水阀,或开启反应罩内的泄水穿孔管,以稳定流量。

⑧若是初次使用,为有利于悬浮层的形成,可加入少量细黏土,并将混凝剂的投放量增大 2~3 倍。

⑨定期检查反应罩的位置,其出水间隙应适当,且保持均匀一致。

⑩随时注意水质的变化,若水质发生改变,则改变混凝剂的品种或投放量。

2)过滤器

机械过滤器广泛用于饮用水、游泳池水、工业用水的过滤,制取软化纯水,高纯水的预过滤。过滤器的滤料一般为石英砂、无烟煤、颗粒多孔陶瓷等,是反渗透(RO)、电渗析(ED)、离子交换器等水处理系统不可缺少的前处理设备。过滤常用砂石过滤器、砂滤棒过滤器等。

(1)砂石过滤器

①砂石过滤的原理。以砂石、木炭作过滤层,滤层的厚度依水的浑浊度而定,一般滤池从上至下的填充料为小石、粗砂、木炭、细砂、中砂等。滤层总厚度 70~100 cm。过滤速度一般为 5~10 m/h(线速度)。以上对原水的过滤处理,可去除原水中的悬浮杂质、胶体物质、铁、锰、部分微生物和余氯,能取得优良效果。砂石过滤器的过滤原理属深层过滤原理,过滤包括阻力截留、重力沉降和接触凝聚等作用。

②砂石过滤器的结构。砂石过滤器的结构及填料形式很多,举一例,如图 1.2 所示。

壳体 3 呈圆柱形,底部封头与壳体焊接在一起,顶部封盖用法兰连接在壳体上。封盖上安有原水进口 2(也是冲洗水出口)、放空气口 1 和压力表等。净水出口 7(也是冲洗水进口)安在封头底部。整个壳体由支座 6 支撑。壳体内主要是滤料层 4 和承托板 5。承托板的作用是支撑滤料层。它是一块多孔合金铝板,安在壳体下部。由于滤料粒度不同,其孔眼也不一样,以不堵塞、不漏料为宜。承托板上孔眼面积之和与其总面积的比值叫开孔率。开孔率大,阻力小、流量大;反之,阻力大、流量小。应当兼顾阻力和流量。孔眼的排列一般以正三角形排列为好。

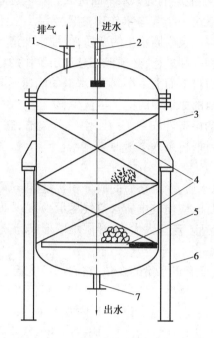

图 1.2 沙石过滤器的结构
1—放空气口;2—原水进口;3—壳体;4—滤料层;
5—承托板;6—支座;7—净水出口

在承托板的上面,是完成过滤作用的滤料层 4。良好的滤料应满足下列要求:有足够的化学稳定性、足够的机械强度、适宜的级配和足够的孔隙率。但这些条件并不总能同时具备。如极细的砂粒能阻留絮体,但会增加阻力,粗砂则与之相反。目前是采用较粗的砂粒和大的厚度,以兼顾滤速和过滤质量。

该过滤器的滤料层分两部分:上部为砂粒层,下部为砾石层。各层滤料粒径也不同,一般是上细下粗,孔隙上小下大。这种结构在工作时(水流自上而下),悬浮物截留在上层滤料表面,下层滤料未充分利用,滤层含污能力较低,使用周期较短。滤料层还有其他结构形式。

③使用与注意事项:

a.操作砂石过滤器的操作主要由过滤和反洗两个过程循环组成。过滤是产生清水的过程,而反洗是恢复过滤器的净化和生产能力的过程。过滤时,原水在泵压下由上部原水进口 2 进入过滤器。由于泵压及水的重力,由上而下经过滤料层。滤料层对其悬浮杂质实施阻力截留、重力沉降和接触凝聚等作用,将原水中的悬浮物除去,清水穿过滤料层,从下面的净水出口排出。

经过一段时间(视原水水质而定)工作后,滤料层中充满了悬浮物,此时,过滤速度大为降低,就需要进行反洗。利用反洗,将滤料吸附的悬浮物剥离下来。若反洗不及时,则会使过滤能力下降,水头损失增大,且滤料表面的悬浮物会结成块,越来越牢固地附着在滤料上,以致难以清除。

反洗多采用逆流水力冲洗。即压力水反向从底部净水出口 7,以一定的流量进入过滤器,水流的冲力应能使滤料成悬浮状。此时,由滤料间高速水流产生的剪切力,便把悬浮物剥离下来,随着水流从上部原水进口 2 排出。

反洗的效果取决于适宜的冲洗强度。强度过小,不能使滤料"松散",也不能达到从滤料表面剥离杂质所需的剪切力。强度过大,则会减少滤料间的碰撞,并使细小砂粒流失和浪费冲洗水。

b.注意事项:

● 工作前,应检查封盖的密封情况,将紧固螺栓上紧,并检查各阀门接头是否完好。

● 对原水水质应先取样化验,当浊度大于 50 mg/L 时,过滤效果较差,不宜使用该设备。

● 滤料的级配应适当。在装填滤料前,应将滤料洗净,再用稀盐酸浸泡,之后用清水洗净。

● 装填滤料时,动作要轻,特别是最下层的砾石层,以免损伤合金铝承托板。

● 过滤时,应控制进水量。一般应根据原水水质来决定流量大小。

● 定期检查出水水样,浊度应小于 3 mg/L,否则,应停机冲洗。

（2）砂滤棒过滤器

饮料用水在水消毒前进行砂滤棒过滤,可使原水中存在的少量有机物及微生物被砂滤棒的微小孔隙吸附截留于表面而除去一部分。尤其是机械杂质含量较少时,如自来水,可用砂滤棒过滤器。这是一种在饮料用水处理中应用十分广泛的过滤设备。

①工作原理。砂滤棒过滤器的主要工作部件是砂棒,又称砂滤棒或砂芯。它是采用细微颗粒的硅藻土和骨灰等物质,成型后在高温下焙烧,使其熔化,可燃性物质变成气体逸散,形成 2~4 mm 的小孔。当具有一定压力的原水进入容器,通过砂棒上的微小孔隙时,水中存在的有机物、微生物等杂物即被隔滤在砂棒表面,经过滤后的净水由砂棒内腔流出,完成过滤过程。砂滤棒过滤器已是我国水处理设备中的定型产品,可根据处理的水量选择其适用的型号。同时,考虑到生产的连续性,至少有两台并联安装。当一台清洗时,可用另一台。

②基本结构。砂滤棒过滤器主要有 101 型和 106 型两类。虽然这两个的型号不同,但其在构造上都可以分为两个区,即原水区和净水区。两区中间用一块经过精密加工的、带有封闭性能的隔板(又称箅子)隔开,四周用定制橡胶圈密封。隔板中间钻有很多孔,孔径及其数量视不同型号而异,隔板既是固定砂棒的器件又是原水区和净水区的分界线,如图 1.3 所示。

在使用中,由于砂滤棒过滤器的材料较脆,当水压太高时很容易破碎,造成污染。所以,在操作中要严格注意表压,如表压突然下跌,应立即停用,待检修后方能使用。当砂滤棒使用一段时间后,表压逐渐升高,那是因为砂滤棒外壁积垢较多,滤水量下降所引起。当表压升至一定值时,应立即停止使用。将砂滤棒卸出,用水砂纸轻轻擦去表面的污垢层,经刷洗冲净恢复至砂滤棒原色,即可安装重新使用。若使用洗涤剂,也可以不用卸出砂滤棒作封闭冲洗。

砂滤棒在使用前均需消毒处理,一般用 75% 的酒精或 0.25 的新洁尔灭或 10% 的漂白粉液,注入砂滤棒内,堵住出水口,使消毒液与内壁完全接触,数分钟后倒出。安装时凡是与净水接触的部分都要进行消毒。

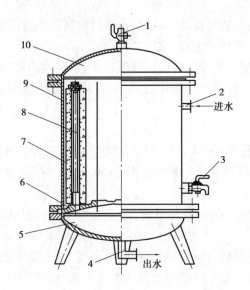

图 1.3　101 型砂滤棒过滤器
1—放气阀;2—原水进口;3—排污阀;4—净水出口;5—下盖;6—隔板;
7—砂棒;8—拉杆;9—器身;10—上盖

（3）活性炭过滤器

有些水中含有余氯和异臭杂味,将极大地影响饮料口感。为了使水质无色、无臭、无味,可进行活性炭过滤处理。活性炭过滤器主要用于去除水中有机物、胶体硅、余氯(Cl_2）等。对臭味、色度、重金属离子的吸附能力强。

①工作原理。活性炭是一种以木炭、木屑、果核壳、焦炭等为原料制得的高纯度具有高吸附性能的炭。其颗粒可分为粉状和粒状两类。前者粒度为 $10～15\ \mu m$,后者粒度为$0.4～2.4\ mm$。粒状活性炭按其形状又可分为圆柱形、球形、无定形等。活性炭为黑色固体,无臭、无味,具有多孔结构,表面积十分庞大,对气体、蒸汽或胶状固体有强大的吸附力,1 g 粉状活性炭的总表面面积可达 $1\ 000\ m^2$。

活性炭在水溶液中能吸附溶质分子（杂质分子）,是由于溶质分子的憎水性和对溶质分子的吸引力所致。某溶质分子的亲水性越强,向活性炭表面运动的可能性就越小,该溶质分子就越难被吸附。活性炭与溶质分子间的吸引力,是由于静电吸附、物理吸附和化学吸附 3 种力联合作用的结果。

活性炭过滤器之所以能将杂质除去,除了上述的吸附作用外,还因为过滤器有厚厚的一层活性炭,同时兼有机械过滤的作用。

②基本结构。活性炭过滤器有固定床式和膨胀床式两类。膨胀床式是炭层在工作中处于膨松状态,层高发生改变。固定床式在工作中炭层层高不发生变化。膨胀床式的处理效果较好,但炭粒易于流失,而固定床式则较稳定。在饮料水处理中,多采用固定床式。小型活性炭过滤器如图 1.4 所示,大型活性炭过滤器如图 1.5 所示。

固定床式活性炭过滤器有一个圆柱形的器身,上、下封头与器身用法兰联结,中间垫有橡胶密封圈,以免泄漏。上、下封头与器身均用不锈钢制造,以防锈蚀。

在器身内部,从上到下依次是盖板、滤料层、承托层和支撑板。支撑板 6 为一多孔金属板,用以支撑滤料层。金属板上面覆盖一层金属网,其上装填一层石英砂作为承托层,高度为 0.2~0.3 m(约占总高度的 1/8),上面再装上 5 倍承托层高度的活性炭滤料层,粒径为 0.2~1.5 mm。滤料层上压了一块多孔盖板 2,其作用是固定滤料层的高度,以免在反洗时炭粒随水流流失。

经过一段时间工作后,炭粒表面为污物覆盖,失去吸附能力,这时需要进行清洗,以除去污物。清洗时,由反向通入原水,冲洗滤料,经原水进口排污,历时 10~15 min 即可。清洗周期视过滤水量,一般为 3~7 d,待排出的水质较为清洁后即可。但不得频繁清洗,以免影响活性炭寿命。

③再生。活性炭经过较长时间工作后,光靠清洗已不能使其恢复工作能力,这时需要进行再生处理。

④注意事项。活性炭必须是符合食用标准的植物性活性炭,以保证饮料质量。在进行过滤时,要求原水中无大颗粒悬浮杂质,否则易于堵塞炭粒微孔。在安装过滤器后,应用饱和蒸汽对进出水管及阀门零件进行消毒处理。正式投入使用前,应开足进水阀冲洗 20 min,取样化验后方可投入正常使用。每次使用时,刚流出的水若是黑水,属正常现象,顷刻就会洁净。原水流量应与过滤器的设计能力相适应,否则水质难以达到要求。活性炭的吸附作用,与温度和流速有关,水温高,流速低,净化效果好,反之则差。活性炭的使用期限随水质而异,正常运转可用 3 年,此时,再生也无济于事,应予以更换。

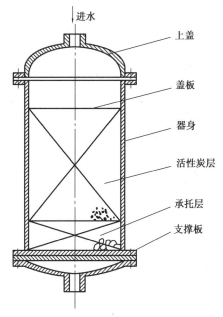
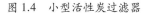

图 1.4 小型活性炭过滤器

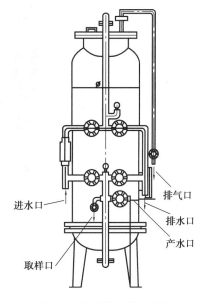

图 1.5 大型活性炭过滤器

另外,钛棒过滤器作药液脱炭过滤效果最佳,钛棒由钛经特殊工艺烧结而成,主要用于过滤压力小于 0.3 MPa 的加压过滤,过滤粗度为 5 μm 以下,耐滤、预滤等。按需要流量大小,选用不同规格。

(4)净水器

净水器是一种将混凝、澄清、过滤 3 道工序集于一体的综合水处理设备。

①工作原理。净水器的工作原理与悬浮澄清池相似。原水加混凝剂后,经过充分接触反应,悬浮颗粒失去稳定,形成絮体析出。但它不是像悬浮澄清池,穿过自身悬浮絮体形成

的过滤层进行过滤,而是通过一种由悬浮塑料珠组成的过滤层,将絮体阻隔分离,净水便穿过过滤层经出水管流出。由于该净水器采用了塑料珠组成的过滤层,故工作起来比悬浮澄清池要可靠得多,效果也好。

②基本结构。图1.6所示为净水器的结构示意图。器身2为圆筒形,用钢板卷焊而成。由于它在压力下工作,故对焊接要求较高。器身上部是带法兰的锅形封头,用螺栓与器身紧固在一起。封头顶部装有压力表和排气管8,分别观察工作压力和排放器身内空气。器身侧面有入孔6和下视孔5、上视孔7,分别用于维修和观察筒内工作情况。器身内被排泥桶4、锥筒16分隔成几部分。锥筒为倒立形,将筒体内分隔开,形成第二反应室19(即浓缩室),其下部安有排泥管20,与外界相通。排泥桶4位于器身中央,桶外为第一反应室14,其下部有4根呈辐射状分布的辐射管18,由它将排泥桶、第二反应室连通。在第二反应室的顶部,安装有强制出水管17。它一方面借助过滤层的水头损失,使第二反应室顶部较清洁的水回流到滤层中去,再经过滤成为清水,增加清水产量;另一方面,它还能维持泥渣平衡,稳定悬浮层,增加第二反应室中污泥的浓度,延长排泥周期,减少排泥损耗。

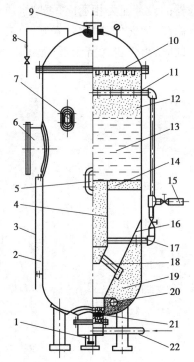

图 1.6　净水器的结构

1—排砂管;2—器身;3—取样管;4—排泥桶;5—下视孔;6—入孔;
7—上视孔;8—排气管;9—出水管;10—集水滤头;11—回水管;
12—塑料珠滤层;13—澄清区;14—第一反应室;15—冲洗水管;16—锥筒;
17—强制出水管;18—辐射管;19—第二反应室;20—排泥管;21—瓷球层;22—进水管

为了洗去黏附在用聚苯乙烯泡沫颗粒(又称塑料珠)组成的滤料层中滤料上的污泥,还专门设置了水力冲洗装置,它与回水管11连在一起,由阀门控制冲洗或回流。

③工作过程。原水经加混凝剂后,由离心泵将其从进水管22,经喷嘴穿过瓷球层21,射入第一反应室14,原来处于底部的泥渣,由于喷嘴处的负压作用被搅散,同时进入第一反应

室进行接触反应。经过反应后的水有两个去向,密度较小、比较洁净的水在泵压作用下,向上经过悬浮层至澄清后,并继续通过悬浮在上面,由塑料珠组成的滤层 12 过滤后,变为清水,再由顶部的集水滤头 10 集水,利用剩余压力经由出水管 9 排出。

另一方面,原水中凝聚的絮体,被水力顶托向上,形成一个悬浮层,当悬浮层超过排泥桶 4 的顶部时,泥渣便溢入排泥桶,经辐射管 18 进入第二反应室 19。这里流速很低,絮体便得以沉淀下来,经排泥管 20 定时排出。经过固水分离后较为洁净的水,经过强制出水管 17 向上进入滤层 12,经过滤后成为清水。这样,清水与悬浮杂质便得到了分离。

1.3.2 水软化设备

1)离子交换器

(1)结构

不管是进行软化或是除盐,所用的阴、阳离子交换器的结构基本相同。所不同的只是树脂种类、水处理流程以及再生方式等。离子交换器的装置如图 1.7 所示。一般的离子交换器为具有锅形底及顶的圆筒形设备。其筒体的长度与直径之比值为 2~3。筒体用钢板卷焊而成,上、下部都设有入孔,小直径设备或筒体与器底采用法兰连接的设备,其入孔可只开设一个。筒体中部开有视镜孔,以观察反洗强度、树脂层表面污染情况和耗损,筒体底部有树脂装卸孔。进水管安在筒体顶部,为使原水分布均匀,在出口处一般安有挡板等分配装置。树脂层高度占筒体高度的 50%~70%,不能装满,以备反洗时树脂层的膨胀。在树脂层上面是再生液分配器。它应与树脂层接近,以便在再生时保持再生液浓度,有利于提高再生效率。排水管安在筒体底部,通过多孔板集水后排出。在交换器进、出水管上装有压力表,以测定工作时水流的压力损失。并在进、出水管有取样装置,以便随时取样。

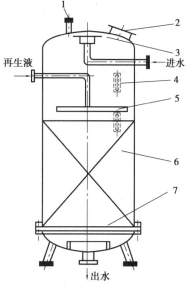

图 1.7 离子交换器的结构

1—放空气口;2—入孔;3,8—挡水板;4—视镜孔;

5—分配器;6—树脂;7—假底

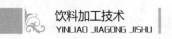

（2）使用与维护

新树脂的预处理新树脂中往往混有杂质，影响树脂的交换反应，因此必须进行预处理。预处理包括清洗和转型。

①阳离子交换树脂的预处理。阳离子交换树脂多为 Na 型。先将其用自来水浸泡 1~2 d，使其充分吸水膨胀，再反复用自来水冲洗，去除可溶性杂物，直至洗出水无色为止。若采用钠型树脂来软化水，清洗干净即可装入交换器。

若是用于除盐，尚需加以转型。可将清洗、沥干的树脂，加等量 7% 盐酸溶液浸泡 1 h，搅拌后除去酸液。用自来水洗至出水 pH 值为 3~4 为止，倾去余水，加入等量 8% 氢氧化钠溶液浸泡 1 h，除去碱液，再用自来水洗至出水 pH 值为 8~9，倾去余水。加入 3~5 倍 7% 盐酸溶液浸泡 2 h，倾去酸液，用去离子水洗至 pH 值为 3~4 即可使用。这时树脂由 Na 型转为 H 型。

②阴离子交换树脂的预处理。新的阴离子交换树脂多为 Cl 型。可将新树脂用自来水浸泡，反复洗涤，洗至无色为止。再加入等量 8% 氢氧化钠溶液浸泡 1 h，搅拌后除去碱液。再用通过 H 型阳离子交换树脂处理的水，洗至 pH 值为 8~9，倾去余水，加入等量 7% 盐酸溶液浸泡 1 h，然后用自来水洗至 pH 值为 3~4，最后加入 3~5 倍 8% 氢氧化钠溶液浸泡 2 h，并加以搅拌，使阴离子交换树脂转为 OH 型。再倾去碱液，用去离子水洗至 pH 值为 8~9 即可使用。

离子交换器的操作：

离子交换器的操作分为运行、反洗、再生、正洗等几个阶段。

a. 运行。应按原水水质、树脂性质、树脂层高等因素来选择水流速度。如需要除去的离子浓度大，则流速应选择小些。一般来说，交换器的每小时出水量是树脂装载量的 10~20 倍。交换器的运行时间对于钠离子交换器为 6~8 h，对于阴、阳离子交换器为 20 h。

b. 反洗。当树脂处理一定的水量后，交换能力下降。当下降到一定程度，正常运行即应停止，并进行反洗操作。反洗是从交换器底部进水，使树脂层松动，并冲掉树脂层表面污物和破碎的树脂。要保证反洗效果，应使树脂层有一定的膨胀强度，使每个树脂球都发生运动，一般膨胀率应大于 50%。反洗流速为 8~18 m/h，时间 10~20 min。

c. 再生。其目的是恢复树脂的交换能力。一般在反洗结束，树脂沉降后进行。影响再生效率的因素，主要有再生剂种类、浓度、流速、时间、温度以及再生方式等。

再生 Na 型树脂，再生剂可用 5%~8% 氯化钠溶液，对于 H 型树脂，可用硫酸或盐酸。酸液浓度一般为 0.5%~5%。强型树脂，浓度较大；弱型树脂，浓度较小。对于 OH 型树脂，可用氢氧化钠或碳酸钠，碱液浓度为 3%~5%。

再生剂流速，在软化处理时为 3~5 m/h，在除盐处理时为 4~6 m/h。

再生时间，对强酸性阳离子交换树脂，应大于 30 min，对强碱性阴离子交换树脂，不应少于 60 min。

常用的再生方式有两种：顺流再生和逆流再生。前者再生剂的流向与原水同向，而后者相反。两者比较，顺流再生操作方便，结构较简单，使用较普遍，但效果稍差；逆流再生效率高、效果好，但结构与操作均较烦琐。

d. 正洗。其目的是将树脂层中残存的再生剂冲掉，恢复交换器的工作能力。

先用相当于再生剂流速的小流速进水，时间为 20~25 min，尔后加大流速，对钠离子交换,流速为 8~10 m/h,时间约 30 min;对氢离子交换,流速为 15 m/h,时间为 20~30 min;对阴离子交换,流速为 10~15 m/h,时间为 30~60 min。总之,应正洗至出水符合水质要求为止。经正洗后,交换器又可以投入正常运行。

e.注意事项。树脂在运输、保管时,应保持湿润。开包后应立即转入密封容器或加水浸泡。树脂应保存在室内,环境温度应保持为 5~40 ℃,不能低于 0 ℃,以防树脂冻结崩裂。交换器应安在坚实的地基上,并调整水平,不垂直度不大于 2 mm/m。软水箱、除盐水箱一般用钢制,要注意内壁的防腐措施,并定期进行检查。进入交换器的原水,须经澄清、过滤等净化处理,使其没有悬浮杂质。再生剂的浓度对保证树脂再生至关重要,必须注意补充,以保持适当的浓度。当原水中含盐量小于 500 mg/L 时,可采用离子交换法除盐,大于时用此法则不合算了。再生剂均是酸、碱、盐等腐蚀性强的物质,一定要注意防腐措施。工作人员也要注意防止受到伤害。经常检验原水及出水水样,若发现水质超过预定要求,应及时采取对策。

2)电渗析器

电渗析器种类较多,W.鲍里的三室型具有代表性,其构造如图 1.8 所示。电渗析器由阳极室、中间室及阴极室 3 室组成,中间 DD 为封接良好的半透膜,E 为 Pt、Ag、Cu 等片状或棒状电极,F 为连接中间室的玻璃管,作洗涤用,S 为 pH 计。电渗析实质上是除盐技术。电渗析器中正、负离子交换膜具有选择透过性,器内放入含盐溶液,在直流电的作用下,正、负离子透过膜分别向阴、阳极迁移。最后在两个膜之间的中间室内,盐的浓度降低,阴、阳极室内为浓缩室。

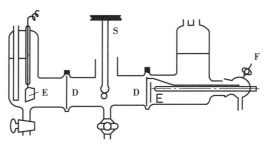

图 1.8　电渗析器结构图

实际应用时,通常用上百对以上交换膜,以提高分离效率,如图 1.9 所示。进入第 3 室的水中的离子,在直流电场作用下做定向移动,当阳离子移动到阳膜旁边时,由于阳膜允许阳离子透过,阳离子向负极移动,穿过阳膜进入。第 2 室内。同理,阴离子则向正极方向移动,穿过阴膜进入第 4 室内。从第 3 室流出来的水中,阴、阳离子都减少了,成为淡水。进入第 4 室的水中的离子,在直流电场作用下也做定向移动,阳离子移向负极,遇阴膜而受到阻挡,保留在第 4 室内。而第 4 室中的阴、阳离子均出不去,同时,第 3、5 室中的阴、阳离子还要穿过交换膜进入第 4 室,从第 4 室流出去的水中,阴、阳离子都比原来增多,成为浓水。

由此可见,通电后,由第 1、3、5……室流出的是淡水,由第 2、4、6……室流出的是浓水,将浓水和淡水分别汇集起来,最后得到的是浓水和淡水。饮料用水除盐需要的是淡水。

考虑到阴膜容易损坏,并防止氯离子透过阴膜进入阳极室,所以,在阳极附近一般不用阴膜,而用一张阳膜或一张抗氧化膜。电渗析过程中,离子交换膜透过性、离子浓差扩散、水的透过、极化电离等因素都会影响分离效率。

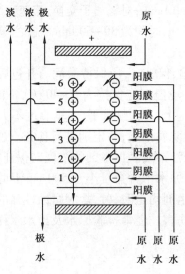

图 1.9　电渗析工作原理图

1.4　水处理方案的确定

近年来我国推行"集中生产主剂、分散灌装饮料"的产业政策,使用主剂时,饮料灌装仅需准备糖和水(或碳酸水)。如果两个特许灌装厂使用同样牌号的饮料主剂,但原料水的碱度相差较大,不难想象,将两个厂用统一包装的碳酸饮料的部分酸度发生改变,会使饮料香气特征和味的感觉发生恶化。还有,余氯也会使饮料产生明显的异味。现在纯水都要求纯净,必须进行较为全面的水处理。

相对来说,对于混浊型的果汁类饮料,水的浊度、色度、硬度、碱度按一般饮料用水标准的要求就可以了。饮料工厂洗涤、杀菌等用水的要求有时可降低。

根据原水的质量和水质要求的不同,可选用各种不同的水处理方案。当水中悬浮物质含量多时可用凝聚沉淀法,少时用过滤法分离;水中有机物多时可用接触氧化法,少时用活性炭吸附法去除。对于无机盐类,可按其含量多少,分别用反渗透、离子交换法或其他方法脱除。不进行软化的水处理方案有以下 3 种:

①过滤——→紫外线杀菌或臭氧杀菌(矿泉水)。

②预氯化——→凝聚沉淀——→过滤——→后氯化。

③预氯化——→凝聚沉淀——→过滤——→活性炭过滤。

采用软化的水处理方案有以下 7 种:

①阳离子交换——→阴离子交换——→脱气。

②预处理——→电渗析——→消毒。

③预处理——→电渗析——→离子交换——→消毒(纯水制造)。

④砂滤——→阳离子交换——→微滤——→反渗透(超滤)——→氯化——→活性炭过滤。

⑤预处理——→微滤——→反渗透(超滤)——→阳离子交换——→除 CO_2 ——→阴离子交换

——→紫外线杀菌。

⑥预处理——→微滤——→反渗透——→阳离子交换——→除 CO_2——→阴离子交换——→混合离子交换——→紫外线杀菌。

⑦预处理——→电渗析——→混床——→超滤——→消毒。

【实验实训】 过滤系统的设计

小明和同学到郊外小溪边游玩,发现所带的矿泉水不足,小明巧妙地利用田野的自然条件解决了伙伴们喝水的问题,请同学设计思路。

 小资料

198 个地市近六成地下水质为"差"

原国土资源部(现为自然资源部)公布的《2012 年中国国土资源公报》显示,全国 198 个地市级行政区开展了地下水水质监测工作,监测点总数 4 929 个,其中国家级监测点 800 个。依据《地下水质量标准》,综合评价结果为水质呈优良级的监测点为 580 个,占全部监测点的 11.8%;水质呈良好级的监测点为 1 348 个,占 27.3%;水质呈较好级的监测点为 176 个,占 3.6%。

根据公报,全部监测点中,水质呈较差级的监测点为 1 999 个,占 40.6%;水质呈极差级的监测点为 826 个,占 16.8%。主要超标组分为铁、锰、氟化物、"三氮"(亚硝酸盐氮、硝酸盐氮和铵氮)、总硬度、溶解性总固体、硫酸盐、氯化物等,个别监测点存在重(类)金属项目超标现象。

与上年度比较,有连续监测数据的水质监测点总数为 4 677 个,分布在 187 个城市,其中水质综合变化呈稳定趋势的监测点有 2 974 个,占监测点总数的 63.6%;呈变好趋势的监测点有 793 个,占 17.0%;呈变差趋势的监测点有 910 个,占 19.5%。

本章小结 〉〉〉

本章着重讲述了水的 3 种处理方法:净化处理、软化处理和消毒处理。水的净化处理包括澄清和过滤。澄清主要用于一些水质较差、含多量细小悬浮物和胶体物质,水质混浊。而对一些水质较好的水源,其浊度较低,常采用过滤处理。水的软化主要是处理硬度大的水(一般是地下水),原水经净化、软化各项处理后,水中绝大多数的微生物已被除去。但是仍有部分微生物留在水中,为了保证产品质量和消费者的健康,对水要进行严格的消毒处理。水的消毒方法以紫外线消毒最适用于饮料用水的消毒。对应水的处理方式本章介绍了水的处理设备:悬浮澄清池、离子交换器、臭氧发生器等。

复习思考题)))

1.水处理的方法有哪些？它们之间的区别是什么？

2.在饮料加工中,如果原料水的硬度太大,应采取怎样的处理方式？

3.水的消毒处理中有哪些方法？简单介绍各种方法的特点。

第2章
软饮料生产常用的辅助材料

知识目标

了解常用的甜味剂、常用的酸味剂;了解天然色素和人工合成色素的异同;了解常用的防腐剂、常用的乳化稳定剂。了解食用香精的分类情况;掌握食品使用香精的目的。

能力目标

要求掌握加香时应注意的问题;乳化稳定剂的作用等问题。

为了使食品具有更好的感官、品质、营养等,饮料生产中离不开各种食品添加剂。饮料生产所用的辅助材料为各种食品添加剂和加工助剂。食品添加剂主要有甜味剂、酸味剂、香精香料、色素等;加工助剂主要有稳定剂、抗氧化剂、防腐剂等。食品添加剂的使用对软饮料的品质具有决定性的影响。

2.1 甜味剂

2.1.1 甜味剂含义及分类

甜味剂是指赋予食品或饮料以甜味的食物添加剂。甜味是普遍被人们接受并且最感兴趣的基本味。甜味剂是饮料生产中的基本原料,按照来源可分为天然甜味剂和人工合成甜味剂;按照营养价值可分为营养性甜味剂和非营养性甜味剂;按照甜度可分为大量甜味剂和高强度甜味剂。天然甜味剂中的蔗糖、葡萄糖、麦芽糖、果葡糖浆等属于饮料的原料,不作为食品添加剂来限制使用。我国允许使用的人工合成甜味剂主要有环己基氨基磺酸钠(甜蜜素)、天冬酰苯丙氨酸甲酯(甜味素)、阿斯萨夫丹 K(AK 糖)等。按照营养价值分为营养性甜味剂和非营养性甜味剂。

2.1.2 软饮料中常用的甜味剂

1)蔗糖

蔗糖是由甘蔗或甜菜制成的产品。按照外形和色泽,可分为白砂糖、红砂糖、绵白糖、

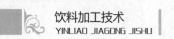

红糖、冰糖、方糖等。它是由葡萄糖和果糖所构成的一种双糖,分子式为 $C_{12}H_{22}O_{11}$。

蔗糖结晶易溶于水,不能溶解于无水乙醇、乙醚和氯仿中,常温下 1 g 蔗糖可溶解于 0.5 mL 的水中,温度升高,溶解度增大。蔗糖的黏度受温度和浓度的影响较大,低温高浓度时,黏度显著变高。高浓度的蔗糖溶液,其渗透压较高,能阻止微生物的生长繁殖,多数微生物在蔗糖浓度大于 50% 时即停止生长繁殖;蔗糖对产品色泽的影响主要是发生焦糖化反应和美拉德反应。

蔗糖在酸性条件下加热水解为等量的葡萄糖和果糖,称为蔗糖的转化,生成物为转化糖。一般果实饮料放置在室温下,此反应也缓慢进行。含有酸味的饮料、碳酸性饮料能产生部分碳酸,加入的柠檬酸、酒石酸和各种果酸等酸料都能促使蔗糖转化。

在饮料中使用的蔗糖含糖量应在 99.5% 以上,含水量在 0.5% 以下,晶粒应松散、均匀,如果使用含灰分、胶质较多的蔗糖会使饮料成品出现浑浊,影响感官质量;就口感而言,10% 浓度时蔗糖的甜度一般有快适感,20% 浓度则成为不易消散的甜感,故一般果实饮料饮用时其浓度控制在 8%~14% 为宜。

2)葡萄糖

葡萄糖是自然界分布最广泛的单糖,分子式为 $C_6H_{12}O_6$,葡萄糖作为甜味剂的特点是其甜味更为精细,而且即使达 20% 浓度,也不产生令人不适的浓甜感,其甜度为蔗糖的 70%~75%。能调配物质的香味,使其具有鲜味感,能增加饮料的风味、色泽和香味。

固体葡萄糖溶解于水时是吸热反应,这种情况下同时触及口腔、舌部时,则给以清凉感觉。若使葡萄糖最大限度发挥其甜度,则以高浓度或固体使用为好。在蔗糖中混合 10% 的结晶葡萄糖,由于增效作用,其甜度高于计算值,有利于提高饮料的口感和质量。

3)果葡糖浆

酶法糖化淀粉所得糖化液,再经葡萄糖异构酶作用,将 42% 的葡萄糖转化成果糖,制得糖分主要为果糖和葡萄糖的糖浆,即果葡糖浆。是澄清、透明、无色的糖浆,其甜度因果糖含量的多少不同,一般为蔗糖的 1.0~1.4 倍。

目前常用果糖含量为 55% 的第 2 代果葡糖浆和果糖含量为 90% 的第 3 代果葡糖浆,其味质接近砂糖,且比砂糖更具清凉感。果葡糖浆大量应用于可口可乐等饮料中,效果较好。

4)蜂蜜

蜂蜜是一种高度复杂的糖类混合物,主要成分是糖类,有葡萄糖、果糖、蔗糖、麦芽糖、蜂蜜糊精等多种。蜂蜜来源不同,其颜色、香味和味道也不同,蜂蜜的黏性和含水量有关,随温度的升高而降低。主要用于清凉型饮料和一些功能性饮料,在果蔬汁加工中,可以作为澄清剂,使果汁澄清,改善风味,抑制褐变,还可以使果汁长时间保持稳定的透明状。

5)其他天然甜味剂

(1)糖醇类

糖醇是世界上广泛采用的甜味料之一,糖醇较糖耐热性更好,不会引起龋齿,代谢时不需胰岛素,溶解时吸热,有清凉感。

①山梨醇。山梨醇可由葡萄糖还原而制取。在梨、桃、苹果中广为分布,含量为 1%~2%。其甜度与葡萄糖大体相当,但能给人以浓厚感,在体内被缓慢地吸收利用,但血

糖值不增加。山梨醇还是比较好的保温剂和界面活性剂。

②木糖醇。木糖醇的甜度相当于蔗糖的70%~80%,有清凉甜味,能透过细胞壁缓慢地被人体吸收,并可提供能量但不经胰岛素作用,故用来作为糖尿病患者食用的甜味剂。

③麦芽糖醇。麦芽糖醇系由麦芽糖还原而制得的一种双糖醇。甜度为蔗糖的85%~95%。能100%溶于水,几乎不被人体吸收,是健康食品的一种较好的低热量甜味剂。

（2）糖苷类

①甜菊苷。甜菊苷是近年来刚刚发展起来的一种新型甜味剂,它是从原产南美巴拉圭的一种称之为甜叶菊的植物中提取的白色粉末状物质。甜度为蔗糖的200~300倍,对热、酸、盐比较稳定。pH为3以上,95 ℃时加热2 h甜味不变。着色性极弱,不易分解,安全性高,发热量极低,属于非发酵性甜味剂。溶解速度慢,渗透性差,在口中留味时间较长,不被人体吸收。若和糖类甜味剂并用能显示大的相乘效果,但代糖类达30%以上就有后苦味。用于某些特异口味的饮料,反而可增加风味。另适宜于糖尿病患者,还有解酒、消除疲劳等药用价值。

②索马甜。从竹芋科植物果皮中分离出来的,甜度为蔗糖3 000~5 000倍的天然蛋白甜味剂,易溶于水和60%乙醇溶液。在pH为2~10均稳定,属无热量甜味剂。对热较稳定,在80~100 ℃甜味不减。除作甜味剂外,尚有增强风味,掩盖咸、酸、涩、苦味和不愉快气味的作用。

③甘草甜。是由豆科甘草属多年生植物的根茎中提取的,主要成分是甘草酸,根茎中含量为6%~14%。甜度是蔗糖的200倍,易溶于热水,稍难溶于冷水和稀乙醇溶液,冷却后呈黏稠胶液。广泛应用于甜味的增强剂和改良剂、调味剂、风味调整剂等。

6）人工甜味剂

人工甜味剂具有甜度高、用量少、热量低等优点,目前已广泛使用。我国批准使用的人工甜味剂主要有环己基氨基磺酸钠、天冬酰苯丙氨酸甲酯、乙酰磺胺酸钾等。

（1）环己基氨基磺酸钠

环己基氨基磺酸钠又名甜蜜素或糖蜜素。甜蜜素为白色结晶粉末,无臭或几乎无臭,易溶于水,其甜味比蔗糖大40~50倍,但目前市售商品有些仅有20~25倍。根据我国食品添加剂卫生标准,本品用于清凉饮料、冰淇淋、糕点最大用量为0.25 g/kg;用于蜜饯最大用量为1.0 mg/kg。

（2）天冬酰苯丙氨酸甲酯

天冬酰苯丙氨酸甲酯又名甜味素或蛋白糖、APM,本品为白色结晶性粉末,pH为3~3.5时最稳定。干燥状态可长期保存。APM甜度是蔗糖200倍。本品味质好,极似砂糖,有清凉感,且几乎不增加热量,可作糖尿病、肥胖症等疗效食品的甜味剂,可用于碳酸饮料、饮料、醋、咖啡饮料,使用量可按生产需要,或与其他甜味剂合用。

（3）安赛蜜

安赛蜜又名乙酰磺胺酸钾、A-K糖,白色、无味的结晶性物质,其甜度为蔗糖的200倍,味质类似蔗糖,无明显后味,且稳定性好,货架寿命长。无热高甜度甜味剂,用于饮料、冰淇淋、糕点等,不参与人体代谢,适合糖尿病、肥胖病和心血管病患者。

（4）糖精钠

糖精钠无色至白色的结晶或结晶性粉末,无臭,稍有芳香味,在空气中可风化失去一半

结晶水而成白色粉末,甜度是蔗糖的 300~500 倍,易溶于水,水溶液为中性,耐热、酸、碱性差,分解后失去甜味,产生苦味。

2.2 酸味剂

2.2.1 酸味剂的含义及分类

酸味剂是指以赋予食品酸味为主要目的的食品添加剂。酸味剂的添加给人以爽快的感觉,增加食欲。酸味剂分为有机酸和无机酸。食品中天然存在的酸主要是柠檬酸、酒石酸、苹果酸、乳酸等有机酸,目前在食品加工中常用的酸味剂也是这些酸。无机酸主要是磷酸,一般认为其风味不如有机酸好,应用较少。一般在果蔬饮料中常用柠檬酸、苹果酸和酒石酸,在乳饮料中常用柠檬酸、乳酸,在碳酸饮料中常用磷酸。我国《食品添加剂使用卫生标准》(GB 2760—2007)批准许可使用的酸度调节剂有:柠檬酸、酒石酸、苹果酸、乳酸、偏酒石酸、磷酸、乙酸、己二酸、富马酸、氢氧化钠、碳酸钾、碳酸钠、柠檬酸钠、柠檬酸钾、碳酸氢二钠等。

2.2.2 软饮料中常用的酸味剂

1)柠檬酸

柠檬酸为无色半透明结晶或白色颗粒,或白色结晶性粉末,无臭。具有圆润、滋美、爽快的酸味,在干燥空气中可失去结晶水而风化,在潮湿空气中徐徐解潮,极易溶于水和乙醇。

在酸味剂中柠檬酸的应用最为广泛,柠檬酸特别适用于柑橘类饮料,其他饮料中也单独或合并使用。果汁饮料生产中使用量为 0.2%~0.35%,固体饮料中为 1.5%~5%。在制成水溶液贮备供生产应用时,通常配成 50% 的浓度。柠檬酸与抗氧化剂同时使用有增强抗氧化剂效果的作用,无水柠檬水比结晶柠檬酸吸湿性小,常用于固体饮料。

2)酒石酸

一般指右旋酒石酸,分子式 $C_4H_6O_6$,酒石酸是无色透明结晶或白色结晶性粉末,无臭,有特殊的酸味,和柠檬酸味相比,具有刺激性的收敛味,酸感强度为柠檬酸的 1.2~1.3 倍。

酒石酸在葡萄饮料中使用,使用量一般为 0.1%~0.2%,单独使用较少,一般多与柠檬酸、苹果酸等并用为好。

3)苹果酸

苹果中 90% 以上是苹果酸,在葡萄以及其他水果中也含有,苹果酸可从天然物中提取。分子式 $C_4H_6O_5$。

苹果酸是白色结晶或粉末,无臭,与柠檬酸相比,其酸味略带刺激性的收敛味,酸感强度是柠檬酸的 1.2 倍左右,极易溶于水,也溶于乙醇,不潮解。

苹果酸的味觉与柠檬酸不同,柠檬酸的酸味有迅速达到最高并很快降低的特点,苹果酸则刺激缓慢,不能达到柠檬酸的最高点,但其刺激性可保留较长时间,就整体来说其效果更大。苹果酸可用于果汁、清凉饮料,用量为 0.25%~0.55%,果子露 0.05%~0.1%。生产中常与柠檬酸合用,发挥味觉互补作用,能形成天然苹果香味。在碳酸饮料中使用苹果酸可增强水果风味,与糖精、蛋白糖复合使用时较柠檬酸效果好。

4)乳酸

乳酸是酸乳等发酵乳制品及其他发酵食品中的主要酸感成分之一,由乳酸菌发酵制备。分子式 $C_3H_6O_3$。

乳酸是无色至淡黄色的透明黏稠液体,可以与水、醇以任意比例配合,酸味为柠檬酸的 1.2 倍,味质有涩、软收敛味,与水果中所含酸的酸味不同。是饮料中普遍使用的酸味剂,酸味柔和,既不掩盖水果和蔬菜的天然风味,又有防腐效果,乳酸主要用于乳酸饮料。通常与其他酸味剂如柠檬酸等并用,一般用量为 0.1%~0.2%。

2.3 香精和香料

2.3.1 香精与香料的含义及分类

香精与香料统称香味料。香味料是以改善、增加和模仿食品的香气和香味为主要目的的食品添加剂。包括食用香精和食用香料。是食品饮料生产中不可或缺的重要原料。

香精按用途可分为日用香精、食用香精和其他用途香精 3 大类;按香型可分为花香型香精和非花香型香精两大类;按形态可分为液体香精和粉末香精两大类;香料按来源分为天然香料(植物性香料和动物性香料)和合成香料。

2.3.2 香精与香料的作用

食品中使用香味料主要有以下 7 个作用:

1)辅助作用

某些原来具有香气的产品,如高级酒类、果汁饮料等,香气浓度不足,因而需要选用与其香气相适应的香精来辅助其香气。

2)稳定作用

天然产品的香气,往往受地区、季节、气候、土壤、栽培技术和加工条件等的影响而不稳定,而香精是按照同一配方进行调和,其香气基本上能达到每批都稳定。加香之后,可以对天然产品的香气起到一定的稳定作用。

3)补充作用

某些产品因在加工过程中损失了其原有的大部分香气,这就需要选用与其香气特征相

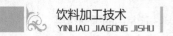

适应的香精进行加香,使产品香气得到补充。

4)矫味作用

某些产品具有令人不易接受的气味,通过选用适当的香精可以矫正其香味,使人乐于接受。

5)赋香作用

某产品本身没有香味,可以通过选用一定香型的香精,使产品具有一定类型的香味。

6)替代作用

直接用天然产品作为香味来源有困难时,可以采用相应的香精来替代或部分替代。

7)防腐作用

天然香料有杀菌、防腐、治疗等作用。

2.3.3 食用香精与香料

1)食用香精

(1)食用香精的种类

食用香精是食品生产中不可缺少的重要原料。食用香精就是以大自然的含香食物为模仿对象,用各种安全性高的香料及辅助剂调和而成,并用于食品的香味剂。食用香精按其性能和用途可分为水溶性香精、油溶性香精、乳化香精和粉末香精。

①水溶性香精。水溶性香精适用于对饮料及酒类的赋香。碳酸饮料、冰棒中的用量为0.2%~0.1%,在果子露中的用量一般为0.3%~0.6%。在饮料生产中,香精一般在配料时加入。在冰棒、冰淇淋生产中可在料液冷却时加入香精,对于前者在料液10℃时为宜,对于后者,在料液将冷却时加入,以免挥发。果汁粉生产中若使用水溶性香精时,可在调粉时加入,香精用量为0.1%~0.6%。

②油溶性香精。油溶性香精是透明的油状液体,其色泽、香气、香味与澄清度应符合其标样。其特点是香味较强烈,在水中难以分散,耐热性好,因而适于高温处理产品。一般用于糖果和焙烤食品。

③乳化香精。乳化香精应用于需要乳浊度的软饮料。加入乳化香精后可使饮料外观接近天然果汁,成本低,应用广泛。但对要求透明的产品不适用,同时在配制使用乳化香精时要防止沉淀、分层。乳化香精适用于碳酸饮料、冷饮的赋香。用量为:雪糕、冰淇淋、碳酸饮料为0.1%,也可用于固体饮料,用量为0.2%~1.0%。

④粉末香精。粉末香精多用于固体饮料,如果汁粉类产品。它最大的优点是运输方便,不易破损。

(2)加香时应注意的问题

香精在饮料中使用量虽很少,但对饮料的香气起着决定性的作用。要取得良好的加香效果,除了选择质量好的食用香精外,还要注意以下一些问题。

①用量。香精在饮料中的使用量对香味效果的好坏关系很大,用量过多或不足,都不能取得好的效果。由于各厂所制造的香精的浓度不同,以及产品的不同,各地区的习惯用

量不同,因此使用量应参考各种香精所规定的参考用量,通过反复的加香试验,最后确定最适合于消费者口味的用量。

②均匀性。香精在饮料中必须分散均匀,才能使产品香味一致,如果加香不均,必然会造成产品部分香味过强或过弱的严重质量问题。

③其他原料质量。除香精外其他原料如果质量差,对香味亦有一定的影响,如饮料中水的处理不好,使用粗制糖等,由于它们本身具有较强的气味,使香精的香味受到干扰而降低了质量。

④甜酸度配合。甜酸度如果配合适当,对香味起到很大的帮助作用,如在柠檬碳酸饮料中加少量酸配制,即使应用高质量的柠檬香精也不能取得良好的香味效果。甜酸度配合以接近天然果品为好,最适宜的甜酸度配合应以当地人的口味为基础来调配。

⑤温度。饮料用香精大都采用水溶性香精,这类香精的溶剂和香精的沸点较低,易挥发,因此在加香于碳酸饮料糖浆时,必须控制糖浆温度,一般控制在常温以下。

2)食用香料

食用香料是指能赋予食品香气,同时赋予食品特殊滋味的食品添加剂,可以直接用于食品的香料,按照来源可分为天然香料和合成香料。

(1)天然香料

天然香料是以天然植物为原料,经热榨、冷榨、蒸馏、有机溶剂浸出等方法制成芳香油,也可用乙醇制成酊剂或浸膏。软饮料中使用较多的是甜橙油、橘子油、留兰香油、薄荷油等。

①甜橙油。甜橙油是以甜橙的果皮用蒸馏法或压榨法得到的精油,为黄色或橙色油状液体,有清甜的橙香,微溶于水,易溶于乙醇。使用时,一般以95%的乙醇溶解,过滤后添加到饮料中。是橘子、甜橙等果香型香精的主要原料。

②橘子油。橘子油是柑的果皮经压榨和蒸馏制得的精油,为黄色油状液体,有清甜的橘子香气,能溶于乙醇中。是橘子型香精的主要原料,也可以直接添加于饮料中,常用于浓缩柑橘汁。

(2)合成香料

合成香料用化学方法合成,仿照天然香气成分制成的香料。合成香料有天然等同香料和人造香料两种。天然等同香料是与天然香料成分化学结构完全相同的化合物,主要有留兰香、香叶醇、薄荷脑、洋茉莉醛等;人造香料是在天然产品中未发现的、人工化学合成的香料。

2.4　色　素

2.4.1　色素的含义及分类

色素是以给食品着色为主要目的的食品添加剂。食用色素按来源的不同可分为天然色素和人工合成色素两大类。天然色素主要是指由动植物组织中提取的色素,多为植物色素,包括微生物色素、动物色素和无机色素。人工合成色素的原料主要是化工产品。

天然色素种类繁多、色泽自然、安全性高,有的还具有一定的药疗效果(如栀子黄、红花黄等),尤其是安全性为人们所信赖,其使用范围和最大用量都比人工合成色素广。常见的天然色素主要有胡萝卜素、焦糖色素、甜菜红、辣椒红、高粱红、胭脂虫红、姜黄、可可色素、藻蓝素等。

人工合成色素具有色泽鲜艳,着色力强,稳定性好,无臭无味,易溶于水和调色,品质均一,成本廉价等优点,目前已得到广泛使用。常见的人工合成色素主要有苋菜红、日落黄、新红、胭脂红、靛蓝、亮蓝等。

2.4.2　常用色素

1)天然色素

天然色素来源于天然资源的食用色素,是多种不同成分的混合物。由于来源广泛、成分复杂,构成天然色素种类繁多,国际上已开发的天然食用色素已达100种以上。表2.1为主要天然色素的特性。

表2.1　主要天然色素的特性

色素名称	溶解性	pH不同时的色调变化	金属的影响	耐热性	耐光性
甜菜红	水溶性	无变化	~	×	×
花色红	水溶性	红—暗蓝色	++	△	△
红曲红素	水溶性	无变化	~	▲	×
紫胶色素	水溶性	红橙色—红色—紫色	++	▲	▲
胭脂虫红	水溶性	红橙色—红色—紫色	++	▲	▲
辣椒红素	油溶性	无变化	+	○	△
胭脂树橙	油溶性	无变化	+	▲	×
姜黄素	溶于热水	淡黄色—红褐色	++	▲	△
栀子黄素	水溶性	无变化	+	○	○
红花黄	水溶性	无变化	+	○	○
叶绿素	油溶性	pH 5以下黄褐色	++	○	×
焦糖	水溶性	注意等电点	~	▲	▲
可可豆色素	水溶性	无变化	++	▲	▲

注:1)色素本身是油溶性的。但易和氨基酸、蛋白质结合,结合后成为水溶性。商品为水溶性。

2)~,不受金属影响;+,受金属影响;++受金属影响发生很大变化而褪色。

3)▲稳定;○比较稳定;△比较不稳定;×不稳定。

(1)紫胶红色素

紫胶红色素又称紫胶红、虫胶红、紫胶色酸,是紫胶虫在寄生植物上所分泌的紫胶原胶中的一种水溶性红色色素成分。

紫胶红色素是红色或紫红色粉末或液体,溶于水、乙醇、丙二醇,在酸性时对光、热非常稳定,pH 在 5 以下、120 ℃加热 60 min 尚能残存 98%,在 pH 为 3~5 时呈橙红色,pH 为 6 左右时呈红—红紫色,pH 在 7 以上时为红紫—紫色,呈可逆性变化。10 mg/kg 的铁离子可使之变为黑紫色,故必须注意运输和加工贮藏的条件。与蛋白质反应变紫色,不易与维生素 C 等还原性物质作用。

由于紫胶红色素色调稳定,故是比较适宜饮料使用的天然色素。

(2)胭脂红色素

胭脂红色素又称胭脂红酸,是由南美洲一种雌性胭脂虫干燥虫体的提取物。胭脂红色素比紫胶红色素易溶于水,其他性质、用法和紫胶色素基本相同。

(3)葡萄果皮色素

葡萄果皮色素主要成分是锦葵色素苷,通常由制酒用的葡萄果皮以亚硫酸液提取,pH 值可影响色调变化,越偏酸性颜色越呈鲜明的红色。在酸性环境中稳定,对光、热比较不稳定。饮料中使用时,预先添加以增强颜色。

(4)甜菜红

甜菜红又称甜菜根红。它是用食用红甜菜根制取的一种色素,主要成分为甜菜红苷,商品甜菜红色素是由甜菜花青素和甜菜黄素组成,甜菜花青素在 pH 为 4.0~5.0 相当稳定,但对热稳定性差,光和氧能有促进其降解。

(5)红花黄色素

红花黄色素是从菊科植物红花的花中提取的水溶性黄色色素,对光、热比较稳定,也不受 pH 值的影响,可用于柠檬、葡萄柚等饮料中。

(6)栀子黄色素

栀子黄色素是从栀子果实中提取出来的色素,为橙黄色粉末,易溶于水,对光、热、金属离子稳定性好。色调几乎不受 pH 变化的影响。在 pH 为 6 以下稳定性较差,但添加抗坏血酸可使其稳定性增加。

饮料中天然色素的选用见表 2.2。

表 2.2 饮料中天然色素的选用

饮料类型	饮料品种	色素名称	标准用量/%	饮料类型	饮料品种	色素名称	标准用量/%
乳酸饮料	柠檬	红花素	0.01~0.03	碳酸饮料	柑橘	β-胡萝卜素	0.05~0.2
		β-胡萝卜素	0.01~0.03			辣椒黄素	0.01~0.03
	甜瓜	栀子蓝/核黄素	0.05~0.1			红花黄	0.05~0.2
		栀子蓝/红花素	0.05~0.1			胭脂红	0.3~0.9
						紫胶	0.3~0.9
乳饮料	可乐	焦糖	0.05~0.1	果汁饮料	葡萄	葡萄皮	0.1~0.3
	柑橘	红花素/β-胡萝卜素	0.05~0.2			浆果类	0.2~0.4
						栀子红	0.1~0.2
	草莓	胭脂红	0.3~1.0		草莓	浆果类	0.1~0.2
		甜菜红	0.2~0.7			胭脂红/红曲红	0.1~0.2
	咖啡	可可色	0.1~0.2				
		胭脂红/焦糖色	0.1~0.2				

2）人工合成色素

我国目前允许使用的人工合成色素有胭脂红、苋菜红、柠檬黄、日落黄、靛蓝、亮蓝。

（1）苋菜红

苋菜红为紫红色至暗红色粉末，无臭、易溶于水。0.01%水溶液呈红紫色，对光、热、盐均较稳定；对柠檬酸和酒石酸等均很稳定；在碱性溶液中则变为暗红色。苋菜红色素适用于果味水、果味粉、果子露、碳酸饮料、配制酒、浓缩果汁等。最大使用量 0.05 g/kg，使用时先用水溶化后再加入配料中混合均匀。

（2）胭脂红

胭脂红为红至暗红色颗粒或粉末，无臭，溶于水呈红色。溶于甘油，微溶于乙醇，对光及碱稳定，但对热稳定性较差，遇碱变为棕褐色。一般在配制酒、果子露、果汁中使用较多，最大使用量为 0.05 g/kg。

（3）柠檬黄

柠檬黄为橙黄色颗粒或粉末，耐热性、耐酸性、耐光性、耐盐性均好，遇碱则增红。在饮料中最大使用量为 0.1 g/kg。

（4）日落黄

日落黄为橙红色颗粒或粉末，无臭，可溶于水和甘油，难溶于乙醇，不溶于油脂，耐光性、耐热性强，在柠檬酸、酒石酸中稳定，遇碱变成棕色或褐红色。可单独与其他色素混合使用，最大使用量为 0.1 g/kg。

（5）靛蓝

靛蓝为蓝色到暗紫褐色颗粒或粉末，无臭，可溶于水、甘油、乙二醇，难溶于乙醇与油脂。对热、光、酸、碱和氧都很敏感，耐盐性及耐细菌性较强。最大使用量为 0.1 g/kg。

（6）亮蓝

亮蓝是有金属光泽的红色颗粒或粉末。无臭，可溶于水，耐热性、耐酸性、耐碱性强。最大使用量为 0.02 g/kg。

几种合成色素在饮料中的最大使用量见表 2.3。

表 2.3　几种合成色素在饮料中的最大使用量

种　类	最大使用量/(g·kg^{-1})	种　类	最大使用量/(g·kg^{-1})
苋菜红	0.05	柠檬黄	0.1
胭脂红	果汁、碳酸饮料 0.05	日落黄	果汁、碳酸饮料 0.1
	豆奶饮料 0.025		风味豆奶 0.025
赤藓红	0.05	靛　蓝	0.1
新　红	0.05	亮　蓝	0.25

2.4.3　使用色素时的注意事项

①使用色素时，一定要准确称量，以免形成色差。改用强度不同色素时，必须经折算和

试验后确定,以保证前后产品色调的一致性。

②直接使用色素粉末,不易在食品中分布均匀,可能形成颜色斑点。所以最好用适当的溶剂溶解,配制合成色素溶液的用水应为纯净水,将色素配成溶液后使用。一般配成1%~10%浓度的溶液。溶解色素时,所用的容器宜用玻璃、陶瓷、不锈钢和塑料容器具。

③各种合成色素溶解于不同溶剂中,可产生不同的色调和强度,尤其是在使用两种或数种合成色素拼色时,情况更为显著。例如一定比例的红、黄、蓝 3 色混合物,在水溶液中色度较黄,而在 50%酒精中色度较红。

④在饮料生产中,为避免各种因素对合成色素的影响,色素的加入应尽可能放在最后。

⑤我国允许使用的合成色素颜色种类虽不多,但有红、黄和蓝 3 种基本色,可按不同比例混合拼制出各种不同的色谱,以满足饮料生产的需要。

⑥水溶性色素因吸湿性较强,宜贮存于干燥、阴凉处。长期保存时,应装于密封容器中,防止受潮变质。拆开包装后未用完的色素,必须重新密封,以防止空气氧化、污染和吸湿后造成色调的变化。

2.5 防腐剂

2.5.1 防腐剂的定义及分类

防腐剂是以保持食品原有品质和营养价值为目的的食品添加剂。防腐剂能抑制微生物的生长繁殖,防止食品腐败变质,延长保质期。防腐剂按照来源可分为有机防腐剂和无机防腐剂。按照用途可分为防腐剂和漂白剂。有机防腐剂主要有苯甲酸及其钠盐、山梨酸及其盐类、对羟基苯甲酸酯类和丙酸盐等;无机防腐剂主要有二氧化硫、亚硫酸盐等。无机防腐剂有漂白作用。

2.5.2 常用防腐剂

1)苯甲酸和苯甲酸钠

苯甲酸易溶于乙醇,难溶于水;苯甲酸钠易溶于水。故使用较多。两者都可抑制发酵,也都可抑菌。因 pH 不同其作用效果不同,当 pH 在 3.5 以下时其抑菌作用较好;当 pH 在 5 以上时,其抑菌效果显著降低。此外,软饮料的成分和微生物的污染程度不同,其效果也不同。

一般对 pH 为 2.0~3.5 的果汁,起作用的浓度为 0.1%苯甲酸,但作为软饮料的许可使用量均低于 0.1%。所以单独使用不可能长时间起防腐作用。

苯甲酸钠的使用方法为先制成20%~30%的水溶液,一面搅拌一面徐徐加入果汁饮料中。若突然加入,或加入结晶的苯甲酸,则难溶的苯甲酸会析出沉淀而失去防腐作用,对浓缩果汁要在浓缩后添加,因苯甲酸在 100 ℃时开始升华。

2)山梨酸及其钾盐

山梨酸为无色的针状结晶或结晶性粉末。山梨酸钾为白色至淡黄褐色的鳞片状结晶、结晶性粉末或颗粒,无臭或有极微小的气味。山梨酸难溶于水,因而要将其预先溶于酒精、丙二醇中使用。在乳酸菌饮料等饮料中,可使用易溶于水的山梨酸钾,它有较广的抗菌谱,对霉菌、酵母、好气性细菌都有抑制作用。在 pH 低的时候抑菌作用强。

山梨酸在人体内可按脂肪氧化途径被吸收利用,是公认的比较安全的防腐剂,对饮料类的添加使用量如下:碳酸饮料 0.003%~0.03%,橘酱 0.05%~0.1%,番茄汁 0.05%,橘汁 0.025%,草莓酱 0.05%~0.075%。

3)对羟基苯甲酸酯类

对羟基苯甲酸酯类为无色的小结晶或白色的结晶性粉末,几乎无臭,口尝开始无味,其后残存舌感麻痹的感觉。易溶于乙醇,几乎不溶于水。

随着构成酯的醇基碳链增长,其亲油性增大,对酵母的抑制作用增强,不大受 pH 的影响。以抑菌作用较大的对羟基苯甲酸丁酯使用最广。其使用量以苯甲酸计不超过 0.01%,作为饮料防腐剂,其浓度需在 0.025%~0.01%才能较好地起作用,但残留的舌感麻痹给人以不舒适的感觉,因而其添加量宜控制在 0.005%以下。使用时先将其制成 30%左右的酒精溶液,在充分搅拌的条件下徐徐加入,当乳浊之后,再渐渐溶解。

饮料中常用防腐剂及使用标准见表 2.4。

表 2.4　饮料中常用防腐剂及使用标准

分　类	防腐剂名称	饮料种类	使用量/(g·kg⁻¹)
防腐剂	苯甲酸、苯甲酸钠	清凉饮料	0.6 以下(以苯甲酸计)
	对羟基苯甲酸酯	清凉饮料	0.1 以下(以对羟基苯甲酸计)
	山梨酸、山梨酸钾	乳酸菌饮料(杀菌产品除外)	0.05(以山梨酸计)
漂白剂	亚硫酸氢钠、亚硫酸钠(结晶、无水)、次亚硫酸钠、无水硫酸钠、焦亚硫酸钾	天然果汁(稀释 5 倍以上饮用的)	二氧化硫残留量<0.15

2.6　乳化稳定剂

2.6.1　乳化稳定剂的定义及分类

乳化稳定剂含乳化剂和增稠剂。乳化剂指减少乳化体系中各构成项间表面张力,使互不相溶的油项和水相形成稳定乳浊液的表面活性物质。乳化剂常分为水包油型和油包水型。

增稠剂主要用于改善和增加食品的黏稠度,保持流态食品、胶冻食品的色、香、味和稳定性,改善食品物理性状,并能使食品有润滑适口的感觉。增稠剂按照来源可分为天然增稠剂和化学合成增稠剂两大类。天然增稠剂有海藻酸钠、果胶、琼脂、黄原胶等,化学合成增稠剂主要有羧甲基纤维素钠、藻酸丙二醇酯等。

饮料生产中常碰到的难题和产品质量问题是沉淀、油析和水析,增稠剂和乳化剂就是用于改善或稳定饮料各组分的物理性质和组织状态的添加剂。

2.6.2 软饮料常用的乳化剂

1)乳化剂的乳化原理

乳化剂的基本物理化学性质是表面活性。这是因为它的分子内既有亲水基又具有亲油基,在油水两相界面上,亲水基伸入水相,亲油基伸入油相,这样就使其中一相能在另一相均匀地分散,形成了稳定的乳化液,所以乳化剂也称为界面活性剂。

乳化剂的亲水能力和亲油能力以及许多功效,主要是由其分子中的亲水基和亲油基的相对强弱所决定的。HLB 值即亲水亲油平衡值,就是用来表示物质亲水亲油能力的一种综合指标。

理想的乳化剂应该对水相、油相都有较强的亲和力,因此将 HLB 值大和 HLB 值小的两种乳剂混用,常有增效作用。乳化剂和增稠剂和比重调节剂等配合使用,往往能提高乳化剂的稳定作用。

2)乳化剂在饮料的作用

(1)乳化作用

花生乳、豆乳、杏仁乳、椰子汁以及核桃乳等饮料多为蛋白乳汁和油脂等互不相溶的液体组成的蛋白质饮料,必须使用合适的乳化剂,使不溶于水的油很好分散在乳汁的液相中,才能成为稳定的乳浊状态。蛋白质饮料一般都是 O/W 型乳浊液,因此多使用亲水性强的 O/W 乳化剂。乳化剂 HLB 值应为 8～18,蛋白质饮料是一个复杂的系统,乳浊液稳定性与构成系统的成分、成分含量和乳化的机械条件等有关。乳化剂如何选定和组合,有时需要通过多项试验才能定夺。

用机械方法将分散相微粒化和均质化,这种方法可以节省乳化剂的用量。缩小两液相的比重差,例如可以添加羧甲基纤维素和胶类物质,作为分散助剂和乳化剂。提高连续相的黏度,同样可使用分散助剂和乳化稳定剂。降低两液相的表面张力。

(2)乳化分散作用

乳化稳定剂虽无明显的表面活性作用,但因其水溶液的黏性和交替保护性提高了连续相的黏度,缩小了两液相的比重差,因而对乳浊液的粒子有稳定作用。乳化稳定剂多为水溶性高分子和胶类物质,例如海藻酸钠、糊精、阿拉伯胶、黄原胶、卡拉胶、果胶等。这些物质又是增稠剂。

(3)起泡作用

一般在水中乳化剂的起泡力以脂肪酸碳数 12 附近的为最大。皂树皂苷的起泡力很强,使起泡性饮料中存在大量微细空气泡而口感良好,产品质量提高。

（4）浑浊果汁中提高质量

果汁饮料,特别是浑浊型果汁饮料,其特征是由本身的风味物质(果浆)、色素和果汁形成的浑浊性。天然果汁是由于细胞的悬浊物和细胞膜的小片经过微粒化,并分散于胶质液中形成的。这种浑浊在产生可口风味的同时,还强调了果汁的存在,产生感官视觉效果。对于果汁含量低或不含果汁的饮料,有时浑浊度显得太低,也需要添加稳定剂,形成与果汁类似的均匀浑浊状态,以提高饮料产品的质量。

另外乳化香精是以蔗糖脂肪酸酯作油性香料的比重调整剂,用阿拉伯胶作连续相的乳化稳定剂,将油性香料通过乳化,包入水中,形成水包油型的乳浊液,成为集香料、浑浊剂和着色剂为一体的乳化香精,既能防止香气的挥散,又方便香料的使用,是制造浑浊型碳酸饮料的必需原料。

3）饮料生产中常用的乳化剂

（1）山梨醇脂肪酸酯

山梨醇脂肪酸酯为亲油性乳化剂,可用于制备 W/O(水/油)型乳状液,其乳化力优于其他乳化剂。但风味差,故常与其他乳化剂复配使用。

（2）蔗糖脂肪酸酯

蔗糖酯无臭、无味、无毒,一般无明显熔点,在 120 ℃ 以下稳定,加热至 145 ℃ 以上则分解。在水溶液中对热和 pH 的耐性较差。

蔗糖酯有良好的表面活性,乳化作用比其他乳化剂强些,无论含脂量在 10% 以下或 40%~85% 以上,只要使用 1%~5% 的蔗糖酯,就可获得理想的效果。单独使用蔗糖酯做乳化剂时,添加在水相中,加热到 60~80 ℃ 使之溶解,即可在搅拌下,将油慢慢加入。与其他乳化剂合用时,蔗糖酯加在水相中,其他乳化剂则加在油相中,或者蔗糖酯与其他乳化剂混合后加在油相中,加热至 60~70 ℃ 溶解,同时把水相加热至 60~80 ℃,在水相搅拌条件下,将含乳化剂的油加入。

（3）大豆磷脂

大豆磷脂是大豆制油的副产品,与油分离粗制而成。其液体制品为浅黄色至褐色透明或半透明的黏稠状物质。无臭或微带坚果类特异气味和滋味。磷脂属于热敏性物质,在温度达到 80 ℃ 时色泽变深、气味和滋味变劣,120 ℃ 开始分解。

大豆磷脂为两性离子表面活性剂,在热水中或 pH 在 8 以上时易引起乳化作用。若添加乙醇或乙二醇,则与大豆磷脂形成加成物,乳化性能提高。酸式盐可破坏乳化而析出沉淀。虽然磷脂不耐热,但由于在食品中添加量不多,对温度的敏感并不明显。磷脂具有与蛋白质结合的特殊性质,同时具有优良的润滑性能,这一性质在食品加工中具有特殊意义。

2.6.3　软饮料常用的增稠剂

凡能增加液态食品混合物或食品溶液的黏稠度,保持体系的相对稳定性的亲水性物质称为食品增稠剂。增稠剂都是亲水性高分子化合物,分子质量很大,易于形成水化作用,并能形成凝胶和多糖类,改善食品的物理性状,并能使食品有滑润适口的感觉。

1）增稠剂的作用

增稠剂可以使饮料具有所要求的流变学特性、质构形态和外观,并使其稳定、均匀,具有爽滑适口的感觉。增稠剂用于啤酒或冰淇淋,能增加黏度,有稳定泡沫的作用;用于果汁可保持果肉悬浮,增进风味;在冷饮食品行业中也将这类物质作为稳定剂使用。总之,增稠剂在食品饮料中用途广泛。

2)常用的增稠剂

增稠剂一般是以动植物为原料,提取加工制成的。本身可食用,不存在毒性问题。如动物胶类(明胶、酪蛋白),植物胶类(琼脂、果胶、阿拉伯树胶等),微生物类(黄原胶、环状糊精)、淀粉及其制品(糊精、各类变性淀粉)。下面着重介绍几种在饮料方面常用的增稠剂。

(1)羧甲基纤维素钠

羧甲基纤维素钠简称 CMC-Na,为白色纤维状或颗粒状粉末,无臭、无味,在潮湿空气中会吸湿。1∶100 的悬浮性水溶液的 pH 为 6.5～8.0,易分散于水中成胶体,而不溶于乙醇、乙醚等有机溶剂。CMC-Na 的水溶液对热不稳定,其黏度随温度升高而降低。

CMC-Na 具有增稠、分散、稳定等作用。在果酱和奶酪中,CMC-Na 不但可以增加黏度,而且可增加固形物含量使其组织状态改善,在果汁饮料中可起到增稠作用,在酸性饮料如酸性牛奶、果汁牛奶、乳酸菌饮料中可防止蛋白质沉淀,使产品均匀稳定。使用量一般为 0.1%～0.5%。

(2)藻酸丙二醇酯

藻酸丙二醇酯简称 PGA。PGA 是能在酸性条件下稳定存在的藻酸衍生物,呈淡黄色略带芳香气味的粉末。黏度随温度和 pH 变化而变化,随温度升高,其黏度降低;pH 为 3～5,pH 上升黏度降低;pH 在 7 以上发生水解。对热较稳定,即使在 90 ℃,pH 为 3.1 的酸性溶液中,也相当稳定。PGA 通常用于酸性乳饮料的稳定剂和乳化剂。PGA 使用时一般配成 1%～5%的溶液,使用量一般为 0.1%～0.5%。

(3)海藻酸钠

海藻酸钠为白色或淡黄色的粉末,几乎无臭、无味溶于水呈黏稠状胶体液体,1%水溶液 pH 为 6～8。pH 为 6～9 时黏性稳定,80 ℃以上加热则黏性降低。海藻酸钠用于冰淇淋等食品中作为稳定剂,它可以很好地保持冰淇淋的形态。特别是长期保存的冰淇淋。对防止体积收缩和组织的砂状化是最为有效的。用量为 0.15%～0.4%。海藻酸钠在酸性时易生成凝胶,所以使用时应注意 pH 值,必要时进行调整。

(4)琼脂

琼脂别名冻粉、琼胶、洋菜,是一种多糖物质。琼脂食用后不被人体酶分解。所以几乎没有营养价值。琼脂易分散于热水,即使 0.5%的低浓度也能形成坚实的琼胶。但 0.1%以下的浓度不胶凝化而成黏稠状溶液,1%的琼脂液在 42 ℃固化,其凝胶即使在 94 ℃也不融化,有很强的弹性。琼脂的吸水性和持水性很高,干燥琼脂在冷水中浸泡时,徐徐吸水膨润软化,可以吸收 20 多倍的水。

在食品饮料工业中采用琼脂可以增加果汁的黏稠度,改善冰淇淋的组织状态,能提高冰淇淋的黏度和膨胀率。防止形成粗糙的冰结晶,使产品组织滑润。因为吸水性很强,对产品融化的抵抗力很强,在冰淇淋混合原料中,一般用量在 0.3%左右。在使用时先用冷水冲洗干净,调制成 10%的溶液后加入混合原料中,在果酱加工中应用琼脂作增稠剂,可以增加成品的黏度。如制造柑橘果酱时,每 500 kg 橘肉橘汁加琼脂 3 kg。

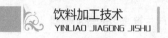

（5）果胶

果胶的主要成分是多缩半乳糖醛酸甲酯，它与糖、酸在适当条件下可形成凝胶。果胶为白色或淡黄褐色的粉末，稍有异臭，溶于 20 倍水中则成黏稠状液体。对石蕊试剂呈酸性，不溶于乙醇等其他溶剂，对酸性溶液较对碱性溶液稳定。

果胶可用于制造果酱、果冻、果汁、果汁粉、巧克力、糖果等食品，也可用作冰淇淋、雪糕等的稳定剂。在果汁饮料中加入适量的果胶溶液，就能延长果肉的悬浮效果，同时改善饮料的口感。果胶在果汁饮料中起着悬浮剂和稳定剂的作用；另外在速溶饮料粉中加入适量的果胶能改善饮料的质感和风味。由于果胶在其中起增稠和稳定作用，从而提高了产品的质量。果胶还可以用来制造酸乳饮料，所制造的饮料在微生物方面和物理方面都是稳定的。制果酱时，如原料中果胶含量少，也可以采用果胶作为增稠剂，其使用量随制品而异，一般在 0.2% 以下，生产低糖果酱时用量可以适当增加。

（6）卡拉胶

卡拉胶为白色或淡黄色粉末，无味、无臭，在 60 ℃ 以上的热水中完全溶解，不溶于有机溶剂。在 pH 值为 6 以上时可以高温加热，在 pH 值为 3.5 以下时加热会发生酸分解。

卡拉胶可作为增稠剂、乳化剂、稳定剂、悬浮剂和凝胶剂，一般用量为 0.03% ~ 0.5%。

本章小结)))

本章介绍了甜味剂、酸味剂、食用香精、色素、防腐剂、乳化稳定剂的基本定义与饮料生产常见的甜味剂、酸味剂、食用香精、色素、防腐剂、乳化稳定剂；重点介绍了饮料使用香精的目的、加香时应注意的问题、理解天然色素和人工合成色素的异同、乳化稳定剂的作用等问题。

复习思考题)))

1.常用的甜味剂有哪些？

2.常用的酸味剂有哪些？

3.简述食用香精的分类情况。

4.食品使用香精有什么作用？

5.加香时应注意的问题有哪些？

6.试述天然色素和人工合成色素的异同。

7.常用的防腐剂有哪些？有何作用？

第3章
包装饮用水的加工

知识目标

了解包装饮用水的分类,了解矿泉水和纯净水的异同点,理解矿泉水的营养价值,掌握包装饮用水的加工技术。

能力目标

掌握饮用天然矿泉水、人工矿泉水、纯净水的生产技术,能解决加工包装水常见的质量问题。

3.1 概 述

密封于容器中可直接饮用的水称为包装饮用水。欧洲开发利用包装饮用水的历史较长,是当今世界包装饮用水工业最发达的地区,主要生产国有法国和意大利。我国包装水工业起步较晚,但随着人们生活水平的提高,消费观念的不断改变,包装水越来越受到消费者的欢迎。2008年,包装饮用水超过碳酸饮料成为软饮料第一子行业,目前以40%以上的市场份额独占鳌头,且连续多年保持30%左右的增长,形成了纯净水、矿物质水、矿泉水等各领风骚的局面。

近几十年来,包装水在全世界得到了迅速发展,其主要原因有:

①水资源污染严重。伴随人口急剧增长和工业迅速发展,地球上产生大量的工业三废和生活污水,其中含有大量的有毒有害物质,造成水资源极大的污染。

②人体矿物质元素的缺乏。矿泉水含有丰富的矿物质,是一种理想的矿物质补充源,适合于人体内环境的生理特点,有理由维持正常的渗透压和酸碱平衡,促进新陈代谢,加速疲劳恢复。

③塑料容器包装的出现。在包装水的生产过程中,首先出现的是玻璃瓶,然后才出现塑料瓶、塑料桶包装。塑料容器具有透明、质轻、不易碎、运输方便等特点,目前,市场上销售的瓶装水以塑料容器为主。

④膜过滤技术。膜过滤技术的发展为原水的净化处理提供了技术保障。目前,超滤、反渗透和纳滤都已经被广泛地应用于水的过滤,尤其是反渗透技术为瓶装水的生产带来飞跃。

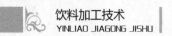

3.1.1　包装水的分类

我国饮用水通常包括自来水、天然水、包装饮用水、净化水、直供水等。根据我国《饮料通则》(GB 10789—2007)的标准,包装饮用水分为饮用天然矿泉水、饮用天然泉水、天然饮用水、饮用纯净水、饮用矿物质水、其他包装饮用水 6 类,包装饮用水是密封于容器中可直接饮用的水,通常为市场上所称的瓶装水、桶装水等。

具体如下:

①饮用天然矿泉水。从地下深处自然涌出的或经钻井采集的、未受污染的地下泉水;含有一定量的矿物盐、微量元素或二氧化碳气体;在通常情况下,化学成分、流量、温度等动态指标在天然波动范围内相对稳定的水源制成的制品。

②饮用天然泉水。采用从地下自然涌出的泉水或经钻井采集的、未受污染的地下泉水且未经过公共供水系统的水源制成的制品。

③天然饮用水。采用未受污染的水井、水库、湖泊或高山冰川等且未经过公共供水系统的水源制成的制品。

④饮用纯净水。以符合 GB 5749 的水为水源,采用适当的加工方法,去除水中的矿物质等制成的制品。

⑤饮用矿物质水。以符合 GB 5749 的水为水源,采用适当的加工方法,有目的地加入一定量的矿物质而制成的制品。

⑥其他包装饮用水。以符合 GB 5749 的水为水源,采用适当的加工方法,不经调色处理而制成的制品,如添加适量食用香精(料)的调味水等。

3.1.2　包装饮用水的发展概况

饮用水工业的兴起缘于矿泉水。"崂山"是中国最早的矿泉水品牌,始建立于 1932 年,因其水质清纯、矿物质含量丰富、完整而驰名中外。青岛崂山矿泉水厂是 1980 年以前我国唯一的一家矿泉水厂,那时矿泉水的工业生产只可谓"星星之火",到"可以燎原"之势是在 20 世纪 80 年代中期。

由于矿泉水市场的火爆,使全国各地一哄而上生产矿泉水,造成产品质量鱼目混珠,严重损害了消费者的利益,这就给纯净水登台创造了机会。同时,在人类的生存环境不断恶化,水资源日益被污染的前提下,纯净水便应运而生了。

目前,我国消费包装饮用水的人口已占总人口的 30% 以上,并占城市饮水大约 40% 的份额,部分人群开始以包装饮用水作为唯一的饮水来源。2005—2009 年我国包装饮用水复合增长率达到 23%。

矿物质水从 2008 年 12 月 1 日正式成为我国饮用水的第 6 水种,虽为新水种,矿物质水却有着惊人的市场增长。到 2008 年底,矿物质水已经成为瓶装水的第 2 大品类,占整个包装饮用水行业的 28%。自此,我国瓶装饮用水行业进入稳步成长阶段,目前形成了纯净水、矿物质水、矿泉水和天然水各领风骚的局面,以及各种活性水等多元化和多样性发展的新格局。

目前,国内包装饮用水行业已形成以娃哈哈、康师傅、农夫山泉、怡宝等为领先品牌的第 1 方阵,达能益力、乐百氏、屈臣氏、雀巢、正广和、景田、润田、蓝剑等为强势品牌的第 2 梯队,以及由地方品牌组成的第 3 品牌梯队。全国饮用水生产企业有 4 000 多家,品牌 5 000 多个,包装饮用水已发展成为水的消费主流,桶装水和瓶装水已取代了碳酸饮料的长期垄断地位,并超过了同行业的净水器和分质供水。

3.1.3　饮用天然矿泉水中的有益元素

天然矿泉水埋藏在深部基岩裂缝或构造带内,不受外界污染影响,同时含有多种有益于人体健康的元素和化学组分。

常量元素(离子)有:K^+、Na^+、Ca^{2+}、Mg^{2+}、Cl^-、SO_4^{2-}、HCO_3^- 等,微量元素包括锶、偏硅酸、锌、硒、碘、锂、氟、铁等。

3.1.4　水中各种杂质指标及处理方法

水中各种杂质指标及处理方法如下:

①浊度。浊度是指水中悬浮物质对光线透过时所产生的阻碍程度,1 L 水中含有 1 mg 的 SiO_2 为 1 度。形成浊度的物质主要是微生物、泥土、沙粒、原生生物等悬浮物质。可采用凝聚沉淀法、过滤法,或将两者联合的方法去除之。

②色度。色度是指除去悬浮物后水样的颜色,每升水中含有 1 mg 铂的量为 1 度。形成色度的物质主要是腐殖质、腐殖酸、铁、锰等盐类及其他有色物质。可采用氧化法、活性炭吸附处理之。

③臭气和味。水中的臭气和味会影响到制品的风味,这往往也是产生沉淀的原因。臭气和味主要是由氯或其他有味的气体引起的;铁、锰等金属离子所引起的金属味;微生物生长、繁殖及其代谢产物引起味道。由气体引起的,可以用脱气方法处理;由有微生物引起的,可以用杀菌、超滤等方法处理;由金属离子引起的,可以用氧化、离子交换、电渗析、反渗透等方法处理。

④碱度。碱度是指能与 H^+ 结合的 OH^-、HCO_3^-、CO_3^{2-} 的含量。碱度主要由于水中含有的 OH^-、HCO_3^-、CO_3^{2-}。可采用离子交换、电渗析、反渗透等方法处理。

⑤硬度。硬度是指水中离子沉淀肥皂的能力。主要由水中钙、镁离子所引起的。可用化学软化法处理、离子交换、电渗析、反渗透等方法处理。

⑥铁和锰。铁和锰在地下水中一般以二价的铁盐和锰盐存在。采用氧化法使 Fe^{2+} 转变为 Fe^{3+} 再转化成 $Fe(OH)_3$,使 Mn^{2+} 转变为 MnO_2 加以沉淀。

⑦高锰酸钾耗用量。高锰酸钾耗用量是指水中所含有的还原性物质的总含量,主要是由水中所含有的还原性物质形成的。可以采用氧化处理,活性炭吸附处理或者除铁锰处理的方法进行。

⑧余氯。余氯是指水质采用氯法消毒时所残留的游离氯。采用活性炭吸附处理即可。

⑨微生物。微生物包括水中存在或繁殖的藻类、细菌类、霉菌类和原生生物等。可采用杀菌、过滤等方法处理。

3.2　饮用天然矿泉水加工技术

3.2.1　概述

矿泉水类型主要有碳酸矿泉水、硅酸矿泉水、锶矿泉水、锌矿泉水、锂矿泉水、溴矿泉水、碘矿泉水、硒矿泉水等。我国天然矿泉水资源极为丰富,分布广泛,水质优良,已知产地4 100多处,矿泉水允许开采资源量约18亿 m^3/年。天然饮用矿泉水分布很广,尤以东北长白山、东南、华南各省分布较多,川西、滇西以及藏南地区也较为密集,华北、西北地区相对较少,各类矿泉水中以碳酸、硅酸、锶矿泉水为数最多,约占全部矿泉水的90%,含锌、含锂矿泉水相对较少,而含碘、含硒矿泉水为数更少。

据初步统计,目前全国生产矿泉水企业已超过1 200个,2005年总产量突破700万吨,2005年和2006年分别达到700万吨和850多万吨,2007年突破1 000万吨。2011年7月,中国饮料工业协会首次发布了中国矿泉水行业十强榜单,深圳景田实业有限公司旗下矿泉水品牌"景田百岁山"排名行业第一,四川蓝剑冰川、深圳达能益力紧随其后,分夺榜眼、探花。西藏冰川、海南椰树、青岛崂山、云南大山、雀巢、华山泉等品牌也跻身十强。高档矿泉水品牌如景田、昆仑山、西藏冰川、椰树火山岩、吉林水都碱性离子水、黑龙江健龙火山冷矿泉水等国内品牌已经打破依云一统高端矿泉水市场的局面。

1)加工工艺要求

根据GB 8537—2008饮用天然矿泉水的标准,饮用天然矿泉水在加工时应注意:

①应在保证天然矿泉水原水卫生安全和符合GB 16330规定的条件下进行开采、加工与灌装。

②在不改变饮用天然矿泉水水源水基本特性和主要成分含量的前提下,允许通过曝气、倾析、过滤等方法去除不稳定组分;允许回收和填充同源二氧化碳;允许加入食品添加剂二氧化碳,或者除去水中的二氧化碳。

③不得用容器将原水运至异地灌装。

2)饮用天然矿泉水产品分类

根据产品中二氧化碳含量分为:

①含气天然矿泉水。包装后,在正常温度和压力下有可见同源二氧化碳自然释放起泡的天然矿泉水。

②充气天然矿泉水。按加工工艺要求,充入二氧化碳而起泡的天然矿泉水。

③无气天然矿泉水。按加工工艺要求,包装后,其游离二氧化碳含量不超过为保持溶解在水中的碳酸氢盐所必需的二氧化碳含量的一种天然矿泉水。

④脱气天然矿泉水。按加工工艺要求,包装后,在正常的温度和压力下无可见的二氧化碳自然释放的一种天然矿泉水。

3.2.2 饮用天然矿泉水生产技术

饮用天然矿泉水的基本工艺包括引水、曝气、过滤、杀菌、充气、灌装等。其中曝气和充气工序是根据矿泉水中的化学成分和产品的类型来决定的。在采集天然饮用矿泉水的过程中,泉井的建设、引水工程等由水文地质部门决定。采水量应低于最大采取量,过度采取会对矿泉的流量和组成产生不可逆的影响。

1)天然矿泉水的评价

天然矿泉水地质勘查工作,按矿泉水资源勘查工作精度要求的不同,分为普查,详查和勘探3个阶段,勘探阶段之后为开采阶段。普查阶段为详查工作提供依据;详查阶段为勘探及建设立项提供依据;勘探阶段为水源地建设可行性研究和设计提供依据。

水文地质条件简单、需水量明显小于允许开采量,直接利用单井(泉)的矿泉水勘查,可不分阶段,依据矿泉水水源地建设需要,直接进行勘探阶段工作。水文地质条件复杂的埋藏型矿泉水勘查,宜分阶段遵循地质勘查工作程序进行。天然矿泉水勘探是在已确定立项开发的矿泉水水源地进行工作,应详细查明矿泉水形成的地质、水文地质条件,确定矿泉水生产井位置及卫生保护区边界,取得不少于一年的水质、水量、水位、水温连续观测资料,在动态观测或生产性抽水资料基础上计算评价矿泉水允许开采量,其精度一般应满足B级要求,提出技术经济最佳开采方案,并对可能提供二期开发的远景区作出初步论证和评价。已开发的矿泉水水源地,应着重水质、水位(水量)、水温的系统监测与综合分析研究,准确划定矿泉水卫生保护区,建立经济合理的开采管理模型,核算矿泉水允许开采量,为矿泉水开发管理或扩大开采提供依据。

2)矿泉水水源地的保护

矿泉水水源地,尤其是天然出露型矿泉水水源地应严格划分卫生保护区。保护区的划分应结合水源地的地质、水文地质条件,特别是含水层的天然防护能力,矿泉水的类型,以及水源地的卫生、经济等情况,因地制宜地、合理地确定。卫生保护区一般划分为Ⅰ、Ⅱ、Ⅲ级。

(1)Ⅰ级保护区(开采区)

①范围包括矿泉水取水点、引水及取水建筑物所在地区。

②保护区边界距取水点最少为10 m。对天然出露型矿泉水以及处于卫生保护性能较差的地质、水文地质条件时,范围可适当地扩大。

③范围内严禁无关的工作人员居住或逗留;禁止兴建与矿泉水引水无关的建筑物;消除一切可能导致矿泉水污染的因素及妨碍取水建筑物运行的活动。

(2)Ⅱ级保护区(内保护区)

①范围包括水源地的周围地区,即地表水及潜水向矿泉水取水点流动的径流地区。

②在矿泉水与潜水具有水力联系且流速很小的情况下,二级保护区界离开引水工程的上游最短距离不小于100 m,产于岩溶含水层的矿泉水。二级保护区界距离不小于300 m。当有条件确定矿泉水流速时,可考虑以50 d的自净化范围界限作为确定二级保护区的依据。也可用计算方法确定二级保护区的范围。

③在此范围内,禁止设置可导致矿泉水水质、水量、水温改变的引水工程;禁止进行可能引起含水层污染的人类生活及经济工程活动。

（3）Ⅲ级保护区（外保护区）

①范围包括矿泉水资源补给和形成的整个地区。

②在此地区内只允许对水源地卫生情况没有危害的经济、工程活动。

3）饮用天然矿泉水工艺流程

（1）不含碳酸气的天然矿泉水生产工艺流程

这类天然矿泉水是最稳定的矿泉水,装瓶时不会发生氧化,化学成分也不会发生改变,生产工艺较为简单。如果生产的矿泉水产品中需要含二氧化碳,其工艺流程如下:

$$CO_2 \longrightarrow 净化 \longrightarrow 压缩 \longrightarrow$$

矿泉水——引水——沉淀——粗滤——精滤——充气——灌装——封盖——贴标——喷码——包装——成品

如果不需要含二氧化碳,工艺更简单,没有充气工序。

（2）含碳酸气的天然矿泉水工艺流程

对二氧化碳含量高,硫化铁、铁、锰含量低的原水生产含二氧化碳的矿泉水,则不需曝气工序,需要进行气水分离和气水混合工序,工艺流程如下:

$$\longrightarrow CO_2 \longrightarrow 净化 \longrightarrow 压缩 \longrightarrow$$

矿泉水——引水——气水分离——水——粗滤——精滤——灭菌——充气——灌装——封盖——贴标——喷码——包装——成品

对原水中二氧化碳、硫化氢、铁、锰含量较高的矿泉水需要进行曝气,去除气体和铁、锰离子,曝气后其生产工艺和不含碳酸气的天然矿泉水的生产工艺相同,可以再充气生产含二氧化碳的矿泉水或生产不含二氧化碳的矿泉水。

而对于生产含铁碳酸气矿泉水,一般含有 5~70 mg/L 铁,铁以二价铁形式存在。为了防止瓶装后瓶中出现沉淀,这类矿泉水应在不使铁氧化和脱气的条件下装瓶。为此,在矿泉水中加入有稳定作用的酸溶液（抗坏血酸和柠檬酸）,抗坏血酸为 80 mg/L,柠檬酸为 100 mg/L。含铁矿泉水来自不很深的循环水,这些水在很大程度上已被细菌污染。水在输送、贮存、加工和装瓶时,又可能受到二次污染。有机酸可能充当水中无毒微生物的营养源,特别是那些硫化细菌的营养源,因此,含铁矿泉水应充分杀菌。成品中二氧化碳含量不应低于 0.4%。

4）饮用天然矿泉水生产工艺要点

（1）引水

引水工作的主要目的就是在自然条件允许的情况下,得到最大可能的流量,防止水与气体的任何损失;防止地表水和潜水的渗入,完全排除有害物质污染和生物污染的可能性;防止水由露出口到利用处物理化学性质发生变化;水露出口设备对水的涌出和使用方便。天然矿泉水引水分为地下和地上两部分。

①地下引水。从地下引取矿泉水到地上出口的部分,需对矿泉水进行加固,避免地表

水的混入。目前大多采用打井引水法。

②地上引水。把矿泉水从最适当深度引到最适当的地表,并进行后续加工工序的部分。在引水过程中应防止水温变化和水中气体的散失,防止周围地表水的渗入,防止空气中 O_2 的氧化作用及有害物质的污染。

不同类型的矿泉水采取不同的工艺,如碳酸型矿泉水因含大量的气体成分而气体的含量随压力的改变而改变,因此要注意防止气体损失,应先了解地质条件后再决定引水方法。

引水时要注意:过度开采对矿泉水的流量和组成产生不可逆的影响;水泵和输水管要用与泉水不起反应的材料制成,因矿泉水对金属腐蚀性极强(如含二价铁的矿泉水与镀锌管接触时可使锌溶解);抽取矿泉水所用的泵以不用离心泵为好,离心泵的大力搅拌会促使 CO_2 大量逸出,一般选用齿轮泵。

(2)曝气

深层矿泉水中往往含有较高的 CO_2、H_2S 多种气体及铁、锰等多种金属盐类,在地层中因受压和不接触空气的原因,气体和盐类以饱和状态溶于水中,开采出来后压力下降,水与空气接触,CO_2 大量逸出,已溶解的盐类沉淀出来,水的 pH 值发生变化,装瓶后必然会造成成品矿泉水存在异味和产生氧化物沉淀,影响产品感官质量。为了排除不愉快的气味,避免装瓶后产生氧化物沉淀,降低成品矿泉水中金属离子浓度,对瓶装矿泉水采取曝气工艺,使矿泉水和经过净化的空气充分接触,可脱去各种气体,CO_2 则可在灌装前重新补充。

曝气是使矿泉水原水与经过净化了的空气充分接触,通常包括脱气和氧化两个同时进行的过程。曝气的结果为:

①使原水中的二氧化碳、硫化氢等气体脱除。

②使原水由酸性转变为碱性,超过溶度积的金属离子沉淀被除去。

③发生氧化作用,使水中低价的铁、锰等金属离子氧化后沉淀除去。

曝气工序主要是针对原水中二氧化碳、硫化氢、铁、锰含量较高的原水进行的,可用于生产不含二氧化碳的矿泉水,或者曝气后可以重新通入二氧化碳气体生产含气矿泉水;而对含气很少,铁、锰离子含量又少的原水就不需曝气。

(3)粗滤

矿泉水过滤的目的是除去水中的不溶性杂质及微生物,以使水质清澈透明,清洁卫生。粗滤一般是经过多介质过滤,能截留水中较大的悬浮颗粒物质,起到初步过滤的作用,用于粗滤的滤料有石英砂、天然锰砂及活性氧化铝等,每种滤料去除离子的功能各不相同,如石英砂具有良好的除铁效果,天然锰砂可除去水中的铁、锰离子,活性氧化铝可除去水中的氟。有时为了提高过滤效果,还可在矿泉水的粗滤过程中加入一些助滤剂如硅藻土或活性炭,或进行一道活性炭过滤。

(4)精滤

精滤可以采用砂滤棒过滤,但现在企业多采用微滤和超滤等三级过滤,分别为 5 μm、1 μm、0.2 μm,大大提高了矿泉水的质量和产品的稳定性,但微滤不能滤掉病毒,许多企业在生产矿泉水时,为了保证产品的质量,将经过灭菌后的矿泉水再经过一道 0.2 μm 微滤去除残留在矿泉水中的菌体。

(5)灭菌

目前常用的矿泉水消毒方法是紫外线消毒和臭氧杀菌,用紫外线进行水质消毒时,具有接触时间短,杀菌能力强,处理后水无味、无色等的优点。对于瓶子和瓶盖的灭菌,可以采用消毒剂(如双氧水、次氯酸钠、高锰酸钾)、臭氧、紫外线等的消毒方法进行,详细内容见相关章节。

(6)充气

充气是指矿泉水经过引水、曝气、过滤后再充入 CO_2 气体;充气所用的二氧化碳气体可以是原水中所分离出的二氧化碳气体,也可以是市售的饮料用钢瓶装二氧化碳。充气工序主要是针对含碳酸气天然矿泉水或成品中含二氧化碳的生产,不含气矿泉水的生产不需要这道工序。因此,矿泉水是否充气主要取决于产品的类型。

碳酸泉中往往拥有质量高、数量多的二氧化碳气体,矿泉水生产企业可以回收利用这些气体。由于这种天然碳酸气纯净,可直接采用该产品生产含气矿泉水。如果使用的二氧化碳不够纯净,就必须对其进行净化处理,一般需经过高锰酸钾的氧化、水洗、干燥和活性炭吸附脱臭,以去除二氧化碳中所含的挥发性成分,否则会给矿泉水带来异味和有机杂质,并给微生物的生长提供机会。

充气一般是在气水混合机中完成的,其具体过程和碳酸饮料是一致的,为了提高矿泉水中二氧化碳的溶解量,充气过程中需要尽量降低温度,增加二氧化碳的气体压力,并使气、水充分混合。

(7)灌装

灌装是将杀菌后的矿泉水装入已灭菌的包装容器的过程。在矿泉水厂,自动洗瓶机(自动完成洗瓶、杀菌和冲洗过程)与灌装工序相配合。灌装方式取决于矿泉水产品的类型,含气与不含气的矿泉水灌装方式略有不同。矿泉水的灌装卫生要求非常严格,对瓶要进行彻底杀菌,装瓶各个环节都要防止污染。含气矿泉水一般采用等压灌装,不含气矿泉水一般采用负压灌装。

(8)贴标、喷码、包装

产品标签上必须按 GB 7718 的有关规定标注,还应符合下列要求:

①标示天然矿泉水水源点名称。

②标示产品达标的界限指标、溶解性总固体含量及主要阳离子(K^+、Na^+、Ca^+、Mg^{2+})的含量范围。

③当含氟含量大于 1.0 mg/L 时,应标注"含氟"字样。

④标示产品类型,可直接用定语形式加在产品名称之前,如"含气天然矿泉水";或者标示产品名称"天然矿泉水",在下面标注其产品类型:含气型或充气型;对于"无气"和"脱气"型天然矿泉水,可免于标示产品类型。

5)饮用天然矿泉水质量要求

国标中确定了达到饮用天然矿泉水的要求,包括感官要求、理化要求、微生物要求。其中,理化要求中明确指出的饮用天然矿泉水界限指标(锂、锶、锌、碘化物、偏硅酸、硒、游离二氧化碳、溶解性总固体等),其中必须有一项成分符合规定指标。

(1)感官要求

感官要求见表3.1。

表 3.1　饮用天然矿泉水感官要求

项　目		指　标
色度	≤	15,并不得呈现其他异色
浊度	≤	5
臭和味		具有本矿泉水的特征性口味,不得有异臭、异味
肉眼可见物		允许有极少量的天然矿物盐沉淀,但不得含有其他异物

（2）理化要求

①界限指标。应有一项（或一项以上）指标符合表 3.2 的规定。

表 3.2　饮用天然矿泉水界限指标　　　　　单位:mg/L

项　目		要　求
锂	≥	0.20
锶	≥	0.20（含量在 0.20~0.40 时,水源水水温应在 25 ℃以上）
锌	≥	0.20
碘化物	≥	0.20
偏硅酸	≥	25.0（含量在 25.0~30.0 时,水源水水温应在 25 ℃以上）
硒	≥	0.01
游离二氧化碳	≥	250
溶解性总固体	≥	1 000

②限量指标。各项限量指标应符合表 3.3。

表 3.3　饮用天然矿泉水界限指标　　　　　单位:mg/L

项　目		要　求	项　目		要　求
硒	<	0.05	锰	<	0.4
锑	<	0.005	镍	<	0.02
砷	<	0.01	银	<	0.05
铜	<	1.0	溴酸盐	<	0.01
钡	<	0.7	硼酸盐（以 B 计）	<	5
铬	<	0.003	硝酸盐（以 NO_3^- 计）	<	45
镉	<	0.05	氟化物（以 F^- 计）	<	1.5
铅	<	0.01	耗氧量（以 O_2 计）	<	3.0
汞	<	0.001	^{226}镭放射性/（Bq·L^{-1}）	<	1.1

③污染物指标。污染物指标见表 3.4。

表 3.4　饮用天然矿泉水污染物指标　　单位：mg/L

项目		要求
挥发酚(以苯酚计)	<	0.002
氰化物(以 CN⁻ 计)	<	0.010
阴离子合成洗涤剂	<	0.3
矿物油	<	0.05
亚硝酸盐(以 NO_2^- 计)	<	0.1
总 β 放射性/(Bq·L^{-1})	<	1.50

（3）微生物要求

微生物指标应符合表 3.5 和表 3.6 的要求。

表 3.5　微生物指标

项　目	要　求
大肠菌群/(MPN·100 mL^{-1})	0
粪链球菌/(CFU·250 mL^{-1})	0
铜绿假单胞菌/(CFU·250 mL^{-1})	0
产气荚膜梭菌/(CFU·50 mL^{-1})	0

备注：1.取样 1×250 mL(产气荚膜梭菌取样 1×50 mL)进行第 1 次检验,符合表 3.5 要求,报告为合格。

2.检测结果大于等于 1 并小于 2 时,应按表 3.6 采取 n 个样品进行第 2 次检验。

3.检测结果大于等于 2,报告为不合格。

表 3.6　第二次检验

项　目	样品数		限　量	
	n	c	m	M
大肠菌群	4	1	0	2
粪链球菌	4	1	0	2
铜绿假单胞菌	4	1	0	2
产气荚膜梭菌	4	1	0	2

备注：n——一批产品应采集的样品件数；

c——最大允许可超出 m 值的样品数,超出该数值判为不合格；

m——每 250 mL(或 50 mL)样品中最大允许可接受水平的限量值(CFU)；

M——每 250 mL(或 50 mL)样品中不可接受水平的限量值(CFU),等于或高于 M 值的样品均为不合格。

3.2.3　饮用人工矿泉水加工技术

天然矿泉水并非普遍存在的,绝大多数泉水都属于淡水而不属于矿泉水。天然矿泉水存在于一些特定的地质构造中,而且成分也不一定符合理想。因此,可以考虑以优质泉水或地下水为原料进行人工矿化,制备与天然矿泉水相接近的人工矿泉水。人工矿泉水具有不受地域、规模、类型限制的优点。人工矿泉水生产方法有两种:直接溶化法和二氧化碳浸蚀法。

1)直接溶化法

直接溶化法就是在原水中加入碳酸氢钠、氯化钙、氯化镁等可溶性盐,再充入二氧化碳,制得人工矿泉水。

(1)工艺流程

原水——氯消毒——脱氯——加盐调配——过滤——杀菌——灌装——贴标——喷码——成品

(2)工艺要点

①原水处理。原水可使用天然泉水、井水或自来水。天然泉水、井水需要经过沉淀、粗滤、精滤和氯消毒等工序处理。处理好的天然泉水、井水或自来水经过活性炭脱氯后进入调配罐。

②调配。根据设定配方(配方一经确定,不得随意更改),将一些可溶性无机盐(食用级原料)如碳酸氢钠、氯化钙、氯化镁等加入调配罐溶解。

③过滤。将调配好的矿泉水通过微滤过滤器等进行精滤,滤液存入中间罐中备用。

④杀菌灌装。采用加热、臭氧、紫外线等方法进行杀菌,其中冷杀菌比热杀菌经济得多。将杀菌后的矿泉水装入消过毒并清洗干净的瓶中,经压盖封口包装后入库。

⑤充气。人工矿泉水的做法是原水经配料调配过滤后,冷却至3~5 ℃,充入二氧化碳,再杀菌灌装得到成品。

2)二氧化碳浸蚀法

二氧化碳浸蚀法是指在一定压力下,含有二氧化碳的原料水与粉状的碳酸碱土金属盐作用,使其转化为碳酸氢盐溶于水,制得的生产矿泉水,其阴离子中碳酸氢根占绝对优势,因此,利用二氧化碳浸蚀法生产的人工矿泉水属于碱性饮料。

(1)工艺流程

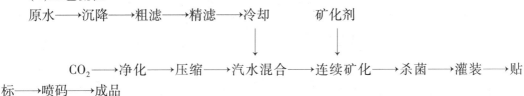

原水——沉降——粗滤——精滤——冷却　　　　　　矿化剂

CO_2——净化——压缩——汽水混合——连续矿化——杀菌——灌装——贴标——喷码——成品

(2)工艺要点

①原水处理。原水可使用天然泉水、井水或自来水,处理方法同直接溶化法。

②CO_2预处理与混合。将CO_2进行净化压缩后与处理后的冷却水在汽水混合机中充分混合。

③连续矿化。本工序为关键工序。将石灰石、白云石、文石等碱土碳酸盐矿石粉末投入连续矿化装置中,通入汽化水,在循环泵的作用下不断循环溶解,为加速矿化剂的溶解,可在罐侧加装一个超声波发生器。当原料水达到一定矿化度后,过滤、杀菌、装瓶。

3.3 纯净水加工技术

饮用纯净水是以符合生活饮用水卫生标准的水为水源,采用蒸馏法、电渗析法、离子交换法、反渗透法及其他适当的加工方法制得的水。2005 年,全国有 2 000 多纯净水生产企业,生产量为 950 万吨;2006 年生产量近 1 200 万吨;2007 年约为 1 500 万吨。其中,娃哈哈在 10 年间雄踞纯净水产业榜首,确立了作为全国性强势饮料品牌的地位。

饮用纯净水的生产过程通常由预处理、脱盐和后处理 3 部分组成。预处理包括物理方法、化学方法和电化学等方法。物理方法有澄清、砂滤、脱气、膜过滤、活性炭过滤等,化学方法有混凝、加药杀菌、消毒、氧化还原、络合、离子交换等,电化学方法有电凝聚等。脱盐工序包括电渗析、反渗透、离子交换和蒸馏等。后处理工序包括紫外杀菌、臭氧杀菌、终端过滤(超滤、微滤)和包装等。

原水水质不同,制水工艺也不同。江河湖水的特征为:浊度大,有机物、胶体含量高,硬度不大,含盐量中等。若以江河湖水为原水时,应加强预处理,根据原水化验结果,选择适当的澄清、混凝、过滤、活性炭吸附等制水工序;若水中 CO_3^{2-} 含量高,还需进行脱气工序;一般这种原水硬度不会太大,不需选用软化工序;脱盐工序可采用电渗析、反渗透、离子交换和蒸馏等方法;后处理根据微生物的含量选用臭氧杀菌和紫外线杀菌等方法。

若原水为深井水、地下水,一般含盐量高、硬度大,应加强软化和脱盐。若原水中含有大量的有机物和胶体,应加强预处理中的活性炭吸附;若铁含量高,应用锰砂过滤或加用氧化曝气处理。

尽管纯净水可以通过多种处理来进行生产,但具体的生产工艺应该根据原水来确定。不同处理方法的效果见表 3.7。

从表 3.7 可以看出,在这几种水净化处理方法中,反渗透法、电渗析法、蒸馏法、离子交换法清除原水中的杂质效果较好,其中效果最好的是反渗透法、电渗析法,已经广泛应用,它们的普及应用是与近年来膜分离技术的迅速发展是分不开的。

表 3.7　不同水净化处理方法效果比较

杂质名称	沉淀式滤水法	活性炭滤水法	煮沸法	蒸馏法	电渗析法	反渗透法	离子交换法	紫外线杀菌法	臭氧杀菌法
铁	●	●	●	○	△	△	△	●	●
锰	●	●	●	○	△	△	△	●	●
钠	●	●	●	○	△	△	△	●	●
硫	●	●	●	○	△	△	△	●	●
钾	●	●	●	○	△	△	△	●	●

续表

杂质名称	沉淀式滤水法	活性炭滤水法	煮沸法	蒸馏法	电渗析法	反渗透法	离子交换法	紫外线杀菌法	臭氧杀菌法
磷	●	●	●	○	△	△	△	●	●
镁	●	●	●	○	△	△	△	●	●
钙	●	●	●	○	△	△	△	●	●
氯	●	●	●	▲	○	○	△	●	●
碱	●	●	●	○	△	△	△	●	●
三氯甲烷	●	○	▲	▲	○	○	●	●	●
细菌	●	▲	▲	○	○	○	●	●	●
病毒	●	●	●	○	○	○	●	●	●
农药	●	○	●	▲	○	○	●	●	●
除草剂	●	●	●	○	○	○	○	●	●
放射粒子	●	●	●	▲	○	○	△	●	●
异臭味	●	●	●	●	○	○	●	●	●
沉淀物	○	▲	●	○	○	○	●	●	●
有机物	●	○	●	▲	○	○	●	●	●
氯化物	●	●	●	○	○	○	○	●	●

注:○全部去除;△90%~99%;▲部分去除;●不能去除。

3.3.1 纯净水加工技术指标

1)感官指标

感官指标见表3.8。

表3.8 纯净水感官指标

项 目		指 标
色度/度	≤	5,并不得呈现其他异色
浊度/NTU	≤	1
臭和味		不得有异臭异味
肉眼可见物		不得检出

2)理化指标

理化指标见表3.9。

表 3.9　纯净水理化指标　　　单位:mg/L

项　目		要　求
pH 值		5.0~7.0
电导率(25 ℃±1 ℃)/(μS·cm^{-1})	≤	10
高锰酸钾消耗量(O_2)	≤	1.0
氯化物(Cl^-)	≤	6.0
亚硝酸盐(NO_2^-)	≤	0.002
四氯化碳	≤	0.001
铅(Pb)	≤	0.01
总砷(As)	≤	0.01
铜(Cu)	≤	1.0
氰化物[a]	≤	0.002
挥发性酚(以苯酚计)[a]	≤	0.002
三氯甲烷	≤	0.02
游离氯(Cl^-)	≤	0.005

注:[a]仅限于蒸馏水。

3)微生物指标

微生物指标见表 3.10。

表 3.10　纯净水微生物指标

项　目		指　标
菌落总数/(CFU·mL^{-1})	≤	20
大肠菌群/(MPN·100 mL^{-1})	≤	3
霉菌和酵母		不得检出
致病菌(沙门氏菌、志贺氏菌、金黄色葡萄球菌)		不得检出

3.3.2　反渗透法纯净水加工工艺流程

1)工艺流程

原水——多介质过滤——活性炭过滤——保安过滤——反渗透——杀菌——灌装——贴标——包装——成品

2)工艺要点

(1)预处理

由于反渗透处理装置对进水水质有严格要求,因此水的预处理过程非常重要。一般纯净水的预处理过程包括3道过滤工序,首先通过多介质过滤器截留水中的较大的悬浮物和一些胶体物质等(此过滤器需要定期进行反冲洗),然后通过活性炭过滤器进行吸附脱臭和进一步截留水中的一些微粒物、重金属离子、小分子有机物等(此过滤器也需定期进行反冲洗),最后通过保安过滤。保安过滤为反渗透膜进水前的保安配制,常选用5 μm精度的微滤膜,进一步去除水中的细小胶体和其他污染物,确保水质达到反渗透膜的进水指标。

除此之外,根据需要必须添加絮凝剂如碱式氯化铝(PAC)或聚丙烯酰胺(PAM)等加速絮凝,添加还原剂亚硫酸氢钠($NaHSO_3$)还原水中多余的氯,添加六偏磷酸钠螯合一些铁、铝、钙、镁等离子,提高预处理效果,减少或消除对反渗透膜的污染影响。另外水在进入反渗透系统之前,为了保证反渗透过程中使水温恒定在25 ℃,往往需要将水先通过热交换器。

(2)反渗透

经预处理后的水进入反渗透脱盐系统进行脱盐,主要去除水体中的无机离子及小分子有机物。反渗透处理可以根据水的情况采用一级或二级反渗透系统。在反渗透之前要检测水的pH值,使其为5.0~7.0,否则需要调整。反渗透是20世纪50年代发展起来的新型膜分离技术,反渗透技术的成功应用,主要靠反渗透膜。

用天然或人工合成的高分子膜,以外加压力或化学位差为推动力,对双组分或多组分的溶液进行分离、分级、提纯和富集的方法,称为膜分离法。纯净水生产过程中常使用的膜分为4类,即微滤(MF)膜、超滤(UF)膜、反渗透(RO)膜、纳滤(NF)膜。在膜分离发展史上,首先出现的是超滤和微滤,然后出现反渗透和纳滤。四者组成一个可分离从离子到微粒的膜分离过程。MF能有效地去除细菌,UF能去除全部病毒和部分高分子有机物,RO用于脱除盐,近来开发的NF膜其分离孔径比UF更小,主要用去除低分子有机物和盐类。

微滤的孔径为0.1~10 μm,主要去除微粒和细粒物质,所用的膜一般为对称膜,操作压力为0.01~0.2 MPa。

超滤的孔径为0.001~0.1 μm,截留分子量大于500的大分子和胶体,操作压力为0.1~0.5 MPa,所用的膜一般为非对称膜。

反渗透所分离的组分直径为0.000 1~0.001 μm,主要脱去水中的盐分,对氯化钠去除率为95%以上,操作压力为1~10 MPa。

纳滤膜分离范围介于反渗透膜和超滤膜之间,操作压力一般为0.5~2.0 MPa,能耗较少,运行费用较低,对氯化钠的去除率为50%~70%,对有机物的去除率在90%以上。

反渗透、超滤、微滤3种膜的比较见表3.11。

表3.11　反渗透、超滤、微滤3种膜的比较

项　目	RO膜	UF膜	MF膜
膜的孔径/μm	<0.001	0.001~0.1	0.1~10
膜材料	醋酸纤维素膜、聚酰胺复合膜	醋酸纤维素膜、聚砜膜、聚酰胺膜、聚丙烯腈膜	醋酸纤维素膜、复合膜、醋酸-硝酸纤维素混合膜、聚碳酸酯膜、聚酰胺膜
膜组件常用形式	卷式膜、中空纤维素膜	卷式膜、中空纤维素膜	板式、折叠筒式

续表

项 目		RO 膜	UF 膜	MF 膜
去除杂质能力	无机盐	√	√	×
	有机物相对分子质量>500	√	去除能力极小	×
	细菌	√	√	√
	病毒、热源	√	√	×
	悬浊物粒径>0.1 μm	√	√	√
	胶体微粒粒径>0.1 μm	√	√	×
工作压力/MPa		1.96~5.88	0.29~0.69	0.05~0.29
处理水流量/(t·d⁻¹·m⁻²)膜		50~75	90~95	100
pH		醋酸纤维膜 4~6;复合膜 3~11	2~9	4~10
水温/℃		20~30	5~40	5~40
出水电阻率变化		适用于除盐部分,出水口电阻率升高约 10 倍	应用精滤,出水电阻率降低 0.1~1 MΩ·cm(25 ℃)	应用精滤,出水电阻率降低 0.1~0.6 MΩ·cm(25 ℃)
性能		不易堵塞,可用水或药液清洗	不易堵塞,可用水或药液清洗	易堵塞,可用水或药液清洗,但效果较差
寿命/年		3~5	1~3	<1

(3)灭菌

和蒸馏水一样,可通过紫外线、臭氧来完成,也有一些企业通过加热进行杀菌。其灌装工艺、瓶与盖的消毒、生产设备与消毒车间的净化与矿泉水基本相同。

3.4 常见质量问题及其防止方法

3.4.1 常见质量问题

1)矿泉水的质量问题

矿泉水在贮藏过程中会出现变色、沉淀和微生物指标过高的质量问题。

(1)变色

①现象。有些瓶装矿泉水在高温(25~35 ℃)和有光条件下存放一段时间后,靠近瓶

底部水体会微微发绿,有些则发黄或呈现红黄色。

②分析:

a.变绿的原因:变绿是由藻类和光合菌繁殖引起的。藻类适应性强、分布广,在地下矿泉的自然形成过程中就已经存在;光合菌在有光和适宜的温度下利用矿泉水中的 CO_2 和水就能繁殖。当藻类和光合菌到一定数量后就会相互吸附或与水中悬浮颗粒吸附沉积瓶底,使水体染色。

b.发黄或呈现红黄色的原因:发黄是由普通碳制水管道铁锈所造成。碳钢管使用一段时间后会产生铁锈($Fe_2O_3 \cdot H_2O$)和部分 Fe^{2+},铁锈残留在成品矿泉水中,使水体底部产生淡黄色,严重者成为黄红色,即 $Fe_2O_3 \cdot H_2O$ 和 $Fe(OH)_3$ 胶体溶液色,更为甚者给水中带来悬浮物。

(2)沉淀

①现象。矿泉水在贮藏的过程中会出现有色沉淀(包括红、黄、褐、黑褐等的颜色)和白色沉淀。

②分析。矿泉水因含有铁、锰离子而产生有色沉淀,呈红色、黄色、褐色、黄褐色等。一胜矿泉水水质含量稳定之后,不会出现沉淀,但可能因开采过量或地下裂缝出现变化、周围水弹保护不好等情况而造成沉淀。

白色沉淀有 3 种情况:一是生产中滤芯被氧化,或更换新滤芯的清洗不净,这可以通过加强管理得以控制;二是矿泉水于冰箱中长时间冷藏也会出现少量白色絮状沉淀,这属正常现象,三是矿物盐沉淀,少许矿物质沉淀是允许的,但必须要符合感官要求。

(3)微生物

与其他饮料相比,矿泉水生产既不经热杀菌,也不添加防腐剂,微生物指标难以控制,最容易出现微生物污染。尽管国家标准中允许存在一定量的细菌,但实践证明,凡初检有少量细菌存在但符合饮用卫生标准的矿泉水产品很难在保质期内保存。因此,大多数企业标准都内定 4 个零指标(细菌数、霉菌数、大肠杆菌、致病菌数皆为零)。

天然矿泉水的微生物污染主要包括细菌、霉菌、放线菌的污染,细菌可将矿泉水中的硝酸盐转化成亚硝酸盐,从而影响人体健康;霉菌和放线菌的菌丝体可形成白色丝状漂浮物、白色絮状物,这一问题困扰着许多矿泉水企业。

2)纯净水的质量问题

纯净水生产中的主要问题是细菌总数和电导率超标。

纯净水细菌总数超标说明纯净水受杂菌污染程度较高,原因很多,如水源、管道设备被污染,瓶、盖等包装材料清洗不彻底,杀菌设备失灵,灌装车间空气清洁度不够,消毒时间和消毒方法不正确,杀菌后又有二次污染等。控制微生物污染是改善纯净水卫生质量的首要问题。

电导率与水中的无极离子含量有关,电导率超标表明饮用纯净水中无机离子含量较高,水的纯度不高。

电导率超标产生的原因主要有:

①生产企业管理存在漏洞。

②反渗透膜没有及时更换。

③水处理设备没有定时冲洗等。

3.4.2 防止措施

1)矿泉水的质量问题防止措施

(1)变色

①变绿。只有加强过滤才可以除去藻类,最经济、最实用的方式莫过于根据经验定期清洗砂棒过滤器,使之在工作过程中经常处于最佳状态,生产期间随时观察调整,使其工作压力在额定范围之内。另外,必须要强化杀菌方可彻底解决变色问题。

②发黄。把矿泉水管道或盛水容器全部换成不锈钢或高压聚乙烯方可清除此患。

(2)沉淀

①有色沉淀。应对水源做好以下预防工作:

a.水井周边50 m内为三级保护区,30 m内为二级保护区,15 m内为一级保护区。

b.每年定期3次(枯水期、平水期、丰水期)对水源进行水质分析检验并记录,应时掌握水中矿物度应铁、锰含量的变化,及时改善工艺。

c.定期做好水井清洗作(一般要求每年1次)。

d.除铁、锰装置要定期反冲洗(一般4~7 d反冲1次)。

e.管路清洗不净或锈蚀极易造成铁沉淀,所以对管路应每天开机之前清洗20~30 min,遇长时间停产后恢复生产时,应冲洗24 h以上,必要时用酸洗。

f.臭氧消毒时,浓度不能太高,否则也会造成沉淀,一般控制在0.3~0.5 mg/kg。

②白色沉淀。充分曝气,过滤除去一部分$CaCO_3$,但矿泉水中Ca、Mg会比原水减少,需特别沉重;加入CO_2降低水中pH,使矿泉水中Ca、Mg以重碳酸盐形式存在。

(3)微生物

①设备消毒。曝气装置、管道、灌装机等设备,长时间停产后的管路应用250~500 mg/kg的消毒剂(主要成分ClO^-)清洗,再用臭氧水冲洗。曝气装置孔径应小于0.2 μm,防止空气中细菌尘埃的污染。旋盖机的盖斗、下盖槽在每天开机使用之前都必须用酒精喷射消毒。

②更换滤芯。滤芯在使用一段时间后必须及时更换,每星期应清洗消毒1次,并用ClO^-消毒水或甲醛溶液浸泡。

③净化空气。主要指理瓶间和灌装间的空气,灌装间要求在无菌条件下生产,无菌间空气压力应略大于室外气压,确保进入的空气为无菌空气。

④包装物消毒。主要是瓶和盖,瓶在进入灌装之前必须进行两道消毒工序,臭氧消毒1~3 h和250 mg/kg消毒剂喷射消毒(一般不少于10 s),瓶盖一般卫生状况较好,可采用臭氧消毒(直通臭氧2 h以上)。

⑤个人卫生。生产人员(包括无菌间操作人员和进入无菌间的维修人员、质检人员)必须身体健康,讲究个人卫生,进入无菌间必须穿戴好工作服、帽、口罩及消毒手套,经风幕后进入,手、鞋、维修工具都要消毒,无菌间内须轻走慢行。无菌间内人员流动会造成微生物污染,应做到人走灯(紫外灯)开,并定期消毒。

⑥容器密封。容器泄漏会造成微生物的二次污染,造成泄漏的原因很多,主要有:瓶子有裂缝、穿孔、缺口;盖内密封圈有缺口、裂口;瓶与盖密封性差;封盖机落盖槽或封盖头出

现偏差造成封盖歪斜。

⑦水中臭氧浓度。矿泉水的微生物是通过过滤和杀菌去除的。部分体积较大的微生物经过过滤除去,但大部分微生物及其芽孢、病毒要通过杀菌才能除去。生产上广泛用的是臭氧杀菌,臭氧用于水消毒有一个临界浓度,在临界浓度以上时可把水中微生物全部杀死,但生产中臭氧浓度也不宜过高,否则易造成沉淀。

2)纯净水的质量问题防止措施

控制细菌总数和电导率超标是纯净水生产企业一项非常重要的工作。生产过程中任何一个环节没有注意到,都会影响产品的质量。

①根据水源的特点,设计出合理的生产流程,且为了便于对产品卫生质量的控制,所设计的生产工艺流程应尽量简短,选择合理的预处理和脱盐方法(如反渗透法、蒸馏法等),而后根据流程设计配备适合的水处理和生产设备。

②定期对生产全程的管道、容器和过滤器等有关设施的清理和消毒,做好瓶、盖和灌装间的消毒工作。灌装作业时,瓶和盖及灌装间一定要保证无菌,否则产品中一定有微生物存在。

③加强自身卫生管理,强化食品卫生质量意识,指定专人负责卫生工作,设立专职卫生检验机构,加强对水源、包装物、灌装间空气和产品检测,制订从水源管理、杀菌、灌装、包装到个人卫生各环节的卫生管理制度,加强食品卫生知识的培训学习,掌握消毒方法和明确微生物容易污染的关键环节。

【实验实训】 纯净水的加工

1)目的和要求

了解瓶装纯净水所选用的主要原料性质和成分,掌握纯净水的生产工艺流程,培养学生严谨的科学工作态度。

2)原辅料和仪器设备

原水、原水泵、微孔过滤器、贮水罐、活性炭过滤器、中间罐、反渗透装置、增压泵、臭氧发生器、洗瓶灌装封口机。

3)工艺流程

原水──砂滤──活性炭过滤──树脂软化──精滤──反渗透──臭氧灭菌──灌装──质检──包装──成品

4)操作要点

①原水选择。可选择自来水。

②砂滤。采用石英砂介质过滤器,主要目的是去除原水中含有的泥沙、铁锈、胶体物质、悬浮物等颗粒在 20 μm 以上对人体有害的物质,自动过滤系统,系统可以自动(手动)进行反冲洗、正冲洗等一系列操作,保证设备的产水质量,延长设备的使用寿命。

③活性炭过滤。采用活性炭过滤器，是为了去除水中的色素、异味、生化有机物、降低水的余氯值及农药污染和其他对人体有害的物质污染物。自动过滤控制系统，系统可以自动(手动)进行反冲洗、正冲洗等一系列操作。

④树脂软化。采用优质树脂对水进行软化，主要是降低水的硬度，去除水中的钙镁离子(水垢)并可进行智能化树脂再生，系统可以自动(手动)进行反冲洗。

⑤精滤。采用双级 5 μm 孔径精密过滤器使水得到进一步的净化、使水的浊度和色度达到优化，保证 RO 系统安全的进水要求。

⑥反渗透。采用反渗透技术进行脱盐处理，去除钙、镁、铅、汞对人体有害的重金属物质及其他杂质，降低水的硬度，脱盐率98%以上，生产出达到国家标准的纯净水。

⑦杀菌系统。通过增压泵将水泵入臭氧机进行灭菌处理。促使臭氧与水充分混合，并将浓度调整到最佳比，控制臭氧量使出口臭氧水浓度达到国家规定的 0.4 ppm 标准。

⑧包装。采用不锈钢半自动冲瓶机对瓶子的内、外壁进行清洗，瓶盖经紫外线杀菌后灌装。

5)产品质量评价

生产出的饮用纯净水应符合 GB 17324—2003 瓶(桶)装饮用纯净水卫生标准。

(1)感官指标

色度不大于 5 度，不得呈现其他异色；浑浊度不大于 1 NTU；不得有异臭异味；肉眼可见物不得检出。

(2)理化指标

pH 值为 5.0~7.0；电导率≤10 μs/cm。

(3)微生物指标

菌落总数不大于 20 CFU/mL，大肠菌群不大于 3 MPN/100 mL，霉菌和酵母菌不得检出，致病菌(沙门氏菌、志贺氏菌、金黄色葡萄球菌)不得检出。

 小思考

矿泉水怎么喝

不可烧开：由于矿泉水含有的矿物质含量高，所以在饮用方法和存放时也有注意事项。不少人认为"水要烧开了才可以喝"，但如果将矿泉水烧开，那么其中含有的钙、镁等微量元素就会变成水垢析出，不仅损失了天然矿物质，还会造成"沉淀"的不良影响。

不可冷冻：如果将矿泉水冰冻，其中含有的钙和镁就会达到"过饱和"的条件，随着重碳酸盐的分解产生了白色的沉淀，所以一些钙和镁含量高的矿泉水在冷冻后会出现粒状或片状的沉淀物。不过，除了沉淀，冷冻后的矿泉水饮用对人体并无害处，可以放心饮用。

避免阳光直射：在矿泉水的标签上，标注有"请避免阳光直射"，因为矿泉水含有矿物，光照之后有可能产生沉淀，对于已经开瓶的矿泉水，阳光直射甚至会出现绿苔！

对于桶装矿泉水,最好在 20 d 内饮用,由于含有矿物质,开封之后很容易滋生细菌。

婴幼儿不宜:在婴儿体内,水分占其体重高达 70%~80%,远远高于成人,而矿泉水中的矿物质都是以矿物盐的形式存在,当矿物盐的浓度过高时,很可能会造成脱水。一般而言,矿泉水的标准都是为成人而设,并不适合婴幼儿饮用。

本章小结)))

饮用天然矿泉水的基本工艺包括引水、曝气、过滤、杀菌、充气、灌装等,如果产品不需要含二氧化碳,则没有充气工序。以优质泉水或地下水为原料进行人工矿化,可以制备出人工矿泉水,生产方法分直接溶化法和二氧化碳浸蚀法两种。

饮用纯净水常用的生产方法有蒸馏法和反渗透法,而反渗透是膜分离的一种。

矿泉水贮藏时可能出现变色、沉淀和微生物超标等问题,而纯净水生产过程中需要注意防止细菌总数和电导率超标。

复习思考题)))

1.天然矿泉水、纯净水的定义是什么?

2.比较天然矿泉水、纯净水生产工艺的异同。

3.简述矿泉水常见的质量问题及控制措施。

4.简述包装水的定义和分类。

5.比较微滤、超滤、反渗透和纳滤 4 种膜分离技术的异同。

6.纯净水的脱盐方法有哪些?

第4章 果蔬汁加工

知识目标

通过本章知识的学习能从整体上对果蔬汁饮料的分类有清晰的认识与掌握,能够完整地描述果蔬汁加工中的每一个工艺流程,在加工中涉及的设备要能够有一定的了解与认识。

能力目标

通过理论知识的学习,能够独立设计特定果蔬汁的加工工艺,运用到生产实践。了解加工设备,并能指导生产实践。分析果蔬汁常见的质量问题,能够在生产中加以防止与控制。

4.1 概 述

果汁和蔬菜汁是由优质的新鲜水果和蔬菜(少数采用干果为原料),经挑选、洗净、榨汁或浸提等方法制得的汁液,是果蔬中最有营养价值的成分,风味佳美,容易被人体吸收,有的还有医疗效果。果汁可以直接饮用,也可以制成各种饮料,是良好的婴儿食品和保健食品,还可作为其他食品的原料。

4.1.1 果蔬汁概念及分类

天然的果蔬汁与人工配制的果蔬汁饮料在成分和营养功效上截然不同,前者为营养丰富的保健食品,而后者纯属嗜好性饮料。

果蔬汁通常是新鲜果蔬中取出的汁液,营养成分除一部分损失外,非常接近于新鲜果蔬,且由于加工的精细化作用,其营养价值有时高于新鲜果蔬。

新鲜果汁中大部分为水分,其次是糖分,所含酸主要是苹果酸、柠檬酸和酒石酸等。酸的含量虽然比糖分少,但却极为重要,它能使果汁具有温和的酸味,调节果汁的风味。果汁中所含少量单宁、蛋白质,是使果汁浑浊的因素之一。果汁中的矿物质主要是钙、磷、钾、钠等。果汁中色素是类胡萝卜素和花色素等,这些色素在碱性调节下容易变色。果汁中还含有热敏性维生素及芳香物质等。

果汁或天然果汁以其状态和浓度分,大致可分成天然果汁、浓缩果汁、果饴和果汁粉4个大类:

①天然果汁是从水果中榨出或从干果中浸出的原果汁,商品果汁经加工时可略加调整或稀释,未经浓缩。

②浓缩果汁系由天然果汁经浓缩而成,含有多量的糖分和酸分,一般不人为加糖,浓缩倍数有3、4、5、6倍等几种,可溶性固形物为40%~60%。浓缩橙汁可溶性固形物常为42%~43%,苹果汁的浓缩倍数为5~7倍,其他果汁较少。

③果饴(果汁糖浆)是在原果汁中加用多量食糖或在糖浆中加入一定比例的果汁而配制成的产品,一般高糖,也有高酸者。通常为可溶性固形物45%和60%两种。我国市场上的鲜橘原汁为35%以上,总酸0.3%~0.6%。

④果汁粉是浓缩果汁或果汁糖浆加用一定的干燥助剂脱水干燥的产品,含水量1%~3%。常见的有橙汁粉。与果汁粉相似的产品有固态果汁(味)饮料。

果蔬汁按其透明与否可分成透明果蔬汁和浑浊果蔬汁。透明果蔬汁体态澄清,无悬浮颗粒,制品的稳定性好,但营养损失较大,较多的产品有苹果汁、梨汁、葡萄汁和一些浆果汁等。混浊果蔬汁由果汁中存在大量的果肉颗粒或色粒,同时又保留了一定数量的植物胶质所制成。常见的有橙汁、番茄汁、胡萝卜汁等。此外,所谓的带肉果汁是指含有果浆而质地均匀细致的一类果蔬汁,这类产品常用桃、李、杏、梅、胡萝卜等按常法制汁风味较差的果蔬制成。从体态上,它是一种特殊的混浊果汁。

按产品中果汁、菜汁加入的比例,习惯上又把果汁、菜汁及饮料分成果汁、菜汁和果蔬汁饮料,其加入的比例各国都有不同的规定。

与其他工业一样,果蔬汁工业发展极其迅速,新产品不断开发,上述一般分类不能一一包括,更有各种形态和浓度的产品可混合在一起创出新的产品。如为了营养更加丰富,可将不同的单一产品混合在一起制成混(复)合果蔬汁。为了风味和外观,目前还流行似果粒橙等的果肉饮料。

4.1.2 果蔬化学成分及其加工特性

果汁和蔬菜汁在加工中的技术条件,在很大程度上取决于水果蔬菜原料的化学构成。澄清果汁和蔬菜汁的成分为水溶性的,主要是存在于植物细胞液泡的细胞液成分;混浊果汁和蔬菜汁,除细胞液成分外,尚有不溶于水的其他细胞组织成分。

果蔬中水溶性成分和非水溶性成分列举如下:

水溶性成分:单糖和双糖、果胶、有机酸、单宁物质、部分矿物质、维生素、色素,含氮物质、风味物质等。

非水溶性成分:淀粉、纤维素和半纤维素,原果胶,脂类、部分矿物质、维生素、色素,含氮物质、风味物质等。

不同果蔬的化学成分不同,也就构成了其各自不同的风味。在同一种果蔬的不同品种之间,其化学组成也差异甚大。为了能够保证产品质量,对影响果蔬化学成分的因素及化学成分在加工过程中的变化应该有所了解,以便有针对性地控制生产过程,得到质量优秀的加工品。

具体的化学组成情况如下：

水分：一般来说，除去谷类和豆类等的种子之外，作为食品利用的大多数动植物，含水量要在60%～90%，是食品中含量最多的成分。水果蔬菜中也是如此，水分的一般含量为75%～90%，大多数在80%以上，甚至高者如蔬菜中的瓜类则可高达96%。水分是影响水果蔬菜的嫩度、鲜度和味道的一个极重要的成分，同时又是水果蔬菜贮存性差、容易变质和腐烂的原因之一。

碳水化合物：果蔬干物质中最主要的成分是碳水化合物。碳水化合物在加工中会发生种种变化，对制品品质产生好的或坏的影响。

果蔬中的主要碳水化合物有单糖和双糖、淀粉、纤维素、果胶物质等。同一种类不同品种之间，其各种糖分含量也有差异。即使同一品种，糖含量还会因光照、温度、灌水、肥料等因素而变动。一般高温和强的光照使糖分含量增大。在加工过程中，糖制品色泽所造成的影响包括有两个可能的途径，即焦糖化作用和美拉德反应。

果胶物质：果蔬组织内的果胶物质一般有3种形态，原果胶、果胶和果胶酸。原果胶存在于未成熟果蔬的细胞壁间的中胶层中，不溶于水，常和纤维素结合使细胞黏结，所以未成熟的果实显得脆硬。随着果蔬的成熟，原果胶水解成为纤维素和果胶。此水解反应在有机酸参与下发生，也有人认为存在着原果胶酶一类的物质促进此反应发生。果胶含甲氧基在7%（以分子量计）以上者为高甲氧基果胶，也称普通果胶，含甲氧基在7%以下者为低甲氧基果胶。果胶溶于水，使细胞间结合力松弛，且具有一定黏性。因而果蔬质地随果蔬成熟变软。果胶酸成熟的果蔬向过熟转化时，果胶受果胶酯酶作用，转变成为果胶酸，果胶酸无黏性，对水溶解度很低，因而过熟的果蔬呈软烂状态。

果胶在果汁及果酱、果冻类制品加工中具有重要意义。由于果胶系高分子物质，水果榨汁时若存在着大量的果胶，就会因汁液的黏稠而造成出汁困难，影响生产效率。在生产澄清果汁时，需要破坏果胶对悬浮物的保护作用，在生产混浊果汁时，需要果胶作为稳定剂防止悬浮微粒沉淀。

有机酸：水果和蔬菜中含酸量有很大不同。含酸的多少不仅直接影响口味，而且也影响加工制品生产过程的控制条件。水果蔬菜中的酸的种类也有很大不同。不同种类的酸，对于形成该种类果蔬的特有风味有着一定的关系。在果蔬加工中，酸对加工制品品质有着很密切的关系，除去酸味以外，酸可以促进蛋白质的热变性，微生物细胞所处环境的pH值直接影响微生物的耐热性。酸存在时会使蔗糖水解为转化糖，从而影响制品的性质，可以使维生素C受到保护。

单宁物质：单宁并非单一的物质成分。在食品加工中，与食品的褐变及涩味有着密切的关系。食品中所谓的单宁物质，主要从引起食品褐变和涩味来考虑，这样，就将食品原料中存在的一些并不具有鞣革性质但却有类同于单宁物质的引起褐变和涩味的性质的成分如无色花色素等，一并纳入单宁物质。单宁物质是引起未成熟果实涩味的主要物质来源，同时在加工过程中会引起变色反应。

含氮物质：果蔬中存在的含氮物质种类很多，有蛋白质、氨基酸、酰胺，以及少量的N—苷、硝酸盐等。果蔬和其他类食品比较，蛋白质和氨基酸的含量较少。但是从味觉上讲，却是形成所谓"浓味"的重要成分。含氮物质在加工中所造成的影响首先是美拉德反应的变色现象。

4.2　果蔬汁加工的工艺流程

4.2.1　果蔬汁加工工艺流程

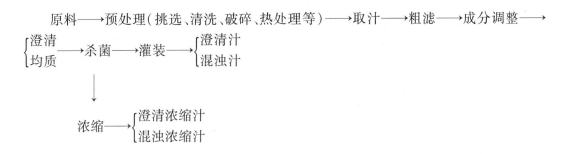

4.2.2　操作要点

1) 原料选择

只有选择优质的制汁原料,采用合理的工艺,才能得到优质果菜汁。在一定的工艺条件下,只有采用合适的原料种类品种,才能得到优良制品。加工果蔬汁的原料要求美好的风味和香味,无异味,色泽美好而稳定,糖酸比合适,并且在加工贮藏中能保持这些优良的品质。此外,要求出汁率高,取汁容易。果蔬汁加工对原料的果形大小和形状虽无严格要求,但对成熟度要求严格,严格说,未成熟或过熟的果品、蔬菜均不合适。别出霉烂果、病虫果、未熟果和杂质,以保证果汁的质量。尤其是霉烂果,只要有少量混入,就会影响大量果蔬汁的风味。

常用来加工果蔬汁的原料有:橙类、柑和橘类、苹果、凤梨、葡萄、杨梅、桃、番石榴、其他水果;番茄、其他蔬菜。

2) 预处理

(1) 原料的拣选与清洗

为了保证果汁的质量,柑橘类也为了保证压榨的顺利进行,原料必须进行挑选提出霉变果、腐烂果、未成熟果和受伤变质的果实。

洗涤是减少杂质污染、降低微生物污染和农药残留的重要措施,特别是带皮压榨的原料更应注意洗涤。洗涤一般先浸泡后喷淋或流动水冲洗。对于农药残留较多的果实,洗涤时可加用稀盐酸溶液或脂肪酸系洗涤剂进行处理。对于微生物污染,可用一定浓度的漂白粉或高锰酸钾溶液浸泡,然后清水冲洗干净。此外,还应注意洗涤用水的清洁,不用重复的循环水洗涤。

(2) 破碎

许多果蔬如苹果、梨、凤梨、葡萄、胡萝卜等榨汁前常需破碎,特别是皮和果肉致密的果蔬,更需破碎来提高出汁率,这是因为果实的汁液均含于细胞质内,只有打破细胞壁才可取出汁液。但果蔬破碎必须适度,过度细小,使肉质变成糊状,造成压榨时外层的果菜汁很快地被压出,形成一层饼,使内层的果菜汁反而不易出来,造成出汁率降低。破碎程度视种类品种不同而异。苹果、梨、凤梨等用辊压机破碎时,碎片以 3~4 mm 大小为宜;草莓和葡萄以 2~3 mm 为好;樱桃可破碎成 5 mm;番茄等浆果则可大些,只需破碎成几块即可。

果蔬破碎采用破碎机或磨碎机,有辊压式、锤磨和打浆机、绞肉机等。不同的果蔬种类采用不同的机械,如番茄、梨、杏等可采用辊压式破碎机;葡萄采用破碎、去梗、送浆联合机;桃、杏、胡萝卜等制取带肉果汁时可采用绞肉机。

(3)加热处理和酶处理

许多果蔬破碎后、取汁前须进行热处理,其目的在于提高出汁率和品质。因为首先加热使细胞原生质中的蛋白质凝固,改变细胞的结构,同时使果肉软化,果胶部分水解,降低了果汁黏度;另外,加热抑制多种酶类,如果胶酶、多份氧化酶、过氧化酶等,从而不使产品发生分层、变色、产生异味等不良变化;再者,对于一些含水溶性色素的果蔬,加热有利于色素的提取,如杨梅、山楂、红色葡萄等;柑橘类果实中的宽皮橘类加热有利于去皮,橙类也有利于降低精油含量;胡萝卜等具有不良风味的果蔬,加热有利于除去不良味,如将对切的胡萝卜置于一定的食用酸溶液中煮,即可基本除去特殊臭味。

果胶酶和纤维素酶、半纤维素酶可是果肉组织分解,提高出汁率。使用时,应注意与破碎后的果蔬组织充分混合,根据原料品种控制其用量,根据酶的性质不同掌握适当的 pH 值、温度和作用时间。相反,酶制剂的品种和用量不适合有时同样会降低果蔬汁品质和产量。

3)取汁

果蔬取汁有压榨和渗出两种,大多果蔬含有丰富的汁液,故以压榨法为多用。仅在山楂、李、干果、乌梅等果干采用渗出法。杨梅、草莓等浆果有时也采用渗出法改善色泽和风味。

实际生产中,压榨时间和压力对果蔬汁出汁率影响也较大,如果压力增加太快,那么施加压力也能降低出汁率。

压榨时,加入一些疏松剂可提高出汁率,据报道,葡萄、梨、苹果、桃、杏等水果中加入一种由烯烃聚合物的短纤维可有明显的效果。这种纤维的平均长度为 0.5~50 mm,平均直径为 1~500 μm,它还具有使果汁易澄清,降低酚类物质和二价铁含量等优点。

主要的压榨机有:连续螺旋式压榨机、气动压榨机、水压机、卧篮式压榨机、带式压榨机、序列式压榨机、布朗压榨机及安迪森压榨机。

渗出法取汁最多用在乌梅、李干等果品中,在美国,50 kg 李干和 100 L 热水混合后,在 80 ℃ 或稍高的温度下抽提 2~4 h。取出汁液后,第 2 次每 50 kg 李干加 60 L 水,在 85 ℃ 下抽提 2~4 h。第 3 次加水 40 kg 再抽提,合并所有的抽提液。

4)粗滤

筛滤或称粗滤。对于混浊果汁,主要在于去除分散于果蔬汁中的粗大颗粒和悬浮粒,同时又保存色粒以获得色泽、风味和典型的香味。对于澄清果汁,粗滤后更须精筛,或先行澄清处理后再过滤,务必除去全部悬浮颗粒。

新榨汁中含有大量的悬浮物,其类型和数量以榨汁方法和植物组织结构而异,其中粗大的悬浮粒来自果蔬细胞的周围组织或细胞壁。其中尤以来自种子、果皮和其他食用器官的组织的颗粒,不仅影响果汁的外观、状态和风味,也会使果汁变质。柑橘类还含有柚苷、柠碱等苦味物质。

生产上,粗滤可在压榨中进行,也可在榨汁后作为一独立的操作单元。前一种情况如设有固态分离筛的榨汁机和离心分离式榨汁机等,榨汁、筛滤可在同一机上完成。后一种可采用各种型号的筛滤机。另外,振动筛也常用以完成粗滤的目的。

5)果蔬汁的澄清与过滤

果蔬汁为复杂的所分散相系统,它含有细小的果肉粒子,胶态或分子状态及粒子状态的溶解物质,这些粒子是果蔬汁混浊的原因。在澄清汁的生产中,它们影响产品的稳定性,也须加以除去。方法有以下几种:

(1)酶法

果胶物质是果蔬汁中主要的胶体物质,随果蔬种类不同,其含量在 70~4 000 mg/L 不等。果胶酶可以将其水解成水溶性的半乳糖醛酸。而果蔬汁中的悬浮颗粒一旦失去果胶胶体的保护,即很易沉降。生产时,果胶酶依其得到的方式不同和活性、理化特性不同,加入之前须作预先试验。

果胶酶大多从黑曲或米曲霉中培养获得,果蔬汁生产用酶制剂要求其多聚半乳糖醛酸活性不少于 40 000 单位/g;果胶酯酶活性 75 单位/g。一般果胶酶作用的适合 pH 值为 4.5~5.0,温度 50 ℃左右。

(2)明胶—单宁法

此法适用于苹果、梨、葡萄、山楂等果汁,它们含有较多的单宁物质。明胶或鱼胶、干酪素等蛋白物质,可与单宁酸盐形成络合物,此络合物沉降的同时,果汁中的悬浮颗粒亦被缠绕而随之沉降。另外,试验证明,果汁中的果胶、维生素、单宁及多聚戊糖等带负电荷,酸性介质中明胶、蛋白质、纤维素等则带正电荷,这样,正负电荷的相互作用,促使胶体物质不稳定而沉降,果汁得以澄清。果汁中含有一定数量的单宁物质,生产中为了加速澄清,也常加入单宁。

明胶和单宁必须是食用级的,明胶以盐酸法制取为优,用时用冷水浸胀 2~3 h。之后加热至 50~60 ℃,配制后放置 5 h 左右,过长和过短均不利于澄清。常用明胶液浓度可配成 3%左右。

明胶和单宁在果汁中的用量取决于果汁种类、品种及成熟度和明胶质量。

(3)酶、明胶联合澄清法

对于仁果类果汁,此法应用最多,如苹果汁,其方法为:新鲜的压榨汁采用离心或直接用酶制剂处理 30~60 min,之后加入必须数量的明胶溶液,静置 1~2 h 或更长,接着用硅藻土过滤。其终点可通过测定黏度的方法来确定。

(4)硅藻土法

硅藻土是硅酸的水溶性胶体溶液(15%~30%),具有乳状混浊,使用时,将其用蒸馏水稀释,当明胶、皂土等加入果汁后,在果汁中加入一定量的硅藻土溶液。加温有利于加速澄清,这与酶法的温度一致(40~50 ℃)。此法除了可分离蛋白质,还可以促使混浊物形成絮状沉淀,可吸附和除去过剩的明胶,而这种多余的明胶若不除去常使果汁在贮藏中出现混

浊,特别在 20 ℃以下贮藏时更甚。

（5）自然澄清法

长时间的静置,也可以促进果蔬汁中悬浮物沉降。这是由于果胶物质逐渐被水解,蛋白质和单宁等逐渐形成不溶性的单宁酸盐。但所需时间较长,果汁易败坏,因此仅用于有防腐剂保藏的果汁。

（6）加热澄清法

将果汁在 80~90 s 内加热至 80~82 ℃,然后急速冷却至室温,由于温度的剧变,果汁中蛋白质和其他胶质变性凝固析出,从而达到澄清。但一般不能完全澄清,且由于加热会损失一部分芳香物质。

（7）冷冻澄清法

将果汁急速冷冻,一部分胶体溶液完全或部分被破坏而变成不定形的沉淀,此沉淀可在解冻后滤去,另一部分保持胶体性质的也可用其他方法过滤除去,但此法要达到完全澄清也属不易。

（8）海藻酸钠、碳酸钙澄清法

据报道,将海藻酸钠和碳酸钙以 1.1~1.7 的比例混合,调成均一的糊状,按果汁质量的 0.05%~0.1%加入,混合均匀。静置 12~24 h,可使某些果汁得以澄清。一些应用此法效果不佳的果汁若用琼脂代替海藻酸钠,有时可得到满意的效果。

为了得到澄清透明且稳定的果蔬汁,澄清之后的果蔬汁必须经过滤,目的在于除去细小的悬浮物质。设备有袋滤器、纤维过滤器、板框压滤机、真空过滤器、离心分离机等。滤材有帆布、不锈钢或尼龙滤布、纤维、石棉、木浆、硅藻土等。

过滤速度受到滤器滤孔大小、施加压力、果蔬汁黏度、悬浮颗粒密度和大小、果蔬汁的温度等的影响。无论采用哪一种类型的过滤器,都必须减少压缩性的组织碎片淤塞滤孔,以提高过滤效果。

硅藻土过滤是果汁、果酒及其他澄清饮料生产使用较多的方法。硅藻土具有很大的表面积,即可做过滤介质,又可以把它涂在带筛孔的空心滤框中,形成厚度约 1 mm 的过滤层,具有阻挡和吸附悬浮颗粒的作用。它来源广泛,价格低廉,因而被广泛采用。

硅藻土过滤机由过滤器、计量泵、输液泵以及连接的管路组成。过滤器的滤片平行排列,结构为两边紧复着细金属丝网的板框,滤片被滤罐罩在里面。

6）均质与脱气

生产混浊果蔬汁如柑橘汁、番茄汁、胡萝卜汁等或生产带肉果汁时,为了防止产生固液体的分离,降低产品的品质,常进行均质处理,特别是瓶装果汁尤为必要。均质即将果蔬汁通过一定的设备使其中的细小颗粒进一步破碎、使果胶和果蔬汁亲和,保持果蔬汁均一性的操作。

果蔬汁一般需先经糖酸调整,再进行均质和脱气,但也可以在调整前均质果浆,对于带肉果汁,据叶兴乾研究对果汁均质效果比对果浆进行均质要好。所用的均质压力随果蔬种类而异,一般在 15~40 MPa。重复均质也有一定的作用。

果蔬细胞间隙存在着大量的空气,在原料的破碎、取汁、均质和搅拌、输送等工序中要混入大量的空气,所以得到的果汁中含有大量的氧气、二氧化碳、氮气等。这些气体以溶解形式或在细微离子表面吸附着,也许有一小部分以果汁的化学成分形式存在。气体的溶解度取决于种类、温度、表面蒸汽压和气体的扩散能力。这些气体中的氧气可导致果汁营养成分的损失和色泽的变差,因此,必须加以去除,这一工艺即称脱气或去氧。它的目的在于:

①脱去果汁内的氧气,从而防止维生素等营养成分的氧化,减轻色泽的变化,防止挥发性物质的氧化及异味的出现。

②除去吸附在果汁、菜汁悬浮颗粒上的气体,防止装瓶后固体物的上浮,保持良好的外观。

③减少装瓶和高温瞬时杀菌时起泡,而影响装瓶和杀菌效果,防止浓缩时过分沸腾。

④减少罐内壁的腐蚀。

脱气方法有加热、真空法、化学法、充氮置换法等,且常结合在一起使用,如真空脱气时,常将果汁适当加热。

7)浓缩

浓缩果汁、菜汁较之直接饮用汁具有很多优点。它容量小,可溶性固形物可高达65%～68%,可节省包装和运输费用,便于贮运;果蔬汁的品质更加一致;糖、酸含量的提高,增加了产品的保藏性;最后,浓缩汁用途广泛。因此,近年来产量增加很快,橙汁和苹果汁尤以浓缩形式为多。

除浓缩汁外,果饴制造时也需煮制浓缩,但此时的作用主要在于与食糖等配料混合。

理想的浓缩果蔬汁,在稀释和复原后,应和原果蔬汁的风味、色泽、混浊度相似,因而加热的温度、果蔬汁在浓缩机内的停留时间就显得很重要,目前所采用的浓缩方式,主要是降膜式浓缩机,对于带肉果汁、番茄浆等则可采用盘管和强制循环式,高浓缩度果蔬汁用搅拌薄膜式浓缩。但不管哪一种机械,均需在减压下完成浓缩。

生产上常用的浓缩方法有:真空浓缩、冷冻浓缩、反渗透和超滤浓缩等。

8)调整和混合

为使果蔬汁制品具有一定的规格,为了改进风味,增加营养、色泽,果蔬汁加工常需进行调整和混合,它包括加糖、酸、维生素 C 和其他添加剂,或将不同的果蔬汁进行混合,或加用水及糖浆将果蔬汁稀释。

除了番茄、柑橘、苹果等有时以 100%原果汁饮用外,大多数果蔬汁加糖水稀释制成直接饮用的制品。各国规定的果蔬汁最低原汁比例各不相同。

确定最低果蔬汁的含量后,即可依所要求的固酸比确定配方,固酸比来源于市场调查、各级标准,果蔬汁的固酸比一般比饮料为低。

确定好固酸比后即可进行糖、酸的调整,先测出制品的可溶性固形物和滴定酸的含量,即可计算出所需糖浆和酸溶液的量。

许多果蔬虽然单独制汁有优良的品质,但与其他种类和品种进行混合则更好,可以起到取长补短的目的。混合的目的为了改善风味、营养及色泽。如苹果汁常在品种之间进行混合;欧洲葡萄一般味甜少酸,常与美洲葡萄混合;宽皮橘类虽色泽红,但缺少香味和风味,常与甜橙、凤梨及其他热带水果混合;甜橙汁常与苹果、杏、葡萄等果汁混合;带果肉果汁生产时也常进行混合,如李与杏、樱桃与草莓、胡萝卜与柑橘类、苹果等混合。

蔬菜汁的混合生产更加普遍,番茄是最常用的混合菜汁基料,适合于与菠菜、芹菜、青菜、胡萝卜、大黄等几乎所有蔬菜混合。另外果品与蔬菜也常混合制汁,如菠萝、胡萝卜、石刁柏,石刁柏与山楂、胡萝卜与柑橘、苹果,南瓜与苹果等。

9)果蔬汁的包装和杀菌

果蔬汁的灌装有冷包装和热包装两种。所谓冷包装,即包装前不进行杀菌或杀菌、冷却后进行包装,如冷冻浓缩果汁和一些冷藏果汁。大多数果蔬汁都采用热包装,即趁热灌装或灌装后杀菌。为了保持优良的品质,常采用巴氏杀菌法。

果蔬汁杀菌的目的:一是消灭微生物防止发酵,二是钝化各种酶类,避免各种不良的变化。果蔬汁杀菌的微生物对象主要是酵母和霉菌,酵母在 66 ℃下 1 min,霉菌在 80 ℃下 20 min 即可被杀灭,一般的巴氏杀菌条件为 80 ℃下 30 min,即可保证杀灭。但对于混浊果蔬汁杀菌温度和时间不合适,很易产生煮过味,色泽和香味损失也较大,因此,有必要采用高温短时间的瞬时巴氏杀菌。大多数引起品质败坏的酶,如果胶酯酶要 88 ℃下 1 min 才可被钝化,因此,要防止酶的变质须在 88 ℃下保持 60~90 s。

杀菌需各种专用的热交换器来完成,热装罐后,果汁应立即冷却。对于冷装罐果汁,杀菌、冷却后立即装入预先杀菌的容器中,密封保藏。果汁宜于冷凉条件下贮藏,冷冻浓缩果汁应贮于-17.8 ℃的低温下。

4.3　果蔬汁加工中的常见问题及其防止方法

4.3.1　果蔬汁的色泽变化

果蔬汁生产中一个常见的问题是色泽的改变。根据变色产生的原因可分为 3 种类型:
①本身所含色素的改变。
②酶促褐变。
③非酶褐变。

1)果蔬本身所含色素的改变

(1)绿色蔬菜汁的失绿

绿色蔬菜的颜色来源于叶绿素。叶绿素在酸性条件下易变成脱镁叶绿素,色泽变暗。因此,酸性蔬菜汁要保持绿色有以下处理方法:

①将清洗后的绿色蔬菜在稀碱液中浸泡 15~30 min、使游离出的叶绿素皂化水解为叶绿酸盐等产物,绿色更为鲜亮。

②用稀 NaOH 沸腾溶液烫漂 2 min,使叶绿素酶钝化,同时中和细胞中释放出来的有机酸。

③用极稀的锌盐或铜盐溶液(如醋酸锌、醋酸铜、硫酸铜、葡萄糖酸锌),pH 值为 8~9,浸泡蔬菜原料数小时,使叶绿素中的镁被锌离子、铜离子取代。生成的叶绿素盐对酸、热较稳定,从而达到护绿效果。由于 Cu^{2+} 对人体的健康不利,因此,虽然铜盐的护绿效果最佳,

但生产上不提倡多用。

（2）橙黄色饮料褪色

这类饮料以柑橘汁、胡萝卜汁为代表，内含丰富的天然类胡萝卜素。一般类胡萝卜素耐 pH 值变化，而且较耐热，在锌、铜、锡、铝、铁等金属存在下也不易破坏褪色，但光敏氧化作用极易使其褪色。因此，含类胡萝卜素的果蔬汁饮料必须采用避光包装或避光储存。

（3）花青素的褪色

许多水果的颜色是由于其富含花青素、花黄素等水溶性色素而体现出来的。花青素类的种类很多，颜色从红色到紫色都有，是一类极不稳定的色素。花青素的颜色随环境 pH 值的改变而改变，易被氧化剂氧化而褪色。花青素对光和温度也极敏感，SO_2 可以使花青素褪色或变成微黄色。花青素还可与铜、镁、锰、铁、铝等金属离子形成络合物而变色。含花青素的果蔬汁饮料在光照下或稍高的温度下会很快变褐色，生产中应严格避免与金属离子相接触，最好依据原料种类加入相应色泽的色素来稳定产品质量。

花黄素主要是黄酮及其衍生物，在自然情况下，花黄素的颜色自浅黄色至无色，偶为鲜明橙黄色，但遇碱会变成明显的黄色，遇铁离子可变成蓝绿色。可见，如能控制果蔬汁饮料的铁离子含量，则花黄素对果蔬汁饮料色泽的影响较小。

2）酶促褐变

酶促褐变是由原料组织中的酚酶催化内源性的酚类底物及酚类衍生物（如花青素）而发生复杂的化学反应，最终生成褐色或黑色物质。酶促褐变的发生必须具备 3 个条件，即多酚类物质、酚酶和氧气，缺一不可。只要控制其中一个条件，就可防止其褐变的发生。常用方法有以下 4 种：

①加热处理。加热可以使酶失活。蔬菜中最耐热的过氧化物酶在 90~100 ℃ 加热 5 min 也失去活性。因此，原料的烫漂、预煮及高温瞬时杀菌等处理对护色都有利。

②降低 pH 值。酚酶在 pH 值为 6~7 时表现出最大活力。如环境中 pH<6 时，酚酶已明显无活力。因此，可通过加入柠檬酸、抗坏血酸等来降低原料汁的 pH 值。

③隔绝或驱除氧气。果蔬汁加工过程中，最有效地减轻色泽变化的措施就是进行脱气处理。脱气处理既可以抑制褐变，也可以防止维生素等营养成分的氧化，防止挥发性物质的氧化及异味的出现。除此之外，果蔬汁加工的整个过程中都要减少或避免氧气与汁液的接触；成品包装时，应充分排除容器顶部间隙的空气，阻断产品与氧气的接触，防止褐变的发生。

④减少原料中的多酚类物质。这就要求选择充分成熟的新鲜原料。原料可用适量的 NaCl 溶液浸泡，NaCl 能使多酚类衍生物盐析出来，浸泡后应用清水充分漂洗，除去多余的 NaCl。

3）非酶褐变

非酶褐变即没有酶参与下所发生的化学反应而引起的褐变，包括美拉德反应、抗坏血酸的氧化以及焦糖化作用等引起的褐变，防止非酶褐变有以下方法：

①调节 pH 值，美拉德反应在碱性条件下较易发生，而抗坏血酸氧化在 pH 值为 2.0~2.5 易发生，并且当 pH 值越接近 2 时越易发生抗坏血酸褐变。因此，果蔬汁的酸度宜调节 pH 值为 3.5~4.5。在此范围内即可抑制褐变，并且口味上也比较柔和。

②采用低温贮藏蔬菜汁,低温可延长非酶褐变的过程。

③正确选用甜味剂,调配时应选用蔗糖作甜味剂,不易使用还原性糖类,防止美拉德反应的发生。

④加工过程中,要避免长时间的高温处理,并避免使用铁、锡、铜类工具和容器。可用不锈钢、玻璃、搪瓷等材料的设备和容器进行加工生产。

4.3.2　果蔬汁饮料的浑浊与沉淀

果蔬汁按其透明与否可分成澄清剂和混浊剂两种。澄清剂在加工和贮藏中很容易重新出现不溶性悬浮物或沉淀物,这种现象称后混浊现象。而混浊剂(包括果肉果汁饮料)在存放过程中容易发生分层及沉淀想象。澄清汁的后混浊,混浊汁的分层及沉淀是果蔬汁饮料生产中的主要质量问题。

1)澄清汁的后混浊现象

澄清汁发生后混浊现象主要是由于汁中存在多酚类化合物、淀粉、果胶、蛋白质、阿拉伯聚糖、右旋糖酐、微生物及助滤剂等。这些化合物在一定条件下发生酶促反应、美拉德反应以及蛋白质的变性反应等,产生沉淀而使汁混浊。防止后混浊的产生有以下办法。

①采用成熟而新鲜的蔬菜原料。多酚类化合物的含量与原料的成熟度和新鲜度有关。未成熟的原料多酚类物质含量较高,受到外源性损伤的原料多酚类化合物也会成倍地增加。多酚类化合物含量越多,后混浊现象越严重。因此,应选择成熟、新鲜的蔬菜原料。

②加强原料和设备的清洗,保证生产的卫生条件。原料、设备及生产环境中,如果卫生条件不好,就可能带入肠系膜明串珠菌,这种菌会使果蔬汁中的糖在储存期间合成右旋糖酐,而引起果蔬汁混浊。另外,加强原料和设备的清洗,也能消除设备管道中积存的不溶性的微粒,防止沉淀的发生。

③适量地加入澄清剂。如明胶、PVPP、聚酰胺等可使果蔬汁中的多酚类物质和蛋白质的含量降低。

④澄清时合理地加入酶制剂。使用酶制剂可使果胶、淀粉完全分解,但不可使用过量,否则汁中的极少量的酶会产生后混浊。

⑤制汁工艺要求合理。压榨时采用较为轻柔的方法,这尽管会降低原料的出汁率,但也可降低引起后混浊的成分含量,尤其是阿拉伯聚糖。阿拉伯聚糖存在于细胞壁中,当出汁率达到90%时,阿拉伯聚糖从细胞壁中溶出而进入汁液中,储存数周后,会出现阿拉伯聚糖沉淀,引起后混浊。

⑥加强原辅料管理与正确使用。加工用水若未达到软饮料用水的要求,从而带来沉淀和混浊的物质,并可与果蔬汁中的某些成分发生反应而产生沉淀和混浊现象。调配时所用的糖及其他食品添加剂的质量差,可能会有致混浊沉淀的杂质。添加香精时,所选用的香精水溶性低或香精用量过大,在果蔬汁储藏过程中,香精可能从果蔬汁中分离出来而引起混浊。

⑦采用超滤技术。超滤可以降低多种引起后混浊的成分含量,但并不能完全防止后混浊的产生。合理的超滤系统与正确的操作方法可以降低后混浊的可能性。

⑧采用低温贮藏。贮藏温度低,可降低引起后混浊的各类化学反应的速度。

⑨避免果蔬汁对设备、马口铁罐内壁的腐蚀。否则会使果蔬汁中金属离子含量增加，金属离子与果蔬汁中的有关物质发生反应，产生沉淀。

2）分层及沉淀

混浊果蔬汁发生分层与沉淀主要是由于果肉颗粒下沉而引起的。根据 Stockes 定律，果肉的沉降速度与颗粒直径、颗粒密度与流体密度之差成正比；与流体黏度成反比。沉降速越小，悬浮液的动力稳定性越大，汁液就不会发生分层。

据此，可从以下 3 个方面着手：

①汁液微粒化处理。

②降低颗粒和液体之间的密度差：其一，增加汁液的浓度；其二，加入高脂化和亲水的果胶分子；其三，进行脱气处理，防止存在空气泡和空气夹杂物。

③添加稳定剂，增加分散介质的黏度。

此外，混浊汁发生分层现象还可能有以下原因。

①果蔬汁中残留有果胶酶。混浊果蔬汁中的果胶会在残留果胶酶的作用下逐步水解使混浊汁失去胶体性质和果胶的保护作用，并使果蔬汁的黏度下降，从而引起悬浮颗粒的沉淀。

②加工用水中的盐类与果蔬汁中的有机酸等发生反应，并破坏果蔬汁体系的 pH 值和电性平衡，从而引起胶体物质及悬浮颗粒的沉淀。

③微生物的繁殖可分解果蔬汁的果胶，并产生致沉淀物质。

④调配时所用的糖中含有蛋白质，可与果蔬汁中的单宁物质等发生沉淀反应。

⑤香精的种类和用量不合适，易引起沉淀和分层。

可见，导致果蔬汁发生后混浊、分层与沉淀的原因是多种多样的，因此，要防止不同种类果蔬汁的分层和沉淀，需根据其具体情况而定。

4.3.3　果蔬汁的败坏与变味

果蔬汁的风味是感官质量重要指标。适宜的风味可以令人增加食欲。但加工和储藏过程中风味是很容易变化的。因为风味物质是热敏性成分，高温加热会使果蔬汁带有"焦味"或"煮熟味"。另外，在加工和储藏过程中的酶促和非酶反应的产物或微生物的污染都会使产品的风味发生改变。

为了保持良好的风味，我们应采取以下措施：

①不愉快的胡萝卜怪味，大多数人不愿接受。实践中采用切片软化或蒸煮，再用清水冲洗迅速冷却、浸泡的方法，可有效地去除胡萝卜怪味。

②不同果蔬汁进行混合调配，取长补短。例如，胡萝卜汁可用红枣汁进行调配，同时加入适量的白糖、柠檬酸制成的一种具有浓度枣香及胡萝卜味混合汁。

③采用先进加工工艺，例如，对于柑橘类果汁在榨汁时可以用锥形榨汁机分别取汁和取油，或先行磨油再行榨汁，且压榨时不要压破种子和过分地压榨果皮，这样可以防止香精油和苦味物进入果汁。在制出的柑橘类果汁中再加入少量经过除萜处理的橘皮油，这样可以突出柑橘汁特有的风味。

④运输、贮藏过程中严格管理，注意在低温下贮藏，贮藏时间不宜过长。

4.3.4　果蔬汁营养成分的损失

果蔬汁在加工和贮藏过程中,原料中所含有的维生素、芳香成分、矿物质等营养成分都会发生不同程度的损失。损失的程度主要取决于加工工艺及贮藏条件。尤其是维生素 C 由于它具有很强的还原性,因此很容易发生氧化而损失。为了减少营养成分的损失,一般采取以下措施。

①在整个加工过程中,即从破碎开始直至成品灌装和容器封口,要减少或避免果蔬汁与氧气的接触。这就要求加工作业尽量在封闭的无氧或缺氧环境下进行。如压榨、过滤、灌装等工序采用管式输送,并要求尽量缩短各作业时间。

②采用真空脱气处理,可以减少维生素 C 的损失。

③加强加工工艺及贮藏管理,应用先进的加工技术,如酶技术、膜分离技术等。这些都有利于营养成分及风味颜色的保持。贮藏上,采用低温,注意隔氧,贮藏时间不宜过长。

以上所阐述的是果蔬汁生产中常遇到的 4 大质量问题,这些问题不解决就会影响着成品饮料的销量和货架期。要防止问题发生,就必须从原料的选择,制汁工艺,以及包装贮藏等生产的每个环节加以控制。

4.4　果蔬汁饮料的质量标准

果蔬汁的质量标准可以从感官、理化与微生物指标 3 个方面描述。

4.4.1　感官指标

具有原料蔬菜和水果应有的色泽、香气和滋味,无异味以及肉眼可见外来杂物。

4.4.2　理化指标

理化指标见表4.1。

表 4.1　理化指标

项　目	指　标
可溶性固形物/%	应与标签显示值一致
总酸/$(g \cdot 100 \ g^{-1})$	应与企标一致
砷/$(mg \cdot kg^{-1})$	≤0.5
铅/$(mg \cdot kg^{-1})$	≤1.0
铜/$(mg \cdot kg^{-1})$	≤5.0

4.4.3 微生物指标

微生物指标见表4.2。

表 4.2 微生物指标

项 目	指 标
细菌总数	≤100
大肠菌群	≤6
霉菌、酵母菌	≤20
致病菌	不得检出

4.5 果蔬汁饮料典型产品加工实例

4.5.1 柑橘汁果汁加工工艺

柑橘类水果甜橙、宽皮柚、葡萄柚、柠檬、来檬等均为主要的制汁原料,其制品为典型的混浊果汁。

工艺流程:

原料──清洗和分级──压榨──过滤──混合、均质、脱气去油──巴氏杀菌──灌装──冷却

橙子、柠檬、葡萄柚严格分级后用 FMC 压榨机取汁,宽皮柚可用螺旋压榨机、刮板式打浆机及安迪生特殊压榨机取汁。果汁经 0.3 mm 筛孔进行精滤,要求果汁含果浆为 3%~5%,果浆太少,色泽浅,风味平淡;果浆太多,则浓缩时会产生焦煳味。精滤后的果汁按标准调整,一般可溶性固形物为 13%~17%,含酸为 0.8%~1.2%。均质是柑橘汁的必需工艺,高压均质机要求在 10~20 Mpa 下完成。柑橘汁经脱气后应保持精油含量为 0.15%~0.025%,脱油和脱气可设计成同一设备。巴氏杀菌条件为在 15~20 s 内升温至 93~95 ℃,保持 15~20 s,降温至 90 ℃,趁热保温在 85 ℃以上灌装于预消毒的容器中。柑橘原汁可装于铸铁罐,它具有价格低和防止产品变黑的功能。装罐(瓶)后的产品应迅速冷却至 38 ℃。

柑橘类果汁,特别是橙汁常加工成冷冻浓缩橙汁,利用低温降膜式蒸发器时需将果汁用热交换机内 93.3 ℃、2~15 s 巴氏杀菌,以降低微生物含量和钝化酶。为改善品质,常将新鲜果汁回加到浓缩产品中,如浓缩至 65°~55 °Brix(白利度,指产品中的可溶性固形物的含量)。浓缩橙汁在 -18 ℃以下冷冻贮藏,可大包装或小包装用于配制饮料和再加工。

橙汁和葡萄柚汁也脱水制成果汁粉,方法是将浓缩汁进行泡沫干燥,之后加入干燥剂密封干燥。

温州蜜柑及其他宽皮柚风味较平淡,有时制成带分散汁胞的粒粒果汁,方法是将汁胞分散、硬化后,回加到天然的橘汁中。

柑橘果汁还常常采用全果带皮制造,方法是将果实清洗后,在水中预煮一段时间,以除去油和不清洁物质,然后破碎除去种子和部分果皮,在胶体磨中以最小的间距磨碎,之后用0.2%亚硫酸盐或0.5%~1%的山梨酸钾等防腐剂保藏,也可以罐藏杀菌或冷冻保藏,这种产品用作稀释配制饮料,故而称饮料基质。

4.5.2　番茄汁

工艺流程:

洗果——休整——破碎——预热——榨汁、加盐或与其他菜汁和调味料配合——脱气——杀菌——装罐——冷却

番茄果实在修整后建议用热破碎法以钝化果胶酶,保证产品稠度。榨汁以螺旋榨汁机为好,混入的空气也较少。作为直接饮用汁,往往加盐0.5%左右,可有直接加入或在装罐时加盐片的方式,有时还加入50 mg/kg左右的谷氨酸钠。之后均质、脱气,但均质有细腻感,故有时不进行。番茄汁用高温短时杀菌,118~122 ℃下40~60 s,冷却至90~95℃,装填密封。

番茄汁也可制成浓缩产品,还可由浓缩番茄酱稀释后制成直接饮用产品。番茄汁是各种复合蔬菜汁的基本原料。

4.5.3　复合果蔬汁饮料加工工艺

复合果蔬汁饮料是利用不同种类的水果,蔬菜原料分别取汁,并以一定的配合比例进行混合,进而制成的一种饮料产品。该类产品根据人体营养素的需要和嗜好调配而成,随着人们日益崇尚"天然、营养",已成为果蔬汁工业中发展最快、最有前途的品种之一。

生产复合果蔬汁饮料的意义和优点主要有以下几点:

①复合果蔬汁可以根据不同原料营养特征的优劣,将不同品种的营养素组成进行优势互补,相互取长补短,提高制成品的营养价值,为广大消费者服务。例如,以蔬菜汁为人类提供维生素为例,胡萝卜与番茄相比,胡萝卜含有维生素A的前体胡萝卜素量较高,而番茄维生素C含量较高。利用这两种蔬菜原料制成复合汁,可以使人体主要需要摄取的维生素在种类及数量上互补,维生素A与维生素C同时得到满足。

②复合果蔬汁可以改善单一水果汁或蔬菜汁的风味特征,增加饮料的品种。例如,杨梅、草莓、樱桃等水果具有强烈的风味,由于其酸度很高,只有通过稀释或与其他低酸性的柔和果汁、蔬菜汁混合调配才具有较好的风味。反之,一些风味柔和、酸度较低的果汁,例如,苹果汁、梨汁等,如与酸度较高的果汁相混合,则能进一步改善饮料的质量。

③复合蔬菜汁可以实现单一蔬菜汁实现不了的色、香、味。众所周知,蔬菜汁的生产与消费远远落后于果汁的生产与消费,尤其是在我国,蔬菜汁由于其风味、口感上的原因,往往不易被消费者所接受,因而在市场上不易被推广,而严重影响蔬菜汁营养意义的发挥。为了解决这方面的难题,人们尝试将风味、口感上难于接受的单一蔬菜汁制成复合果蔬汁,

往往会得到意想不到的效果,成为解决该难题的有效手段。

④生产复合果蔬汁所需品种多,根据原料特性和产品要求,调配范围宽广,它的研究开发,对充分利用原料,特别是我国广大的蔬菜资源,促进蔬菜栽培和加工业的发展具有重大现实意义和经济意义。

4.5.4 带肉果蔬汁饮料加工工艺

含有丰富的营养,口味良好,在直接饮用果菜汁中占有相当重要的地位,苹果、桃、梨、李、杏、浆果类、榅桲、香蕉、南瓜、胡萝卜及热带水果等均可用来加工带肉果蔬汁。

工艺流程:

原料——清洗——检查——去核、破碎——加热——打浆——混合调配——均法——脱气——杀菌、罐装或罐装、杀菌

各种果蔬须充分洗净,用专用破碎机破碎,核果类需去核,破碎颗粒在 6 mm 左右。仁果类、核果类、南瓜等破碎后立即加热至 90 ℃ 以上,保持 6 min,梨、榅桲等则需 15 ~ 20 min,草莓在 70 ~ 75 ℃ 下约 6 min,草莓则不需加热。加热后的果肉通过打浆机打浆,最后筛孔保持在 0.4 ~ 0.5 mm。许多果浆还需用胶体磨磨细。这种果浆可作为中间产品大罐或加防腐剂保存,也可制成产品。

带肉果菜汁的果浆含量从 30% ~ 50% 不等,除此之外,还加用糖、柠檬酸、维生素 C 和果胶溶液。混合带肉果汁更是目前发展的方向,如李与苹果、李与杏、苹果—李—杏、甜樱桃和草莓、胡萝卜与柑橘、胡萝卜与苹果或桃等,南瓜也常与苹果、柑橘、桃等混合。

配制混合后的产品在 10 ~ 30 MPa 压力下均质,之后真空脱气,在 115 ℃ ±2 ℃ 下 40 ~ 60 s 巴氏杀菌,冷却至 95 ~ 98 ℃,罐装于消毒的瓶或罐等容器中,罐装温度不得低于 90 ℃。冷却至 45 ℃ 以下。带肉果菜汁也有完全采用先罐装后杀菌工艺的。

【实验实训1】 桃汁饮料的加工

1)工艺流程

原料选择——清洗——修整——去皮去核切分——预煮——打浆——均质——调配——加热——罐装——密封——杀菌、冷却

2)操作要点

①原料选择。选择充分成熟,糖酸适宜的新鲜果实做原料,除去伤烂等不合格果。

②清洗。用清水洗净果实。

③修整。用不锈钢水果刀修除伤疤、病虫害果,并摘除果梗。

④去皮切分去核。去除果皮,沿和缝线对半切分,去果核。

⑤预煮。取浓度为 22.5% 的糖液,在夹层锅或是铝锅中加热至沸,再倒入果块,比例为 11∶9,搅拌主制 3 ~ 10 min,煮软为度。

⑥打浆。用筛孔为 0.5~1 mm 的打浆机连续打浆 2 次,然后过滤,出去碎渣及粗纤维。

⑦均质。将打浆后的汁液以 140~180 kg/cm² 的压力进行均质。

⑧调配。均质后的汁,加浓度为 70% 的糖液或是沸水,使糖度调至 17%,用柠檬酸将酸度调至 0.5%。

⑨加热。将桃汁在夹层锅中迅速加热至 75~80 ℃,搅拌均匀,趁热装罐。

⑩装罐。将桃汁趁热装入经洗净消毒后的玻璃罐,罐盖也需要消毒。

⑪密封。在汁液温度不低于 75 ℃ 时,旋紧罐盖。

⑫杀菌、冷却。将罐在沸水中煮 4~6 min,然后用冷水快速分阶段;可以采用超高温瞬时杀菌。

【实验实训 2】 芦笋汁的加工

1)工艺流程

原料——清洗——破碎——榨汁——水解——过滤——浓缩——配料——杀菌——冷却——过滤——灌装——成品

2)操作要点

①原料及清洗。选用新鲜的芦笋,用清水漂洗,除去污泥和其他污物。

②榨汁。洗净的芦笋放入破碎机或打浆机中制成浆状,再用螺旋榨汁机榨汁,一般 100 kg 芦笋可出汁 60 kg。

③水解。将榨取的芦笋汁放入水解罐中,先加入木瓜蛋白酶,用柠檬酸调 pH 值为 6~9,保持温度 50~60 ℃,水解 1 h,并使其自然降温,当温度降至 50 ℃ 以下时,加入菠萝蛋白酶,调整 pH 为 5,水解 30~60 min。

④过滤和浓缩。水解后的芦笋汁用过滤机过滤,除去纤维物质及其他沉淀物,然后送入真空浓缩罐中进行浓缩,除去 1/3 的水分。

⑤配料。在配料罐中向浓缩汁中加入白糖,一般配比为芦笋汁:白糖 = 76:24,并加入相当芦笋汁量 0.2% 的氯化钠。

⑥杀菌、冷却。调配好的芦笋汁经超高温灭菌器短时杀菌,或在 100 ℃ 下,加热杀菌 5~10 min,再经换热器冷却至室温,储存在密封罐中。

本章小结)))

果蔬汁通常是新鲜果蔬中取出的汁液,营养成分除一部分损失外,非常接近于新鲜果蔬,且由于加工的精细化作用,其营养价值有时高于新鲜果蔬。果汁或天然果汁以其状态和浓度大致可分成天然果汁、浓缩果汁、果馅和果汁粉 4 大类;按其透明与否可分成透明果蔬汁和浑浊果蔬汁。

果蔬原料的化学成分影响加工中的工艺选择,原料经过选择、预处理、取汁、粗滤、澄清、均质、脱气、浓缩、调配、杀菌、包装等一系列工艺之后加工成果蔬汁饮料。在加工过程中要着重掌握取汁、澄清、均质这3个工艺过程。

果蔬汁常见的质量问题可以从形态、外观、味道3个大方面进行整体把握。

复习思考题)))

1.如何对果蔬汁进行分类?

2.果蔬汁的化学成分有哪些?

3.在加工过程中遇到果胶含量高的果蔬,为提高出汁率应采取哪种办法?

4.为提高果蔬汁的稳定性,在加工工艺的哪些环节可以加以控制?

5.果蔬汁常见的质量问题有哪些? 应如何预防控制?

第5章
茶饮料的加工

知识目标

了解茶叶中的主要化学成分;了解茶饮料的现状与发展趋势;掌握茶饮料的定义与分类;掌握液体茶饮料的生产工艺要点;掌握固体茶饮料的生产工艺要点。

能力目标

掌握茶饮料生产中的常见问题及防治措施。

5.1 概 述

中国是茶树的原产地,中国茶业遍及全国。中国在茶业上对人类的贡献,主要在于最早发现并利用茶这种植物,并把它发展成为中国和东方乃至整个世界的一种灿烂独特的茶文化。

5.1.1 茶叶的主要种类与化学成分

1)茶叶的主要种类

我国基本茶叶种类按发酵程度可分为以下种类:

(1)绿茶类

绿茶是非发酵茶的总称,是鲜嫩茶叶经杀青、揉捻、干燥而成。绿茶茶汤碧绿,茶底嫩绿,茶多酚含量高,茶汤涩味较重。

(2)黄茶类

黄茶是鲜嫩茶叶经杀青、揉捻、焖黄、干燥而成。黄茶类加工是在绿茶的基础上增加了焖黄工序,为半发酵茶。黄茶的品质特征为黄叶黄汤,香气清悦,味厚爽口。

(3)白茶类

白茶也为弱发酵茶,是鲜嫩茶叶经萎凋、干燥而成。白茶香气清鲜、滋味纯爽、汤色呈杏黄或浅橙黄。

(4)青茶类

青茶为半发酵茶,是由成熟的鲜茶叶经萎凋、摇青、炒青、揉捻、干燥而成。乌龙茶为其中的一类。青茶外形粗壮紧实,色泽青褐油润,天然花果香浓郁,滋味醇厚耐泡,叶底呈青色红边。目前是灌装茶饮料生产的主要原料茶之一。

（5）红茶类

红茶是完全发酵茶,是鲜嫩茶叶经萎凋、揉捻、发酵、干燥而成。一般红茶汤色红艳,滋味浓醇。目前是灌装茶饮料生产的重要原料茶之一。

（6）黑茶类

黑茶属于后发酵茶,是鲜茶叶经杀青、揉捻、渥堆、干燥而成。渥堆是形成黑茶色、香、味的关键工序。茶叶呈暗黄褐色,茶汤呈现红暗,滋味纯和,涩味低于绿茶。

2）茶叶中的主要化学成分

据现代研究,茶叶中含有500多种化学成分,大致分为以下几种:

（1）矿物质

茶叶中含有30余种矿物质,包括人体必需的7种大量元素和14种微量元素,是自然界中含矿物质较全面的植物。茶叶中矿物质含量达4%~7%,其中50%~60%可溶于热水,能够被人们所利用。

（2）蛋白质和氨基酸

茶叶中蛋白质含量为15%~30%,但茶叶冲泡时能溶于沸水中的不到2%,其余绝大部分留在茶渣中不能为人们利用。茶叶中含有20多种氨基酸,包括人体必需的8种氨基酸,其中以谷氨酰乙胺（即茶氨酸）含量最高。嫩茶叶中含有氨基酸为2%~5%,饮茶虽然为人们提供的氨基酸数量并不多,但是种类较多,对人体还是有益的。

（3）碳水化合物

茶叶中碳水化合物的含量为30%左右,大多数是非水溶性多糖类,能被沸水冲泡出来的糖类不过4%~5%,故通常人们认为茶叶是低热能的饮料。

（4）脂类

茶叶中类脂的含量为2%~3%,其中有磷脂、硫脂、糖脂和甘油三酸酯。

（5）维生素

茶叶中含有多种维生素,维生素的含量一般是绿茶多于红茶,这些成分对人体的健康都是十分有益的。茶叶中维生素C的含量因茶类不同而有很大的差异,绿茶含维生素C较高。茶叶中的维生素B类包括硫胺素、核黄素、烟酸、叶酸、泛酸、生物素、肌醇等。这些维生素全都溶于热水,浸出率几乎可达100%。

（6）茶多酚

茶多酚是茶叶中多酚类物质的总称,茶叶含有20%~30%的茶多酚,茶叶中75%左右的茶多酚是游离儿茶素和酯型儿茶素,此外还包括黄酮、花色苷和酚酸类。茶多酚的特点是均含有很多酚羟基,故具有显著的抗氧化特性,茶多酚对活性氧自由基有很强的清除作用,其清除能力比维生素E和维生素C强得多,而且其体外抗氧化能力也高于人工合成的抗氧化剂丁基羟基茴香醚（BHA）和二丁基羟基甲苯（BHT）。

（7）生物碱

茶叶中含有多种嘌呤碱,其中主要成分是咖啡碱、可可碱、茶叶碱。以咖啡碱含量最多,一般为2%~5%,这是茶叶中重要的一类生理活性物质。茶叶冲泡时有80%的咖啡碱可被热水浸出,咖啡碱及其代谢产物在人体内不积累,而是以甲尿酸形式排出体外。

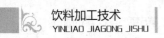
(8)脂多糖

脂多糖是类脂和多糖结合在一起的大分子复合物,它是构成茶叶细胞壁的重要成分,茶叶中脂多糖的一般含量约为3%。

(9)芳香物质

这是一大类量少而种类多的挥发性混合物的泛称。迄今已分离证实的已达到300多种。按化合物结构区分,有醇、酚、醛、酸、酯及内酯、含氮化合物、碳氢化合物、氧化物、硫化物以及酚酸类化合物等。

一般红茶的芳香物质主要来源于酶促氧化,以醛、酮、酸、酯及内酯等氧化物占优势,呈天然甜香;绿茶则含有较多的热转化芳香产物,以含氮化合物和硫化物为主,呈典型的烘炒香。

(10)茶叶色素

茶叶中含有叶绿素、胡萝卜素、叶黄素、黄酮醇和花色素等色素物质。叶绿素、胡萝卜素和叶黄素属多烯色素,都不溶于水,但在热或酶促氧化时,能转化为内酯或酮类物质,是茶叶香气的重要来源。黄酮醇是茶叶中可溶于水的一类黄色素,对绿茶茶汤的颜色有一定影响。

5.1.2　茶饮料的功用与分类

1)茶饮料的定义

茶饮料是指用水浸泡茶叶,经抽提、过滤、澄清等工艺制成的茶汤或在茶汤中加入水、糖液、酸味剂、食用香精、果汁或植(谷)物抽提液等调制加工而成的制品,具有茶叶的独特风味,含有天然茶多酚、咖啡碱等茶叶有效成分,兼有营养、保健功效,是清凉解渴的多功能饮料。

2)茶饮料的功用

茶饮料既有解渴功能,又具有营养和保健功能。茶中的有利物质比较丰富,多酚类物质就有30余种,其中最主要的组分是儿茶素,目前发现十余种,常见的表没食子儿茶素没食子酸酯(EGCG)、表儿茶素没食子酸酯(ECG)、儿茶素没食子酸酯(CG)、表儿茶素(EC)、儿茶素(DL)等均具有不同的抗氧化、抗癌变、抗辐射、防高血压等作用;茶氨酸是茶叶中特有的氨基酸,占总氨基酸含量的50%以上,它具有增强记忆防治阿尔茨海默病的作用;咖啡碱可以增强循环,有利尿的作用;此外,茶汤中还含有维生素C,能溶于水的钾、钠、铁、氟等元素,对调节人体血液的pH平衡,保持人体健康很有益处。

茶的其他成分还具有很好的消毒和灭菌作用,能杀死一些有害细菌。茶具有防止人体内固醇升高,防治心肌梗死的作用,一般茶还有提神、消除疲劳、抗菌等作用。茶饮料还可以净化水质,减少放射性物质对人体的伤害。饮茶有良好的减肥和美容效果,特别是乌龙茶对此效果尤为明显。饮茶能维持血液的正常酸碱平衡。茶叶含咖啡碱、茶碱、可可碱、黄嘌呤等生物碱物质,是一种优良的碱性饮料。茶水能在体内迅速被吸收和氧化,产生浓度较高的碱性代谢产物,从而能及时中和血液中的酸性代谢产物。综合效果有降压、减肥、健美、治糖尿病、提神醒脑、降低血脂、抑制动脉粥样硬化、明目等诸多功效。

3）茶饮料的分类

茶饮料按其原辅料的不同,可分为茶汤饮料和调味茶饮料,茶汤饮料又可分为浓茶型和淡茶型,调味茶饮料还可分为果味茶饮料、果汁茶饮料、碳酸茶饮料、奶味茶饮料及其他茶饮料。

常见的分类方法有以下几种:

（1）按国家标准分类

按照茶饮料国家标准的分类方法又分茶汤饮料、果味茶饮料、碳酸茶饮料、奶味茶饮料和其他茶饮料6种。

①茶汤饮料。习惯称为纯茶饮料,以茶叶的水提取液或其浓缩液、速溶茶粉为原料,少添加或不添加糖、经加工制成的,保持原茶风味的茶饮料。康师傅的无糖绿茶、乌龙茶,旭日升的天之情系列茶饮料等产品为其代表。

②果味茶饮料。果汁茶饮料是指在茶汤中加入水、原果汁（或浓缩果汁）、食用香精、糖液、酸味剂等调制而成的制品,成品中原果汁含量不低于5.0%;是指以茶水为主体,添加糖、香精香料、酸等调和而成的饮料,目前柠檬口味的果味茶饮料最为普遍,如康师傅的柠檬红茶,统一的冰绿茶、冰红茶等。在欧美地区则以桃味饮料销售形势最好,国内也有苹果、青梅等风味的茶饮料。

③果汁饮料。是指以茶水为主体,通过添加果汁、糖、香精、香料、酸等从而调和而成的一类饮料。

④碳酸茶饮料。是指将速溶茶粉（浓缩茶汁）、糖、香精香料、酸等辅料溶解调配后,再冲入碳酸气的茶饮料,其加工工艺借鉴了传统的碳酸饮料的加工方式,结合了茶饮料的独特风味特征,旭日升冰茶是该类型的典型代表。

⑤含乳茶饮料。是指添加茶、奶（鲜乳或乳制品）、糖、香精香料等调制而成的茶饮料,将奶的香味、茶特有的苦涩糅合在一起,如统一麦香奶茶、维他露奶茶、中华奶茶等。

⑥其他茶饮料。包括添加了各种中药成分的茶饮料、添加谷物风味的茶饮料,如菊花茶、金银花茶、八宝茶、人参乌龙茶等。

（2）按口味分类

①调配型茶饮料。以茶水为主体,添加果汁、糖、奶、香精香料、酸、中药等配料中的一种或几种,调和而成的饮料。

②纯茶饮料。不添加调味型配料。

（3）按营养分类

液态茶饮料基本可分为:

①纯天然系列茶饮料。绿茶饮料、红茶饮料、乌龙茶饮料等。

②营养型茶饮料。蜜茶饮料、茶咖啡饮料、液体奶茶、系列冰茶饮料、复合苦丁茶饮品等。

③保健型茶饮料。银杏茶饮料、保健磁化茶水饮料、茶多酚矿泉碳酸饮料、全天然药膳茶饮料、雪茶保健饮料等。

近年来,随着绿色食品和保健食品的兴起,为液态茶饮料的开发提供了更为广阔的市场;同时,液态茶饮料具有的方便性以及厂商采取了各种各样的促销方式,也推动了液态茶饮料的发展。

5.2 罐装茶饮料加工技术

5.2.1 茶叶的前处理

1)茶叶前处理的基本工艺流程

(1)绿茶茶叶前处理的基本工艺流程

新鲜茶叶摊放──→杀青──→捻揉──→干燥──→筛分──→切细──→风选──→捡剔──→复火──→车色──→匀堆

(2)红茶茶叶前处理的基本工艺流程

新鲜茶叶萎凋──→捻揉──→发酵──→干燥──→筛分──→切细──→风选──→捡剔──→干燥──→拼堆成色

2)绿茶茶叶前处理的主要工艺操作要点

绿茶茶叶前处理的主要工序有摊放、杀青、捻揉、干燥,现就这几步主要工序叙述如下。

(1)摊放

将新鲜的茶叶进行摊放,茶叶中水分挥发,茶叶颜色加深,叶质变软,增强可塑性,便于后期加工。堆放也有利于茶叶进行有氧呼吸,将茶叶中的碳水化合物、蛋白质、茶多酚等成分氧化分解,可促进其风味物质的形成,提升茶叶的品质,还可防止茶叶腐败变质。

自然摊放时,将茶叶按照品种、采摘时间及其等级分开放置,应选择清洁、透气、阴凉的场所,堆放的厚度为 15~20 cm,密度约为 20 kg/m²,时间一般不超过 10 h。也可以采用贮青设备进行摊放,贮青设备主要有贮青箱、贮青槽、自动箱式贮青设备。我国主要使用的是贮青槽,堆放鲜茶叶厚度可达 90 cm,密度约为 90 kg/m²,可采用间歇通风的方式进行贮青,储存时间不超过 24 h。

摊放作用要注意堆放的厚度、时间和温度。如堆放过厚,时间过久,茶叶无法散发有氧呼吸时产生的能量和二氧化碳,使茶堆内温度升高,加速酶促反应,影响茶叶的品质。

在鲜茶叶的含水量达到 68%~70%、叶质变软并有清香味时可进行下一道工序。

(2)杀青

杀青是指采用高温措施,散发茶叶中的水分,破坏茶叶中的酶活性,并使鲜茶叶中的内含物发生一定的化学反应的过程。该操作对茶叶品质具有决定性的作用。茶叶中酶的最适温度为 45~55 ℃,温度达到 70 ℃以上时被灭活。杀青时应使温度在短时间内迅速上升至 80 ℃以上,既可以使鲜茶叶中的水分快速蒸发,又可破坏酶活性,抑制酶促反应。温度过高,叶绿素等物质会被氧化破坏,使茶叶颜色泛黄,影响茶叶品质。低温加热时间过长,茶多酚发生酶促反应而氧化分解,使茶叶颜色泛红,减轻茶叶的苦涩味。

常用的杀青方法有两种:

①手工杀青。

a.平锅杀青。将炒茶锅水平放置在茶灶上进行杀青。杀青时用手快速炒茶,5~6 min后茶叶变软,有清香气息即可。锅温根据茶叶投放量来确定。一般茶叶少,锅温低;茶叶量多,锅温高。

b.斜锅杀青。将炒茶锅斜放置在茶灶上进行杀青。炒茶时,采用先快后慢的方法,用手掌不断地将茶叶从锅的低处推向高处,并抖散茶叶使之受热均匀,并注意炒制过程中茶叶不能滞留在锅底。

②机械杀青。机械杀青的方式众多,在此仅介绍锅式机械杀青和滚筒式机械杀青。

a.锅式机械杀青。锅式机械杀青属于手工投叶,炒茶的温度由投叶量决定。一般锅温较低,投叶量少;锅温较高,投叶量多。炒茶时,先盖上锅盖进行 2 min 的焖炒,然后打开盖子进行 9~12 min 的抛炒杀青。

b.滚筒式机械杀青。滚筒式机械杀青属于连续式杀青器,机器上装有温度指示计,根据温度来决定投叶量。生产中,常选择筒径为 30 cm 的小型滚筒杀青器进行加工,产量约25 kg/h。杀青结束前 30 min,停止加入燃料,利用剩余温度进行加热杀青,以免加热过火使茶叶焦化。

经杀青后的茶叶应叶色暗绿,叶面失去光泽,叶质柔软,萎卷,折梗不断,手坚捏成团,松手不易散开,略带有黏性,青草气消失,清香显露。有茶香味等外观特征。一、二级杀青叶的含水量应为 58%~60%,中级杀青叶的含水量应为 60%~62%,低级杀青叶的含水量应为 62%~64%。

（3）捻揉

捻揉主要是为了使茶叶卷成条形或颗粒的形状,缩小体积;同时,使茶叶中的组织细胞适当破坏,既要茶叶容易泡出,又要耐冲泡。

投叶量、时间和压力,是揉捻工序的主要技术因子。揉捻叶过多,开动揉捻机时,往往由于叶子翻转冲击揉盘,或由于离心力的作用,叶子因过满而甩出桶外,甚至发生事故;叶子在揉桶内翻转困难,揉捻不均匀,不仅条索揉不紧,还会造成松散条和扁碎多;因叶子与叶子、叶子与揉桶、叶子与揉盘之间摩擦增大,发热,不仅影响外形,也会影响内质。如揉捻叶过少,叶间相互带动力减弱,不易翻转,也起不到揉捻的作用。一般装到比揉桶浅 3~4 cm 处即可。

揉捻时间并不长,但因加压过重,致使梗叶分离,未成条而先断碎。对揉捻叶既要求达到一定的细胞破碎率,又保持条索完整;成条率要达到规定的要求;嫩叶芽尖要保持,不能断碎。关于加压的具体方法,应按"先轻后重,逐步加压,轻重交替,最后不加压"即"轻—重—轻"的原则。揉捻机的转速一般控制为 45~60 r/min。

揉捻均匀,嫩叶成条率达 90% 以上,三级以下的低级粗老叶成条率在 60% 以上;细胞破坏率为 45%~60%。如高于 70%,则芽叶断碎严重,滋味苦涩,茶汤浑浊,不耐冲泡;低于40%,虽耐冲泡,但茶汤淡薄,条索不紧结;茶汁粘附叶面,手摸有湿润粘手感觉。

（4）干燥

干燥是决定眉茶品质的最后一道工序,是眉茶整形、固定茶叶品质、发展茶香的重要工序。

通过干燥,可以继续蒸发水分,使毛茶充分干燥,其水分含量要求 6% 以下,以防止霉变,便于贮藏;彻底破坏叶中残余酶活性,保持绿叶清汤的品质特征,继续散发青臭气,促进一些内含成分的变化,巩固和发展茶香,增进滋味醇浓;在揉捻成条的基础上,进一步做成紧结、圆直、匀整的外形。

干燥依据操作的不同作用分为以下 3 个阶段:

①初期阶段。此时茶叶的水分含量高,应适当提高温度进行干燥,以除去茶叶中的水分,抑制化学变化。但温度太高,易出现茶叶表面硬化而内部水分无法蒸发的现象。

②中期阶段。叶片较柔软,易进行叶片的塑性整理。

③末期阶段。茶叶水分含量降至8%以下,有利于茶叶风味的形成。在此阶段,低温干燥使茶叶产生清香味,中温干燥产生熟香味,高温干燥产生老火香味。

3)红茶茶叶前处理的主要工艺操作要点

红茶的生产流程与绿茶的主要区别在于鲜茶叶不经杀青,而是在捻揉之后直接进行发酵,在发酵时的操作主要为:发酵室温度控制在 24～25 ℃,保持叶温 30 ℃为佳,相对湿度应保持95%,摊叶厚度应控制在 10 cm 左右,要保证发酵室有足够的氧气,一般发酵时间为4 h 左右。

5.2.2　灌装茶饮料的一般生产工艺

1)生产工艺流程

茶饮料的生产工艺流程基本相同,根据各类型茶饮料的不同的风味、品质和包装容器,其工艺流程稍有差别。

几种典型的茶饮料加工工艺流程如下:

(1)茶抽提液生产工艺流程

水──→水处理──→去离子水──→茶叶──→热浸提──→过滤──→冷却──→调配──→过滤──→加热灌装──→密封──→杀菌──→冷却──→检验

(2)PET 瓶装茶饮料工艺流程

去离子水──→茶叶──→热浸提──→茶抽提液──→过滤──→加热──→UHT 杀菌──→冷却──→无菌灌装(无菌 PET 瓶)──→封口(无菌瓶盖)──→冷却──→贴标──→检验──→装箱──→成品

(3)易拉罐纯茶饮料生产工艺流程

去离子水──→茶叶──→热浸提──→冷却──→过滤──→调配──→加热──→灌装──→封口──→杀菌──→冷却──→检验──→装箱──→成品

(4)罐装绿茶饮料生产工艺流程

绿茶──→热浸提──→过滤──→调和──→90～95 ℃加热──→灌装──→充氮──→密封──→杀菌──→冷却──→包装──→检验──→成品

(5)罐装红茶饮料生产工艺流程

红茶──→热浸提──→过滤──→调和──→加热──→灌装──→密封──→杀菌──→冷却──→包装──→检验──→成品

(6)罐装乌龙茶饮料生产工艺流程

茶叶──→焙火──→浸提──→过滤──→调配──→加热──→灌装──→密封──→杀菌──→冷

却——→包装——→检验——→成品

2）操作要点

（1）原料要求及处理

①茶叶原料。用于生产茶饮料的原料茶主要是红茶、绿茶和乌龙茶，其中红茶居多。其中用于生产茶饮料的茶叶应符合以下要求：当年加工的品质优良的新茶，无异味、无杂质、无污染、无残留，干茶色泽正常，冲泡后液体茶符合该级标准。

为了提高浸提效率，进提前应将茶叶切细，一般将茶叶的粒径控制在40~60目即可。若茶叶的径粒过大，则茶中的活性成分不易溶出；若粒径过小，则给后续的过滤工艺增加难度。

②茶饮料用水。水是生产茶饮料的主要原料，直接影响产品的质量。茶饮料用水除了必须符合饮用水的水质要求外，还要求金属元素要少，其中的铁离子最好全部去除。如果使用自来水进行浸提不仅会影响茶汤色泽、滋味，还会使茶饮料中产生茶乳，因而最好使用活性炭和离子交换树脂处理的水，一般为了节约成本，使用去离子水进行茶饮料的加工。以下为水处理的简单步骤。

a.混凝。在水中加入铝盐或铁盐，生成的$Al(OH)_3$和$Fe(OH)_3$可吸附水中有色成分和悬浮物质，从而达到水质澄清的目的。

b.过滤。可采用砂床过滤器、砂滤棒过滤器、微孔过滤器及活性炭过滤器等过滤设备滤除水中的悬浮物质和胶体物质。

c.软化。采用石灰、反渗透、离子交换等方法进行水的软化，以去除水中的离子。

d.消毒。未达到软饮料用水的微生物指标的要求，需要对经化学处理的水进行消毒。消毒的方法有氯消毒、紫外线消毒和臭氧消毒等。其中臭氧消毒的效果较好，常用在瓶装水的消毒处理上。

（2）浸提

浸提也称茶汁萃取，浸提是将热水加入茶叶中，使茶叶中的各种可溶性成分溶出，使茶叶中可溶物与不可溶物的分离过程，称之为茶汁萃取。经浸提后含有各种茶叶可溶性化学成分的溶液，称之为浸出液，也称茶汁或茶汤，是茶饮料生产的基础。

浸提时，一般茶水比为1：100时最适合消费者，但实际生产中，常常按照1：（8~20）的比例生产浓缩液，在配制茶饮料时再稀释。茶叶颗粒越小，与浸提水的接触面积越大，茶叶可溶物浸出速度越快，浸出率越大。一般说来，绿茶一般在60~80 ℃的较低温度下慢慢浸提，乌龙和红茶需要采用80 ℃以上的高温浸提。浸提时一般使用pH为6.7~7.2的水，防止金属离子与茶叶中的成分发生反应影响茶汤颜色。

一般采用带搅拌和大型茶袋上下浸渍的浸提装置，可减少茶叶颗粒表面质量传递阻力，提高萃取率。此外，也可采用加压热水喷射浸提或逆流浸提的浸提装置。近体温度一般为80~95 ℃，时间不超过20 min。浸提对茶的香味和有效成分的浓度有直接影响，因此其具体采用温度、时间等条件，应依据茶的品种、产品类型来确定具体浸提条件。

（3）冷却

通常采用板式热交换器或冷热缸，用自来水作为介质进行冷却。将茶汁冷却至室温20~30 ℃即可。

（4）过滤

为了节约过滤成本和取得较好的过滤效果,通常采用多级过滤的方式逐步去除茶汁中的固体物质。

首先采用80~200目的不锈钢筛网或尼龙、无纺布等作为过滤介质的双联过滤器或板框过滤器进行粗滤,该步骤主要为了滤除茶汁中肉眼可见的悬浮物,即把浸出茶汁与茶渣分离。然后采用1~75 μm的澄清滤板、滤纸、微孔滤膜、醋酸纤维孔膜或硅藻土作为过滤介质的管式微孔器或板框过滤进行精滤,也可以采用离心分离机分离,该步骤主要可滤除茶汁中粒径大于0.05 μm的微小颗粒。

（5）澄清

茶浸出液冷却后以及贮藏一段时间后,会出现浑浊和沉淀现象。特别是罐（瓶）装茶饮料在储存或销售过程中,易形成浑浊和沉淀,通常被称为"冷后混"。这些浑浊或沉淀的物质,被称为"茶乳"。主要由于以下几个原因形成的:茶多酚及其氧化物在低温下同咖啡因缔合为"茶凝乳",产生沉淀。茶叶中被浸提出的蛋白质、淀粉和果胶等大分子,其表面有许多亲水基团,形成一层水膜,溶于茶汁时呈胶体溶化,使茶汁黏性增加,在加工成饮料后这些高分子又逐步相互结合成颗粒。茶多酚及其氧化物与茶汁中的蛋白质、氨基酸和金属离子等发生络合也会导致浑浊和变色。茶汁中分子质量较高的多元酚,特别是多元酚氧化物能与蛋白质形成可溶性或不溶性复合物,茶多酚与蛋白质主要以氢键结合。除茶多酚外,咖啡因也会与蛋白质、脂肪及多元酚类等形成复合物;当多分子参与形成氢键时,络合物的粒径可达10^{-5}~10^{-2} cm,茶汤由清转浊,粒径进一步增大,便会产生凝聚作用,形成沉淀。虽然这种现象并不影响茶饮料的品质,但影响其商品的价值。

通过机械或物理的过滤方法能够使茶浸出液暂时澄清,但是无法达到茶浸出液稳定或完全澄清的效果。除了机械或物理的过滤方法外,还必须通过化学或物理—化学的方法,使茶浸出液中将产生沉淀或浑浊的物质快速沉淀下来,并且再次通过过滤去除这些絮凝物或沉淀物,生产出在保质期内不再出现浑浊或沉淀的茶饮料。这一过程称为"澄清"。

为防止茶饮料在贮藏、销售过程中出现浑浊和沉淀,可采用物理方法和化学方法来对茶乳进行处理。主要包括:可用低温方法使茶乳沉淀,然后再通过过滤或离心分离去除茶乳。具体为:

①在茶汁中加入阿拉伯胶、鹿角菜胶、海藻酸钠、明胶等大分子化合物,使之与茶汁中的茶多酚物质在冷却条件下络合形成沉淀,然后离心去除,不仅可去除沉淀,而且由于提高了茶汁的黏度,可避免在冷藏时产生茶乳沉淀,获得澄清透明的茶饮料。

②在茶汁中添加单宁酶、纤维素酶、蛋白酶或果胶酶,可使茶汁中的大分子物质降解,破坏茶乳络合物的形成,因而能减少浑浊或沉淀现象的发生,提高茶汁的澄清度。微滤、超滤、反渗透技术已经在茶饮料澄清处理和浓缩中取得了应用,其澄清茶汤的机理在于膜能使茶汤中的风味物质通过,而将特大分子物质和已形成的沉淀截留,因此可以起到澄清作用。茶汤中的不可溶的沉淀经氧化剂处理后,可成为可溶性成分重新加回到茶汤中,从而提高了固形物浓度,节省了原料并提高了茶汤的稳定性和澄清度。

③向茶汤中加入转溶剂,促使茶乳溶解,或增大茶汤黏度而使茶汤体系稳定的方法。蔗糖脂肪酸酯是一种高效安全的表面活性剂,具有较好的分散作用和乳化作用,可避免茶

汁在低温下产生浑浊,并可提高茶汁的香味。

④在茶汁中添加钙离子,使其与茶汁中的多元酚类物质形成多元酚-钙络合物,促进茶乳的形成并加以去除等方法。

(6)调配

调配主要是将精滤后的茶汁调制适当的浓度、pH,并按照品质类型的要求加入糖、香精等必要的香味品质改良剂。在实际生产中,浸提后的茶汁为浓缩汁,需要对其浓度进行调整。在茶饮料中,咖啡碱和可溶性固形物含量相对较小,因而通常以茶多酚含量作为主要指标。根据茶汁中茶多酚的量来计算需加水的量,配置成小样,再测定 pH 和可溶性固形物含量,评价其感官品质,而后可按小样的配比进行具体操作。

由于无糖茶饮料极易氧化褐变,并改变茶饮料的风味,因此,调配时需要加入一些抗氧化剂。最后根据茶汁稀释的总体积,加入抗氧化剂维生素 C 及其钠盐和异抗坏血酸及其钠盐 0.03%～0.07%,再用碳酸氢钠调整 pH 至 5.0～7.5(最佳 pH 为 6～6.5)。加入抗坏血酸可防止杀菌过程破坏茶饮料的香味。在允许的前提下,宜将 pH 值调低一些,这样既有利于保持茶饮料中儿茶素等成分的稳定性,还可防止微生物滋长。

对于加糖茶饮料或风味茶,需要添加蔗糖或果葡糖浆、酸味剂、香料和果汁等。为了提高茶饮料的稳定性,防止在贮藏中出现浑浊和沉淀现象,有时在茶汁中添加 0.01% 左右的羧甲基纤维素或海藻酸钠作稳定剂。

(7)灌装与封口

根据包装方式的不同,将茶饮料的罐装分为热罐装和常温罐装两种方式。茶饮料一般采用热灌装方式,包装容器有金属罐、PET 瓶和玻璃瓶。

热罐装是指利用板式热交换器或超高温瞬时灭菌(UHT)将茶汁加热至 90 ℃ 以上,随后调配好的茶汁经过板式换热器加热至 85～95 ℃,将茶汁立即灌装到易拉罐或耐热 PET 瓶等包装容器中,随机送至封口机进行密封。热灌装减少茶汁中的含氧量,可更好地保持茶汁的品质,是茶汁罐装常用的方法。

常温罐装是利用板式热交换器或 UHT 将茶汁加热进行灭菌,然后冷却至 25 ℃ 左右,在无菌条件下进行罐装。灌装后,可充入 N_2 置换容器中的残存空气。通常该法用于利乐包装等无菌纸包装茶饮料的生产。常温灌装下茶汁后热时间较短,可使茶汁保持新鲜。

(8)杀菌与冷却

茶饮料含有丰富的营养成分,微生物极易生长繁殖,必须杀菌处理。无糖类茶饮料和不含乳的红茶饮料是 pH 值为 6 左右的低酸性饮料,杀死嗜酸的厌氧微生物的孢子是非常必要的。因此一般茶饮料罐头采用 121 ℃、10 min 以上杀菌强度的杀菌,或采用 131 ℃、30 s 的超高温瞬时杀菌,F0 值为 4～7。杀菌后冷却至 38 ℃ 左右。如果采用常规加热杀菌,则产品色泽会加深,而且会产生熟汤味。超高压杀菌技术对儿茶素、咖啡因、氨基酸含量及香味基本没有影响。

采用不同包装的茶饮料其灭菌操作有差别。用 PET 瓶或纸包装的产品,采用先灭菌后灌装封口的工艺流程;用易拉罐包装的产品,采用先灌装封口再灭菌的工艺流程。

①PET 瓶包装茶饮料。对于已罐装入 PET 瓶的产品不能再次进行高温杀菌。实际生产中,利用高温瞬时灭菌机或超高温瞬时灭菌机对茶汁进行杀菌处理(135 ℃,3～6 s)。而

后对于耐热性的 PET 瓶,将茶汁冷却到 85~87 ℃后趁热灌装,随后将已密封的 PET 倒置 30~60 s,用茶汁的剩余热量对瓶盖进行杀菌。对于非耐热性的 PET 瓶,则将茶汁冷却到 40 ℃左右进行灌装。最后让茶饮料自然冷却至室温即可。

②易拉罐包装的茶饮料。在茶汁灌装后,采用板式热交换器将茶汁加热到 90 ℃左右,以除去茶汁中的氧气,然后将之封口。封口后,在 121 ℃,7~15 min 的条件下进行高温杀菌处理。杀菌完毕可采用喷淋冷水的方法将茶汁冷却至 25 ℃左右的室温即可。

(9)检验与装箱

按产品标准的规定,对杀菌冷却后的茶饮料进行产品感官、理化、卫生指标等的检测。合格产品打上生产日期装箱,不合格的产品则按照规定处理。

3)加工中的注意事项

从原料到产品茶饮料的生产要经历几十道相互紧密关联的工序,我们在生产加工的过程中要分清主次,对主要工序进行严格的监管。以下是生产中需要注意的几点问题。

(1)原料

茶叶是茶饮料生产中最为重要的原料之一,其品质对茶饮料品质有至关重要的影响。应选择香气纯正浓郁,外观色泽良好的当年茶叶或新茶,且蛋白质、淀粉、果胶等大分子物质的含量较低的茶叶为宜。对于久置或保存失当的陈茶,提前应先进行烘焙,该操作具有减少茶汁沉淀、改善香气和风味品质的作用。

水质对茶饮料的品质也有重要的影响。浸提用水中含有钙、镁、铁、氯等离子时,对茶汤的色泽和滋味不利。当水中的钙、镁离子含量大于 3 mg/L 时,茶饮料中的浑浊沉淀现象十分明显;当水中的铁离子含量大于 5 mg/L 时,茶汤的味道苦涩且呈现黑色;当水中氯离子含量过高时,茶汤带有腐臭味。使用蒸馏水浸提茶叶也会使茶汤呈现出较强的苦涩味。此外,去离子水的 pH 对茶饮料品质也有较大影响。如红茶茶汁在 pH 值为 5 或小于 5 时,茶汁的色泽正常,在 pH 值为 5 以上时,茶汁的色泽会加重;乌龙茶在 pH 值为 4 时最容易形成混浊,在 pH 值为 6.7 以上时浑浊可自行溶解,因而乌龙茶饮料 pH 值控制为 5.8~6.5 为宜。

抗氧化剂主要有维生素 C 及其钠盐、半胱氨酸等,具有防止茶饮料中的活性成分氧化而造成茶饮料的风味品质下降。抗氧化剂自身极易被氧化分解,因此保存与使用时应避免光、热等不良条件的影响。

(2)浸提

浸提是茶饮料生产过程中最关键的工序之一,类似于日常泡茶过程。其产出浸出液的品质对终产品的品质起到了决定性的作用,是茶饮料生产中的最重要的因素。应本着低温度、短时间充分萃取,保证品质的原则进行。具体生产中主要注意以下问题:

①茶与水的比例。茶浓度应控制适当比例,浓度过高,茶汁味道苦涩;浓度过低,则茶汁味道变淡。据报道,茶浓度为 1% 时口味最佳,但按该比例生产耗能大,因此,实际生产中一般以 1:(8~20)的比例进行,得到浓缩汁而后按产品要求进行稀释即可。

②浸提的温度与时间。茶叶中的可溶性成分及一些主要化学成分其萃取率(即 100 kg 原料茶中被萃取的可溶性固形物)随浸提温度升高和时间延长而相应增加,但高温长时的浸提会造成茶黄素和茶红素的氧化分解,呈香物质的挥发,类胡萝卜素和叶绿素等色素机构发生变化,造成茶汁的氧化褐变,且加工成本增加。研究发现,在 70~100 ℃的温度中进

行萃取,在时间达到 20 min 以后,萃取率曲线趋于平缓,即时间延长,萃取率不再升高,因此在实际生产中,一般浸提的时间不超过 20 min。反之,如果温度太低呈色物质就不能被完全萃取出来,而色泽不足。

为使茶叶中的活性物质更好溶出,一般可采取在适当温度下,加入果胶酶或纤维素酶等细胞裂解酶进行浸提,其浸提时间不应超过 20 min。如果初次萃取不完全,可进行二次提取。

③添加抗氧化剂。再生产中加入维生素 C、半膀胱氨酸等抗氧化剂,可防止高温、氧气使茶汁氧化褐变。

(3)冷却

冷却主要是为了使茶汁快速降至室温,最大限度地保持茶饮料的呈香和呈味物质,避免长时间高温放置造成茶汁氧化褐变。浸提结束后,应迅速冷却茶汁至室温。

(4)过滤

过滤时应注意以下问题。

①当茶汁中的固形物、小颗粒及蛋白质、果胶等胶体物质含量高时,易在过滤介质上形成滤饼,从而降低过滤速率。

②过滤压力越大,则过滤速率越快,但各种过滤介质和过滤机均有一定的耐压程度限制,而且过滤压力过高,会快速地在过滤介质上形成滤饼,从而降低过滤速率。

③过滤面积越大,则过滤速率越快,但投入资金也越多。因此,应通过试验来确定最佳的过滤面积,以达到经济合理。

④用于茶汁过滤的介质有金属网、尼龙、无纺布、滤纸及纤维等材料,其中以澄清滤板的机械强度高、耐高温和酸碱,此外精密度最高的澄清纸板具有滤除细菌的作用,其过滤茶汁的效果也很好。各种过滤介质其材质、特性、过滤机制都有所差异。应根据实际需要选择适当的过滤介质。

精滤后要求得到澄清透明,无浑浊沉淀的茶汁。

(5)调配

调配是茶饮料生产中的一个重要工序,它直接影响茶饮料的品质,应注意以下 7 点:

①调配后应进行过滤,除去可能存在的沉淀物质。

②对调配的小样可通过测吸光度来确定其固形物含量。吸光度值若小于 0.5,则应减少加水量。

③抗氧化剂(维生素 C)的添加顺序及添加量。添加时间过早,不仅起不到抗氧化的作用,反而由于其自身易被氧化的特性,加速茶饮料的氧化;添加过迟,起不到抗氧化的作用。若添加过多,会使茶饮料呈现维生素 C 的酸味;添加过少,不仅不能起到良好的抗氧化作用,而且会加速茶饮料的氧化变色。

④甜味剂主要有葡萄糖、蔗糖、果糖、麦芽糖、糖精钠等,具有缓和茶汁苦涩味的作用。对茶饮料生产使用的甜味剂的要求:色泽洁白、颗粒均匀、松散干燥;无异味、水溶液清澈;微生物含量达标。

⑤酸味剂主要有柠檬酸、苹果酸、酒石酸、琥珀酸等,具有增加茶饮料的酸度,调整茶饮料风味的作用。对茶饮料生产使用的酸味剂要求:具有良好的酸味,无其他异味;呈无色或白色的颗粒或粉末,松散干燥,无结块、变质现象。复配使用时应注意其搭配比例。

⑥调配时,水等添加物质的加入量"宜少不宜多",即加入量不足可通过配比计算继续添加,而加入量过多则很难调整。

⑦要对调配好的茶汁进行检验并进行理化感官品质的记录,合格后方可转入下一道工序。

(6)灌装与封口

①灌装前,用次氯酸或过氧化氢水溶液对 PET 瓶或利乐包装等纸包装进行杀菌处理。

②封口前,也可采用充入氮气或二氧化碳气的方法来置换容器中的残存氧气。对于充入的气体要求无色、无味、含气量高,含水量小,不能含有矿物质油等的杂质。

③包装容器的外形、规格、材质、密封性能、耐压性等都对茶品的品质和保质期有直接的影响。容器在进厂和清洗时都要进行抽样检验。

④采用玻璃瓶或涂料铁罐进行灌装,应避免茶饮料直接接触铁等金属物质,以防止茶汁中的多酚类物质与金属反应,使茶汁的颜色变黑。封口时,可充入氮气来置换容器中残存的空气。

⑤每天应有专人对封口质量进行检验,并做好记录。此外,应定期对封口机的精密度进行检验。当封口机出现故障或产品不达标时立即停止生产,对机器进行维修调试,验收合格后方可继续生产,并做好记录。

(7)杀菌

对于不同酸度的茶饮料应采取的杀菌条件应有所差别。如纯茶饮料是一类 pH 为 5~7 的低酸性饮料,在 121 ℃,3~13 min 或 115 ℃,15 min 的条件下进行杀菌处理,均可有效杀灭茶饮料中的肉毒杆菌芽孢,达到预期杀菌效果。当茶饮料 pH 值在 4.5 以上时,则应采用高压杀菌。

杀菌时的高温条件会使茶饮料的香气变淡和色泽变暗,对茶饮料的风味品质造成一定的影响。因此,生产中注意对温度与时间的控制,防止加热杀菌造成茶饮料品质下降。目前,茶饮料众多采用 UHT 法进行灭菌,该法对茶饮料的香气影响较小,色泽略有褐变。

灭菌操作要达到工艺标准的要求,对于原料进行菌落的抽样检验,以此来保证灭菌的效果达到生产工艺的要求,同时要求对每次的检验进行记录。

(8)检验与装箱

成品检验是出厂前对产品的最后一次检验,要求做到严格把关,防止不合格产品出厂。除按产品标准的要求进行严格检验并做好记录外,还可在 28 ℃左右的条件下保温培养 7~10 h 再进行检验,以确保茶饮料的品质。

5.3 速溶茶加工技术

5.3.1 一般速溶茶加工

速溶茶是以成品茶、半成品茶、茶叶副产品或鲜叶为原料,通过提取、过滤、浓缩、干燥等工艺过程,加工成一种易溶于水而无茶渣的颗粒状或粉状的饮料,具有冲饮、携带方便,不含农药残留等优点。

1)速溶茶的生产工艺流程

新鲜的茶叶——→原料加工——→预处理——→浸提——→净化——→浓缩——→干燥——→包装

2)工艺要点

(1)原料选择与预处理

原料选定后要进行粉碎,过筛。

(2)浸提

有沸水冲泡浸提和冷水连续抽提两种。

(3)净化与浓缩

净化过程也就是通过过滤或离心去掉杂质的过程。经过净化的提取液一般浓度较低,必须加以浓缩,使固形物增加到20%~40%。这样做既可提高干燥效率,也可获得低松密度的颗粒。目前,浓缩的方法主要有真空浓缩、冷冻浓缩和膜浓缩3种。由于茶叶中的可溶物质在高温下长期受热时,要受到破坏、变性、氧化等,所以茶提取物在浓缩时,要求"低温短时"。目前在速溶茶生产上使用最多的是真空浓缩。膜浓缩方法是较理想的浓缩方法,其特点是不加热,不蒸发水分,不存在相变过程,是一种对茶叶品质有利的浓缩方法。

(4)干燥

有真空冷冻干燥和喷雾干燥两种。真空冷冻干燥的产品,由于干燥过程在低温状态下进行,茶叶自身香气损失少,并保持原茶的香味,但干燥时间长、能耗大、成本高;喷雾干燥的产品在高温条件下雾化迅速干燥,芳香物质损失大,外形呈颗粒状,流动性能好,成本低。两种干燥方法的成本相差很大,前者是后者的6~7倍,因此,喷雾干燥至今仍然是国内外速溶茶加工的主要方法。

总之,不论采用哪种方法干燥,速溶茶成品都应具有较低的松密度,一般粒径控制为200~500 μm。速溶茶的松密度与茶提取液中溶存的果胶含量有密切关系,因此,果胶含量是衡量松密度的指标之一,一般为1.0%~2.0%。

(5)包装与保存

速溶茶是一种疏松的小颗粒,因此它对异味尤为敏感,更易吸潮,即使轻度吸湿也会结块变质,损失香气,汤色变深,严重时将不可饮用。因此,包装速溶茶的环境必须注意控制温湿度,一般温度控制在20 ℃,相对湿度控制在60%以下,速溶茶包装应严密、防潮,速溶茶包装后为了防止虫害与氧化,可进行放射性射线照射处理。

3)增香

速溶茶的增香包括去杂留香、香气回收和人工调香等技术,涉及天然香气的分离、提纯以及人工合成等整个领域。

①去杂留香。中、低档茶的最初抽提部分约占总抽提液的6%,粗老气比较明显,约10%的抽提液,不仅茶味浓强,而且香气鲜爽,约14%的低香抽提液,其余都是无香气部分,大致占抽提液总体积的70%。合并粗老气和低香、无香这几部分抽提液,经过真空浓缩就可以去掉粗老气。然后将浓缩液连同香气鲜爽、茶味浓强的精华部分一道干燥,就可制成品质高于原茶的优质速溶茶。

饮料加工技术
YINLIAO JIAGONG JISHU

②人工调香。人工调香是一种改进和提高速溶茶香气的有效措施。人工调香需在实验室摸索茶香的组成和香型的特征,然后将各种香气成分按不同浓度和配比调配加入速溶茶中。

速溶茶生产中涉及的这些技术问题在液态茶饮料加工中同样存在,因此,解决这些技术问题的方法同样适合于液态茶饮料加工。

5.3.2 调味速溶茶加工

1)奶茶的加工

以杏仁奶茶为例,介绍奶茶的生产技术。杏仁奶茶是以杏仁奶为基料,在不遮盖茶风味的前提下,将杏仁和茶叶中的有效成分结合起来,具有良好的口感及营养保健功能。

(1)工艺流程

奶茶加工制作的工艺流程如下所示:

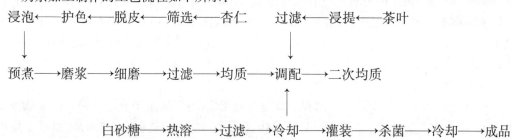

(2)产品生产关键控制

①杏仁奶的制备。

a.筛选。原料要求新鲜饱满、仁粒较大、干燥、无霉无杂,清洗后备用。

b.脱皮。将选好的杏仁放入沸水中热烫 3 min,使杏仁皮膨松,捞出置冷水中冷却后,用脱皮机或人工脱皮。

c.护色、预煮。将纯杏仁放入含有 0.2%食盐和 0.02%亚硫酸钠的混合液中护色(杏仁与护色液比为 1∶2),浸泡 20 min,不但有利于磨浆和分解苦杏仁苷等苦味物质,还可除掉毒性物质氢氰酸。

d.磨浆、过滤。将预煮过的杏仁用砂轮磨进行粗磨,粗磨时添加 8 倍的水,之后再用胶体磨进行细磨,并添加 0.1%的焦磷酸钠和亚硫酸钠的混合液护色,水温 70~80 ℃。然后将磨好的浆料离心过滤或采用 160~180 目细网筛过滤。

e.均质。细磨后浆料在 20 MPa 的压力下进行均质(浆体温度要求 70~80 ℃),即制得杏仁奶。

②茶汁的制备。

a.选料。茶叶要求为从茶树上采摘下来的嫩叶,经杀青、揉捻、烘干而成的纯正高品质茶。

b.浸提、过滤。将适量茶叶放入添加了一定量 β-环糊精的热水溶液中充分浸提,水温 95~100 ℃。浸提好的料液经超滤制得透明澄清的茶液。

c.糖液的制备。配制 60%~65%的白砂糖液,加热溶化后冷却到 60 ℃,过滤备用。

③杏仁奶茶的制备。

a.调配。将上述备好的茶汁、糖液、乳化稳定剂及各种配料按比例加入杏仁奶中,搅拌均匀。配制比例为茶汁 3%、白砂糖 8%、杏仁奶 10%、大豆磷脂 0.1%、单甘酯 0.15%、海藻酸丙二醇酯 0.25%。

b.均质。温度 70~80 ℃,压力 15~20 MPa。

c.灌装、杀菌。采用 70~80 ℃热灌装,立即封口杀菌(121 ℃、15~20 min),最后将乳液迅速冷却至常温,以保证产品质量。

2)茶乳晶

茶乳晶又因鲜茶汁的提取方法不同而分为红茶乳晶和绿茶乳晶。现将其制造工艺和品质特征介绍如下:

(1)红、绿茶乳晶加工工艺

红、绿茶乳晶的加工是由鲜茶叶直接制取红、绿茶的可溶性成分,或用干茶叶浸提其可溶性有效成分,然后配以牛奶(炼乳)、蔗糖、葡萄糖等,也可加入其他植物提取液,经真空干燥而制成的速溶饮料。

其加工的工艺流程为:

鲜茶叶──→萎凋──→揉捻──→切碎──→适度发酵──→榨汁──→加适量牛奶、糖等──→真空干燥──→冷却──→粉碎──→包装──→成品

(2)红、绿茶乳晶的品质特征

红、绿茶乳晶具有茶叶、牛奶、麦乳精等特有的多种复合香气和滋味,甜度适中,颗粒疏松、无结块、色泽均匀、有光泽。红茶乳晶呈红棕色,绿茶乳晶为翠绿色,冲水即溶,且能溶于冷水,溶解后呈乳状液体,无上浮物和沉淀,在汤色上,红茶乳晶呈棕红明亮,绿茶乳晶呈黄绿明亮。

(3)红、绿茶乳晶的营养成分

红、绿茶乳晶的营养丰富,除了含有蛋白质、脂肪、糖以外,还含有茶叶所具有的各种营养药效成分,如茶多酚、咖啡碱和维生素 C 等。另外,游离氨基酸含量也比普通麦乳精高,且其中所含人体必需的氨基酸比普通麦乳精多 3 种,即赖氨酸、苏氨酸和苯丙氨酸。可见,红、绿茶乳晶兼具茶叶和麦乳精的优点,营养价值明显高于普通麦乳精。

5.4　常见质量问题及其防止方法

5.4.1　影响茶饮料质量的因素

1)水质

水是茶饮料的主要组成部分,其品质对茶饮料影响甚大。一般来说,水中的钙、镁、铁、氯等离子影响茶汤的色泽和滋味,会使茶饮料发生混浊,形成茶乳。当水中的铁离子含量

大于 5 ppm(百万分之五)时,茶汤将显黑色并带有苦涩的味道;氯离子含量高时会使茶汤带腐臭味。茶叶中的植物鞣质与多种金属离子可以发生反应,并可生成多种颜色。所以自来水是绝不能直接用来生产茶饮料的。生产品质较佳的茶饮料必须用去除离子的纯净水,pH 值为 6.7~7.2,铁离子小于 2 ppm,永久硬度的化学物质含量要小于 3 ppm。

2)原料

茶叶可分为绿花、红茶、乌龙茶、黑茶、白茶、黄茶 6 大类,各类茶风味各异。成品茶由于其茶青品质不同、产地不同及制茶技术、储存好坏有异而形成不同的风味,同时其可溶性成分也不一样。茶青的品质又与茶树品种、生长地区的土壤、日照、肥料、栽培方法及采集季节、茶芽水分有很大关系。成茶的品质在茶青的基础上取决于加工技术。如茶青堆放时的厚度、发酵时间掌握、焙烘温度和水分控制等。好的成品茶如果储放不当引起受潮或霉变都会导致茶饮料产品质量的下降。

3)萃取

直接影响茶叶中可溶性物质萃取率和萃取液品质的因素是水温、萃取时间、原料颗粒大小、茶叶与水的比例及萃取方式。水温越高,时间越长,原料颗粒越小、茶叶比例越大,萃取率越高,茶汤的苦涩味越重,成本越高,香味新鲜度也受影响,而萃取是否采用多级方法,也影响茶汤品质。

5.4.2 浑浊沉淀

茶的浸出液冷却后,会出现絮状混浊,该现象称为"冷后浑",其中形成的沉淀物称为茶乳。该现象的产生主要是由于在一定条件下,茶多酚与咖啡碱形成缔合物。

茶饮料沉淀物的主要成分是茶多酚、氨基酸、咖啡碱、蛋白质、果胶、矿物质等,这些物质在水溶液中发生一系列变化,主要是分子间的氢键、盐键、疏水作用、溶解特性、电解质、电场等的变化,从而导致茶汤沉淀。

为了防止茶饮料在贮藏和销售的过程中出现混浊和沉淀现象,可以通过采取一些理化方法来解决。

1)碱性转溶法

转溶就是在茶汁中加入一定的碱性物质,使茶多酚与咖啡碱之间的氢键断裂,并同茶多酚及其氧化物生成稳定的水溶性更强的盐,避免茶多酚及其氧化物再次同咖啡碱络合,从而溶于冷水中。

①亚硫酸盐转溶。加热茶汁降低茶乳的自由能,使氢键断裂,茶乳解聚,此时加入亚硫酸盐可与茶多酚及其氧化物化合成磺酸钠盐,其性质稳定,水溶性强,从而达到溶转的目的。

②苛性碱转溶。茶多酚及其氧化物在水溶液中显弱酸性,在茶汁加热的条件下,加入氢氧化钠等苛性碱,羟基能与多酚类物质竞争咖啡碱,同时钠离子又能同茶多酚及其氧化物形成稳定的水溶性钠盐。

该方法效果比较明显,但由于前期需加热处理,最后需加酸调整 pH 值,对茶饮料的风味、色泽有较大影响。

2）**浓度抑制法**

茶乳主要是由咖啡碱、茶多酚、儿茶酚等物质构成的。除去茶汁中一定量的咖啡碱、茶多酚可减少茶乳的形成。因此，可在茶汁中加入聚酰胺、聚乙烯吡咯烷酮、阿拉伯胶、海藻酸钠、丙二醇、三聚磷酸钠、维生素 C 等物质，这些物质可与茶汁中的部分茶多酚或咖啡碱形成沉淀，静置后用滤纸或硅藻土过滤，即可得到澄清的茶汁。该法可有效解决茶饮料沉淀问题，而且避免了在后期冷藏时形成茶乳沉淀，但损失了一部分有效可溶物。

3）**沉淀法**

在茶汁中加入酸碱调节剂、明胶、乙醇、钙离子等物质，可促使茶乳或沉淀迅速产生，然后通过离心去除之。

4）**酶促降解法**

在茶汁中加入单宁酶可切断儿茶酚中的没食子酸的酯键，从而释放出没食子酸，没食子酸阴离子可与咖啡碱结合，形成相对分子质量较小的水溶性物质。对于没食子酸阳离子则应在通氧搅拌条件下，加入碱中和以避免茶汁颜色变深。

5）**氧化法**

茶汁中的沉淀经氧化剂（如过氧化氢、臭氧、氧气等）的处理，可转化为可溶性成分，再次溶解于茶汤之中。该法可获得澄清的茶汁，提高了茶汁中有效成分的含量，节约了原料。

6）**吸附法**

可采用硅藻土、活性炭等吸附剂来吸附茶汁中参与沉淀的物质，从而得到澄清的茶汁，该法使茶汁中的有效可溶成分减少，从而味道变淡，且在后期贮存中可能再次产生沉淀。

5.4.3　褐变

在 pH、氧气、金属离子等因素的影响下，茶浸出液中的叶绿素、黄酮类物质、儿茶素等物质发生一定理化变化，颜色变深。防治方法主要有以下几点：

1）**改变茶汁的 pH**

儿茶素是一种无色物质，但在氧化或强酸、强碱条件下可转化为茶褐素，影响茶汁的色泽。因此，可在经 pH 调整的茶汁中加入缓冲剂以维持茶汁 pH 的稳定。

2）**添加抗氧化剂**

实际生产中，通常将维生素 C 作为抗氧化剂添加到茶汁中，用来防止氧气等物质使茶汁氧化变色。一般添加量为 $400\sim600$ mg/kg。

3）**冷浸提**

在较低温度下对茶叶进行浸提，可避免高温浸提时茶汁色泽会加深的缺陷。低温浸提时，可加入果胶酶或纤维素酶等物质，不仅可以提高浸提的效率，而且可以保护色泽。

5.4.4　风味变化

茶汁风味主要取决于风味物质（茶多酚、氨基酸、咖啡碱等）的组成及含量。实际生产中,茶叶本身的品质和贮存条件,浸提时采用的温度、时间等条件,茶汁的 pH 及茶汁的澄清方法等因素均会影响茶饮料的风味。

对此,主要的防治方法有以下几种:

①分子包埋法。在实际生产中通常采用 β-CD 来包埋茶汁中的叶绿素、儿茶素等物质。当人们饮用时,这种由 β-CD 包埋的叶绿素、儿茶素等物质又会被释放出来。这种方法既保持了茶饮料中有效成分的含量,又起到了包埋儿茶素等具有苦涩味道的物质,使茶饮料的味道易于为消费者所接受。

②改变茶汁中呈味物质的组成及比例。茶汁中各种氨基酸类物质(如天冬氨酸、谷氨酸、精氨酸、天冬酰胺和茶氨酸等),具有使茶汁呈现鲜爽味,缓解茶的苦涩味的作用;茶汁中的多酚类物质(如儿茶酚、茶黄素等)和生物碱(主要是咖啡碱),具有使茶汁呈现苦涩味、收敛味和刺激性的作用。因此,对于含咖啡碱、茶多酚较多而氨基酸含量较少的茶汁,可采取脱除部分咖啡碱等物质并适当添加某些氨基酸,调整茶汁中呈味物质的组成及比例,改进茶叶饮料的风味,使之易于为消费者所接受。

5.4.5 香气成分的劣变

茶叶中含有丰富的芳香物质,但是这些芳香物质的热稳定性较差,经茶饮料的热加工处理后,芳香物质的组分含量会减少,并且会产生一些其他芳香物质,从而影响了茶饮料的香气品质。

对此,防治方法如下:

①原料烘焙应尽量选择新鲜的茶叶作为原料,并应在低温无氧等条件下贮存。对于久置陈化的茶叶,可通过高温复火的方法,减轻或消除其异味物质,其香气成分也略有减少,因此可在烘焙过程中添加芳香物质,增加茶叶的香气。复火后的茶叶应摊放至冷却后再进行包装,否则会产生"煳味"。

②分子包埋法 β-CD 也可用来包埋茶汁中的芳香物质,从而减少加热造成损害,同时还可以掩蔽不良味道。

具体操作如下:

茶叶(50 g)——→浸提(茶水比例 1:100)——→加入 0.01% 维生素 C ——→碳酸氢钠调整 pH 值至 6.0 ——→加入 0.05% 的 β-CD ——→90 ℃ 充氮灌装——→封口——→121 ℃、7 min 杀菌——→成品

③香气回收芳香物质的稳定性较差,在茶饮料加工过程中极易分解变化。因此,可采用超临界二氧化碳萃取法或分馏法对茶叶中的芳香成分进行回收,在最后的工序将之包埋加入茶汁中,可增强茶饮料的天然香气。

④调香。实际生产中,将高档茶叶中的芳香成分用超临界萃取法提取出来,并进行定性定量地分析萃取成分,而后交由调香师进行调香。茶饮料的最终品质取决于原料茶叶品质,萃取成分分析的精确性,调香师的经验。

为了取得良好的加香效果,调香时注意以下一些问题:

a.香精在食品中的用量应适当,用量过多或不足,都不能取得良好的效果。各厂所制造的香精浓度不同,可通过反复的加香试验来调节,最后确定最适合人们口味的用量。

b.香精在茶饮料中必须分散均匀,才能使产品香味一致。否则会造成产品部分香味不均一的严重质量问题。

c.除香精外其他原料如果质量不好,对调香味效果也有一定的影响。如饮料其他辅料具有较强的气味,会使香精的香味受到干扰而降低质量。

d.饮料中添加的香精均属于水溶性香精,这类香精的溶剂和香料的沸点较低,容易挥发,因此在加香时,必须控制温度,一般控制不超过常温。

5.5 茶饮料的质量标准

5.5.1 感官指标

茶饮料的感官指标要求见表5.1。

表5.1 茶饮料的感官指标要求

项　　目	茶汤饮料	调味茶饮料				
		果味茶饮料	果汁茶饮料	碳酸茶饮料	奶味茶饮料	其他茶饮料
色泽	只有原茶类应有的色泽	呈茶汤和类似该种果汁应有的混合色泽	呈茶汤和该种果汁应有的混合色泽	具有原茶类应有的色泽	呈浅黄或浅棕色的乳液	具有该品种特征性应有的色泽
香气与滋味	具有原茶类应有的香气和滋味	具有类似该种果汁和茶汤的混合香气和滋味,香气柔和,甜酸适口	具有该种果汁和茶汤的混合香气和滋味,甜酸适口	具有该品种特征性应有的香气和滋味,香气柔和,酸甜适口,有清凉口感	具有茶和奶混合的香气和滋味	具有该品种特征性应有的香气和滋味,无异味,味感纯正
外观	清澈透明,允许稍有沉淀	清澈透明,允许稍有浑浊和沉淀	清澈透明或略带浑浊,允许稍有沉淀	清澈透明,允许稍有沉淀	允许有少量沉淀,振摇后仍呈均匀状乳浊液	清澈透明或略带浑浊,允许稍有沉淀
杂质	无肉眼可见的外来杂质					

5.5.2 理化指标

茶饮料的理化指标要求见表5.2。

表 5.2 茶饮料的理化指标要求

指 标		茶饮料类型						
		茶汤饮料		调味茶饮料				
		浓茶型	淡茶型	果味型	果汁型	碳酸型	奶味型	其他型
茶多酚含量/ $(mg \cdot L^{-1})$ ≥	红茶	400	250	200	100	100	200	150
	乌龙茶	500	300					
	绿茶	600	400					
	花茶	应符合相应茶坯类型的规定						
咖啡因含量/ $(mg \cdot L^{-1})$ ≥	红茶	70	40	35	20	20	40	25
	乌龙茶	80	50					
	绿茶	90	60					
	花茶	应符合相应茶坯类型的规定						
总酸量(以1分子柠檬酸计)/ $(g \cdot L^{-1})$ ≥		—	—	—	—	0.6	—	—
pH 值		5.0~7.0		<4.6	<4.6	—	≤7.2	≤7.2
二氧化碳气容量 (20 ℃时容积倍数)		—	—	—	—	2.0	—	—
果汁含量 (质量体积比)/% ≥		—	—	—	5.0	—	—	—
蛋白质含量 (质量体积比)/% ≥		—	—	—	—	—	0.5	—
食品添加剂		按 GB 2760 的规定						

注:茶多酚、咖啡因、二氧化碳气容量、果汁含量、蛋白质含量、食品添加剂为强制性指标,总酸、pH 值为推荐性指标。

5.5.3 微生物指标

茶饮料的微生物指标要求见表 5.3。

表 5.3　茶饮料的微生物指标

项　目		指　标	项　目		指　标
砷含量/(mg·L^{-1})	≤	0.2	大肠菌群数/(MPN·100 mL^{-1})	≤	3
铅含量/(mg·L^{-1})	≤	0.3	致病菌(是指肠道致病菌和致病性球菌)	≤	不得检出
铜含量/(mg·L^{-1})	≤	5.0	霉菌、酵母菌/(个·mL^{-1})	≤	20
菌落总数/(个·L^{-1})	≤	20			

【实验实训1】　绿茶饮料的制作

1)实训目的

①通过实训,使学生能够掌握灌装绿茶的生产工艺及制作方法,并加深对灌装操作要点的理解。

②掌握茶饮料生产中所用机械设备的使用与维护方法。

③认识并会使用生产过程中所用的仪器和设备。

2)材料与设备

(1)材料

绿茶、抗氧化剂、砂糖。

(2)设备

不锈钢容器、化糖锅、灌装机、封口机、杀菌锅、冷却槽。

3)工艺流程

茶叶──→热浸提──→过滤──→调配──→加热──→灌装──→充氮──→封罐──→杀菌──→冷却──→检验──→成品

4)产品生产关键控制

(1)茶汁制备

将茶叶按配方称好,盛于不锈钢容器或陶制容器中,用 90~95 ℃水浸泡 3~5 min。茶水比例为 1∶100。

(2)过滤

浸提后的茶叶,先用不锈钢过滤器过滤,除去茶渣,再除去茶汁中的微粒、浑浊杂质,使茶汁清澈明亮。

(3)调配

过滤后的茶汁中先添加 0.03% 的 L-抗坏血酸作为抗氧化剂,再加入溶化的糖浆及柠檬酸,调整糖度至 8.0~8.5 °Bx,pH 值以 3.5~3.8 为佳。

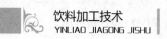

（4）装罐充氮

调制好的茶汁加热到 90 ℃立即灌装,以氮气置换顶隙的空气,而后立即封口。

（5）杀菌

将封罐后的罐装茶水按照 80~90 ℃、10~15 min 进行杀菌,制品放于冷水中冷却后即为成品。

【实验实训 2】 蜂蜜柠檬红茶饮料的加工

1）**实训目的**

①了解蜂蜜柠檬红茶配方及生产工艺流程,熟悉操作工艺要点。
②掌握蜂蜜柠檬红茶的加工制作方法。

2）**材料与设备**

（1）原料

蜂蜜,白砂糖,蛋白糖,柠檬酸,柠檬酸钠,红茶,柠檬,柠檬香精,红茶香精。

（2）仪器设备

水浴锅,离心机,电炉,手持折光仪,酸度计。

3）**参考配方**

茶汁:柠檬汁:蜂蜜=7:2:1,加糖量 7.5%,调 pH 为 5.0。

4）**工艺流程**

淬茶浸茶——→溶解砂糖——→加入配料——→加入蜂蜜——→调整糖度和酸度——→加入香精——→过滤——→高温杀菌——→灌装

5）**关键工艺控制**

①茶汁的提取选择品质较好、色泽鲜艳、杂质少的红茶。先将茶叶研磨,按茶:水=1:150 的比例浸提 1~4 h,然后用 200 目尼龙布进行过滤,除去茶粉。

②柠檬汁制备选择新鲜色泽、品质优良的柠檬去皮,切块,用榨汁机粉碎得到柠檬汁,尼龙布过滤。

③原料混合。将过滤好的茶汁和柠檬汁按一定比例迅速混合,以防止褐变。

④调糖度。将混合汁煮至 50~60 ℃,加入白砂糖、蛋白糖少许,进行调糖度。

⑤调酸度。用柠檬酸和柠檬酸钠来调 pH,使糖酸比例适当。

⑥调配。将调糖、酸后的饮料中加入少量的香精,再加入一定比例的蜂蜜。

⑦过滤。用细目尼龙布过滤 2~3 次,得到澄清的蜂蜜柠檬红茶。

⑧杀菌。采用高温灭菌法杀菌。

 小资料

茶饮料的功效

饮茶的好处很多，概括起来有 15 条：

①一般茶能使人精神振奋，增强思维和记忆能力。罗布麻茶则可以安神、松弛神经和提高免疫。

②茶能消除疲劳，促进新陈代谢，并有维持心脏、血管、胃肠等正常机能的作用；罗布麻茶可以强心抗郁、通便利尿。

③饮茶对预防龋齿有很大好处。据英国的一次调查表明，儿童经常饮茶龋齿可减少 60%。

④茶叶含有不少对人体有益的微量元素，罗布麻茶的微量元素补充正好就是预防人体缺钙和缺素症。

⑤茶叶有抑制恶性肿瘤的作用，饮茶能明显地抑制癌细胞的生长。

⑥饮茶能抑制细胞衰老，使人延年益寿。茶叶的抗老化作用是维生素 E 的 18 倍以上。

⑦饮茶有延缓和防止血管内膜脂质斑块形成，防止动脉硬化、高血压和脑血栓。

⑧饮茶能兴奋中枢神经，增强运动能力，罗布麻茶可以安神助眠。

⑨饮茶有良好的减肥和美容效果，特别是乌龙茶对此效果尤为明显。

⑩饮茶可以预防老年性白内障。

⑪茶叶所含鞣酸能杀灭多种细菌，故能防治口腔炎、咽喉炎，以及夏季易发生的肠炎、痢疾等。

⑫饮茶能保护人的造血机能。茶叶中含有防辐射物质，边看电视边饮茶，能减少电视辐射的危害，并能保护视力。

⑬饮茶能维持血液的正常酸碱平衡。茶叶含咖啡碱、茶碱、可可碱、黄嘌呤等生物碱物质，是一种优良的碱性饮料。茶水能在体内迅速被吸收和氧化，产生浓度较高的碱性代谢产物，从而能及时中和血液中的酸性代谢产物。

⑭防暑降温。饮热茶 9 min 后，皮肤温度下降 1~2 ℃，使人感到凉爽和干燥，而饮冷饮后皮肤温度下降不明显，尤其罗布麻茶可以清凉泻火，固气润肺。

⑮解酒护肝。罗布麻茶的功效尤其明显。

本章小结)))

本章简单介绍了茶叶中的主要化学成分、茶饮料的现状与发展趋势，重点介绍了茶饮料的定义与分类、液体茶饮料的生产工艺要点、茶饮料生产中的常见问题及防治措施。

复习思考题)))

1.什么叫茶饮料？茶饮料的种类有哪些？

2.茶叶中的主要化学成分有哪些？

3.论述茶饮料的现状与发展趋势。

4.简述液体茶饮料的生产工艺要点。

5.简述固体茶饮料的生产工艺要点。

6.茶饮料生产中的常见问题有哪些,如何防治？

第6章
含乳饮料的加工

知识目标

了解含乳饮料的定义及分类;掌握发酵型含乳饮料中发酵剂的制备;熟悉发酵型含乳饮料的生产工艺;熟悉配制型含乳饮料(咖啡乳、可可乳、果汁乳)的生产工艺;掌握乳酸菌饮料常见质量问题及其防止方法。

能力目标

能够制备发酵剂;能够加工配制型和发酵型含乳饮料;能够解决乳酸菌饮料生产中常见的质量问题。

6.1 概 述

含乳饮料以风味独特等特点在软饮料行业中独树一帜。从20世纪80年代起步,如今已成为饮料中的重要品种。近年来,国内含乳饮料市场发展十分快速,形势也很喜人。2009年以来,许多饮料厂家纷纷推出含乳饮料新品,极大地满足了消费者的需求,国内乳饮料市场呈现产销两旺局面。

6.1.1 含乳饮料的定义、分类及特点

根据发展形势的要求,GB 10789—2007《饮料通则》对含乳饮料的定义、分类及技术内容等方面作了适当的修改和进一步的规范。

1)含乳饮料的定义

含乳饮料是指以鲜乳或乳粉为原料,经发酵或未经发酵,加入其他辅料加工制成的液状或糊状制品,其成品非脂乳固形物含量(质量分数)>3%。

2)含乳饮料的分类

我国并没有把含乳饮料类包括在乳和乳制品的种类中,GB 10789—2007《饮料通则》将其列入了饮料范畴,并把含乳饮料分为以下3类。

(1)配制型含乳饮料

是指以乳或乳制品为原料,加入水以及食糖和(或)甜味剂、酸味剂、果汁、茶、咖啡、植

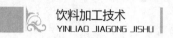

物提取液等为辅料,经加工或发酵制成的饮料。

(2)发酵型含乳饮料

以乳或乳制品为原料,经乳酸菌等有益菌培养发酵制得的乳液中加入水以及食糖和(或)甜味剂、酸味剂、果汁、茶、咖啡、植物提取液等的一种或几种调制而成的饮料,如乳酸菌乳饮料。根据其是否经过杀菌处理而区分为杀菌(非活菌)型和未杀菌(活菌)型。成品中蛋白质含量(质量分数)>1.0%,未杀菌(活菌)型,出厂检验乳酸菌活菌数量(CFU/mL)>1×106。

(3)乳酸菌饮料

以乳或乳制品为原料,经乳酸菌发酵制得的乳液中加入水,以及食糖和(或)甜味剂、酸味剂、果汁、茶、咖啡、植物提取液等的一种或几种调制而成的饮料,根据其是否经过杀菌处理而区分为杀菌(非活菌)型和未杀菌(活菌)型。成品中蛋白质含量(质量分数)>0.7%,未杀菌(活菌)型,出厂检验乳酸菌活菌数量(CFU/mL)>1×106。

6.1.2 含乳饮料的现状及发展

1)中国含乳饮料现状

从20世纪80年代开始,我国含乳饮料开始起步,含乳饮料以其独特的风味、独特的特点从软饮料行业中脱颖而出,并经过各大食品企业二三十年的精心培育,现已发展成我国饮料行业中一个重要的细分品类。

近几年来,"营养快线""小洋人""旺旺"等品牌在含乳饮料市场攻城拔寨之时,国内乳业巨头蒙牛、伊利、光明等也早已将目光投向这块巨大的蛋糕,积极通过开发含乳饮料投身其中:比如蒙牛推出的"真果粒"、伊利推出的"果立享"、光明推出的"Hi优果粒"……一时间,含乳饮料竞争近乎惨烈。

从市场消费情况看,含乳饮料主打休闲市场,其品种和口味多,深受人们尤其是儿童和女性的喜爱。发达国家奶类消费水平很高,人均年消费奶量300 kg以上,世界人均年消费奶量94 kg。我国近几年人均用奶量也已达到21.7 kg,人均奶类产量却只相当于世界平均水平的3%。中国奶类生产与消费虽然有了较大的发展,但与世界平均水平及一些发达国家的水平相比,仍处于较低阶段,所以具有较大的发展潜力和广阔的市场。

2)含乳饮料发展趋势

(1)儿童向青年、中年和老年市场转移

由儿童向青年、中年和老年市场转移。着重点应该放在青年人和老年人身上。青年人消费应该是整个群体消费的重点之一。从初中生、大学生到35岁以下的年轻人都应该属于这个消费人群。有针对性地设计符合他们的产品(其中包括产品的品质、品牌和包装)设计产品文化定位,并使之形成一种时尚或潮流。老年人是一个很大的消费群体,他们需要孩子的孝心,需要生活的保健和营养。儿童消费群体当然也不能放弃,毕竟他们仍是很大的消费群体。

(2)家庭食用型转移

向家庭食用型转移。现在很多厂家只注意在商场的货架上销售,常常忽视了家庭装、大包装产品的销售。其实,家庭的餐桌是一个很了不起的大市场空间。要想激活这个市场,使奶制品成为人们生活的必需品使其成为大众化消费,这就要考虑由小包装改为大包装,降低成本。

(3)餐必备型转移

向早餐必备型转移。早餐消费其实也是一个很好的市场,它在市场激活的形式上和家庭消费很接近。但是在考虑的时候注意需要的是送货上门和定点服务,包装形式和价位也应该满足市场需要。

(4)旅游用品型转移

向旅游用品型转移。随着人们生活水平的不断提高,旅游用品市场空间会越来越大,如何把乳饮料引入旅游消费,这也是一些厂家和商家需要考虑的主要问题。应该看到,中国的乳饮料市场目前仍处于一个发展起步阶段。通过研究需求,引导消费,乳饮料产业的发展将面临一个巨大而稳定的市场。

6.2 发酵型含乳饮料加工技术

早在1 000多年前,人类就开始利用自然发酵的方法生产酸牛乳。20世纪初,俄国著名科学家梅契尼柯夫等报道了发酵酸乳制品的医疗保健特性,乳酸菌发酵酸乳的研究及生产开始风行世界各国,极大地促进了酸乳制品的研究和普及。发酵型含乳饮料具有独特的风味和口感,还有很高的营养价值,尤其是近年来,由于活性乳酸菌饮料的诞生及发展,使得发酵乳酸菌饮料成为深受人们喜爱的饮用食品。

在实际生产中,发酵型含乳饮料的品种很多,包括浓缩型乳酸菌饮料、稀释型乳酸菌饮料。按照是否杀菌还可分为活性乳酸菌饮料和非活性乳酸菌饮料两类;若添加果汁或其他的调味料又可生产多种风味的乳酸菌饮料。乳酸菌饮料与酸乳的不同在于饮料的乳固体含量较低,呈液体状,乳酸菌数量较少。

发酵型含乳饮料的营养价值主要表现在以下几方面:

①由于经过了乳酸发酵,乳饮料中的乳脂肪、蛋白质都有不同程度的降解,形成准消化状态,易于被消化酶作用。如酪蛋白变成微细而柔软的凝块,且水解显著,容易被人体消化吸收。

②发酵型含乳饮料中的乳糖部分被微生物分解,可减轻乳糖不耐症患者因牛奶中含有乳糖所带来的不良影响。

③经众多科学家研究发现,乳酸菌饮料中乳酸菌及其代谢物对人体具有保健作用。进入人体内的活菌所产生的物质在肠内可发挥作用,抑制有害菌群;部分活菌被胃酸、胆汁、肠液杀死,其菌体成分可被小肠吸收,能增强机体免疫能力并有保护肝脏的功能;乳酸发酵所产生的有效物质如乳酸可减轻胃酸分泌,从而抑制肠道内物质腐败。

另外,乳酸与 Ca^{2+} 形成的乳酸钙可促进钙质吸收;乳酸发酵中产生的胨、肽等物质可促进肝功能和肠液分泌。牛乳经发酵后,必需氨基酸与B族维生素都有所增加,尤其是维生素 B_1、维生素 B_2 以及钙、磷、铁等矿物质,这都是乳酸菌生长繁殖的结果。

6.2.1　发酵剂制备及其作用

1）概念

发酵剂（Starter Culture）是一种能够促进乳的酸化过程，含有高浓度乳酸菌的特定微生物培养物。

2）发酵剂的种类

（1）按发酵剂制备过程分类

①乳酸菌纯培养物。即一级菌种的培养，一般多接种在脱脂乳、乳清、肉汁或其他培养基中，或者用冷冻升华法制成一种冻干菌苗。

②母发酵剂。即一级菌种的扩大再培养，它是生产发酵剂的基础。

③生产发酵剂。生产发酵剂即母发酵剂的扩大培养，是用于实际生产的发酵剂。

（2）按使用发酵剂的目的分类

①混合发酵剂。这一类型的发酵剂含有两种或两种以上的菌，如保加利亚乳杆菌和嗜热链球菌按1∶1或1∶2比例混合的酸乳发酵剂，且两种菌比例的改变越小越好。

②单一发酵剂。这一类型发酵剂只含有一种菌。

3）发酵剂的主要作用

①分解乳糖产生乳酸。

②产生挥发性的物质，如丁二酮、乙醛等，从而使酸乳具有典型的风味。

③具有一定的降解脂肪、蛋白质的作用，从而使酸乳更利于消化吸收。

④酸化过程抑制了致病菌的生长。

4）发酵剂的选择

菌种的选择对发酵剂的质量起着重要作用，应根据生产目的不同选择适当的菌种。选择发酵剂应从以下几方面考虑：

①产酸能力和后酸化作用。

②滋气味和芳香味的产生。

③黏性物质的产生。

④蛋白质的水解性。

5）发酵剂的制备

①种子发酵剂。先用5%的石蕊液5 mL、脱脂乳100 mL配制成种子培养基，经分装后，在压力为0.1 MPa、时间为20 min的条件下灭菌。杀菌后的石蕊牛乳在37 ℃的培养箱内放置3 d，经确认无杂菌后使用。在无菌条件下，将菌种接入斜面培养基，置于37 ℃，培养2 d，如无异常，则可作为种子发酵剂使用。保藏时，可在5 ℃左右保存2~3周。

②母发酵剂。用脱脂乳作为发酵剂的培养基，经高温灭菌并冷却后，接入0.5%~1.0%的种子发酵剂，在37 ℃恒温下培养，制成母发酵剂。如此反复接种2~3次，可使微生物活力更加增强。

③工作发酵剂。取实际生产饮料量2%~3%的料液，经高温杀菌后，装入已杀菌的容

器内,冷却至 40 ℃左右,接入 1%的母发酵剂进行恒温培养,达到要求后立即取出,在 0~5 ℃的冷库中保存。

6.2.2　浓缩型乳酸菌饮料加工

浓缩型乳酸菌饮料是以酸乳为基料混入糖浆等而制作的稀释后饮用的乳饮料。由于采用经过真空浓缩后的浓缩脱脂乳,使饮料处于高浓度糖化状态,延长了保存期并节约了大量包装材料,便于运输,节省冷库储藏面积,降低了成本。在饮用时,由于它是一种甜度高、酸度高的饮料,所以需用水稀释后方能饮用。

1)浓缩型乳酸菌饮料加工工艺流程

浓缩型乳酸菌饮料的工艺流程如图 6.1 所示。

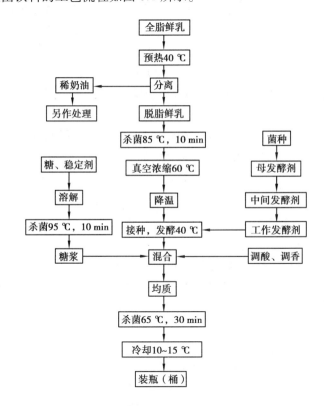

图 6.1　浓缩型乳酸菌饮料的工艺流程

2)操作要点

①原料的选择。原料可采用鲜乳、浓缩乳、脱脂乳粉和无糖炼乳等。但从风味角度上讲,还是以脱脂鲜牛乳为最佳。甜味料则以蔗糖为主,也可适当采用非糖甜味剂。含果糖多的转化糖或异构化糖浆,加热和保存时会促进褐变,在生产中使用较少。如果发酵生成的酸不能满足制品要求的酸度时,可以加酸,主要以添加柠檬酸为主,也可使用苹果酸等有机酸。稳定剂一般使用耐酸性的 CMC-Na、PGA、果胶等。还可通过添加色素、香精、香料等改变产品的风味,增添花色品种。

②接种。发酵制作酸乳采用高温型乳酸菌如嗜热链球菌等,发酵温度较高,成熟时间较短;而制作乳酸菌饮料时则一般采用中温菌,常用的菌种主要有保加利亚乳杆菌、干酪乳杆菌、瑞士乳杆菌和乳链球菌等,发酵时间较长,从 7 h 到几天不等。

制作浓缩型乳酸菌饮料主要使用保加利亚乳杆菌,接种量为 3%~5%,接种后充分加以混合,在温度 40 ℃ 条件下发酵 7~9 h,发酵酸度达到 65~75°T 为好。发酵完毕后,搅拌破碎凝乳使其成糊状,然后在搅拌状态下徐徐加入糖浆,混合均匀。

③糖浆的配制:将 100 kg 糖溶于 50 kg 水中,在 95 ℃ 下保持 10 min,冷却至 50~55 ℃ 备用。稳定剂溶解后可与糖浆混匀。

④调酸与调香。经发酵的酸乳如果达不到浓缩乳酸菌饮料的酸度要求,必须另外添加一定量的柠檬酸。先配制浓度为 10% 的柠檬酸溶液,将其与糖浆混合后加入凝乳中,在不断搅拌的情况下,用喷雾器将酸液喷洒在凝乳表面,加酸时凝乳的温度应低于 35 ℃,以避免酪蛋白在高温和酸性条件下形成粗大、坚实的颗粒。添加香精时,更应在低温条件下进行,香精的添加量一般为 0.2%~0.3%,生产时可根据香型和消费者的嗜好而增减。

⑤均质、杀菌。采用二次均质的方式进行,第 1 次均质的压力为 15~20 MPa,第 2 次均质的压力为 5.0 MPa。杀菌温度为 65 ℃,保持 30 min,升温要慢,防止高酸度下料液中的蛋白质变性。如果能够及时出售,也可以不杀菌。但经杀菌或不杀菌的物料都要冷却到 10~15 ℃。

⑥食用和保存。浓缩型乳酸菌饮料一份,加水 4~5 份,稀释冲饮。在 2~6 ℃ 保存,桶装产品的保存期为 10 d,瓶装产品的保存期为 30 d。杀菌后无菌包装,产品保质期可达数月。

6.2.3 稀释型乳酸菌饮料加工

稀释型乳酸菌饮料是用乳培养基培养乳酸菌或酵母菌生产基料,再混入由糖浆、水或牛乳、果汁等调制的基液而制作的直接饮用的乳饮料。下面介绍活性乳酸菌饮料和非活性乳酸菌饮料的生产工艺。

1)活性乳酸菌饮料

(1)工艺流程

活性乳酸菌饮料生产工艺流程如图 6.2 所示。

(2)操作要点

①原料的选用。原料主要采用浓缩脱脂乳或还原脱脂乳。因为发酵后要与糖浆、水、果汁等物料混合稀释,为了保证饮料中的含乳量,原料乳中无脂乳固形物要达到一定的量,一般为 10%~15%。根据需要还可以加入葡萄糖或乳酸菌生长促进因子。

②均质。均质可以使混合料均匀地分散开,从而增加混合料的黏度和稳定性。均质的条件为温度 50~60 ℃,压力 10~25 MPa。

③杀菌。杀菌温度一般控制在 90~95 ℃,时间 10~30 min。个别情况下,杀菌条件可控制在温度 90~100 ℃、时间 30~60 min,这种高强度的热处理,除了可杀灭微生物外,还可满足某些产品所需的褐变要求,同时还有利于乳酸菌的生长。

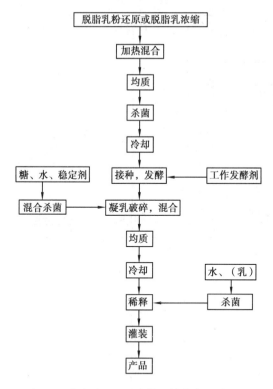

图 6.2　稀释型活性乳酸菌饮料生产工艺流程

④接种发酵。制作稀释型乳酸菌饮料常使用保加利亚乳杆菌或干酪乳杆菌,接种量在 3%~5%,然后在 30~40 ℃条件下培养 10 h 到数日。发酵时间的长短需由最终阶段的稀释倍数确定,原则是保证发酵终点的 pH,使乳蛋白质稀释后仍能保持稳定。由于还没有添加稳定剂,所以发酵时的 pH 管理对最终产品的质量,特别是对是否发生酸沉淀影响非常大。

⑤凝乳破碎和混合。发酵完成后,将凝乳冷却至 20 ℃,进行破碎。糖浆、果胶等稳定剂加水进行混合,然后在 95 ℃保持 10 min 进行杀菌,冷却至 30 ℃后与凝乳混合,再经均质后,使用片式换热器冷却到 10 ℃以下。

⑥稀释和灌装。稀释时,水质除符合饮料用水的要求外,还要进行杀菌和冷却。用 1.5~3 倍的杀菌冷却水稀释凝乳,然后进行灌装。由于该产品未经杀菌,属于活菌型产品,在 2~10 ℃冷藏条件下,可自生产日保存不少于 1 个月。

2)非活性乳酸菌饮料

非活性乳酸菌饮料的主要生产工艺与活性乳酸菌饮料基本相同。主要差别在于前者最终要进行杀菌。下面以果汁乳酸菌饮料生产为例介绍其生产方法。

(1)果汁乳酸菌饮料生产工艺流程

果汁乳酸菌饮料生产工艺流程如图 6.3 所示。

(2)配方举例

发酵脱脂乳 5%;砂糖 10%;果汁 10%;稳定剂 0.2%;柠檬酸 0.15%;抗坏血酸0.05%;香精 0.1%;色素适量;水加至 100%。

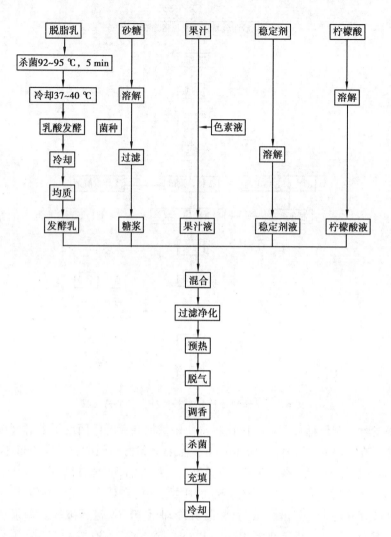

图 6.3　果汁乳酸菌饮料生产工艺流程

（3）操作要点

①原料的选用。果汁可使用带果浆成分的果汁,但要用果胶酶除去尽量多的果胶成分,可用乳蛋白水溶液作预处理以除去果胶和酚类物质。所用稳定剂主要有果胶、天然胶质、CMC-Na、PGA、黄原胶等,混合使用效果更好。稳定剂要充分溶解后使用。其他物料选用参考活性乳酸菌饮料。

②发酵。发酵菌种可用保加利亚乳杆菌、嗜热链球菌和乳链球菌等。因风味主要来自果汁,可不选用产香菌。

③混合。发酵乳、糖浆、果汁、酸溶液混合时要注意调配顺序,要在低温搅拌的状态下将果汁和酸溶液缓慢均匀地加入。

④脱气。混合后的物料经热交换器预热到 40~50 ℃进行真空脱气。脱气不完全会导致装瓶后泡沫上浮,而泡沫对蛋白质、色素、果胶等物质产生吸附,易于引起分离现象。特别是当含有果浆时,易造成果浆上浮。另外,经过脱气处理,降低了氧的含量,可以防止氧化及风味劣化。

⑤调香、杀菌。脱气后加香精调香,然后进行杀菌、包装。

杀菌可以采取3种方法:

a.灌装后,在包装物内杀菌70~80 ℃,保持5 min后,迅速冷却。

b.使用高温短时法(HTST)片式换热器处理产品至70~80 ℃,保持30 s,进行热灌装,冷却至20 ℃。

c.HTST杀菌70~90 ℃,保持30 s,或者UHT杀菌140 ℃,保持4 s,冷却至15~20 ℃,进行无菌包装。

6.3　其他含乳饮料加工技术

6.3.1　咖啡乳饮料加工

咖啡乳饮料是指以乳(包括全脂乳、脱脂乳、全脂或脱脂奶粉的复原乳)、糖和咖啡为主要原料,另加香料和焦糖色素等制作成的饮料。

1)咖啡乳配方

咖啡乳饮料的配方取决于饮料的种类(含乳饮料、加咖啡的清凉饮料、咖啡饮料、咖啡等),根据不同的种类确定甜度、咖啡添加量、原料乳种类及添加量,以及使用的容器类型等,然后称量各种原料进行调配。

通常在咖啡乳饮料中,可以用蛋白质含量、乳固形物含量等反映乳的加量,用来衡量咖啡含量的指标是咖啡因。在糖或其他甜味剂和辅料的使用上,要通过市场调查,根据市场需求来设计。

一般配方为咖啡提取液10%~15%,牛乳或脱脂乳等50%~60%,白砂糖4%~8%,焦糖0.1%~0.2%,香精或香料0.05%~0.1%。

具体配方见表6.1。

表6.1　咖啡乳饮料的配方　　　　单位:%

序号	配方	成分			
		脂肪	蛋白质	蔗糖	乳糖
1	全脂牛乳40,脱脂牛乳20,咖啡浸提液10,砂糖8,焦糖色素0.1,香料0.1,稳定剂0.1,水1.5	0.8~3.0	1.7~2.9	4.5~7.9	2.8~4.4
2	全脂牛乳20,脱脂牛乳40,咖啡浸提液15,砂糖7.5,焦糖色素0.2,稳定剂0.1,水17.2				
3	全脂乳粉0.8,脱脂乳粉1.0,焙煎咖啡2.2,砂糖9.2,焦糖色素0.2,食盐0.03,碳酸氢钠0.05,糖脂0.05,香料0.1	—	—	—	—

2)工艺流程

咖啡乳生产工艺流程如图 6.4 所示。

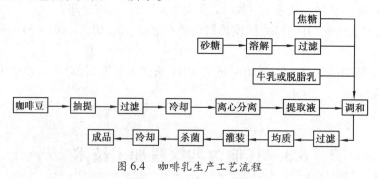

图 6.4　咖啡乳生产工艺流程

3)工艺要点

（1）原料选择及处理

①乳制品。乳制品可使用鲜乳、炼乳、加糖炼乳、全脂或脱脂乳粉等，单独或合用均可。

②咖啡豆。咖啡豆以罗伯斯特咖啡豆为主，配以风味优良的巴西豆和哥伦比亚豆。国内海南省、云南省的咖啡豆品质也十分优秀。

咖啡乳饮料一般用的是生咖啡豆。焙炒程度可比常规饮用咖啡的重一些；一般使用苦味咖啡，减少咖啡酸；视品种及咖啡豆种不同而异。咖啡豆的用量及混合比例根据使用目的而定。

焙炒咖啡豆粉碎后可以直接用于咖啡饮料的制造，现代咖啡饮料一般都使用焙炒咖啡粉的浸出液：一种是工厂自己提取的咖啡提取液，一种是外购的速溶咖啡或咖啡提取液。

工厂提取咖啡浸出液的方法是：用制品 0.5% ~ 2% 的咖啡豆在 90 ℃ 的热水中浸提，加水量为咖啡量的 15 ~ 20 倍。浸出温度、时间和加水量等决定咖啡浸出液的性质。浸提温度过高、时间过长会降低咖啡风味和出现浑浊现象。提取时间根据咖啡豆的多少而定，量少则时间短，反之时间要长些，但提取时间不宜过长，过长会使咖啡风味下降。咖啡可以采用多次浸出法，一般浸提 2 ~ 3 次，以提高浸出液的浓度。提取的方法有虹吸式、滴水式、喷射式及蒸煮式，生产中多使用喷射式和蒸煮式。在咖啡提取液中含有碳水化合物、脂肪、蛋白质等，但作为风味成分的大部分却是挥发酸、挥发性羰基化合物、挥发性含硫化合物等，它们各自具有特有风味，因此浸出液要立即速冷后保存在密闭容器内。咖啡提取液中还含有单宁物质，它可使蛋白质凝固，在大量加入提取液时，还要加入稳定剂，以提高饮料黏度，防止发生沉淀现象。

由于咖啡液浸提操作比较麻烦，且有咖啡渣的处理等问题，因此工厂多以速溶咖啡作为原料或使用成品咖啡浸提液。

③甜味剂。通常使用白砂糖，也可使用葡萄糖、果糖以及果葡糖浆。

但由于除白砂糖外的其他糖类在加热时 pH 值下降得较多，咖啡乳中的蛋白质胶粒会因此出现沉淀，所以咖啡乳生产中多使用白砂糖。砂糖中潜在的污染菌，糖液需进行杀菌。

咖啡乳饮料是由蛋白质粒子、咖啡提取液中的粒子及焦糖色素粒子等分散成为胶体状态的饮料。加工条件及组成的微小变动，即可导致成分的分离。在采用的条件中，以液体的 pH 值的影响最大。当 pH 值降至 6 以下，则饮料成分分离的危险性就很大。

糖在受热时 pH 值就会降低,各种不同的糖受热变化情况见表6.2。

表6.2 不同的糖受热时 pH 值变化情况

糖的种类	加热前		加热后	
	pH	酸度/%	pH	酸度/%
白砂糖	6.99	0.027	6.63	0.046
葡萄糖	7.01	0.028	5.83	0.099
果糖	6.88	0.033	5.78	0.109
果葡糖浆	7.02	0.025	6.29	0.062
饴糖	7.02	0.028	6.10	0.067
白砂糖+葡萄糖	6.99	0.028	6.30	0.067
白砂糖+果葡糖浆	6.95	0.029	6.20	0.074

从表中可以看出,白砂糖在加热的情况下 pH 值变化最小。因此,咖啡乳饮料采用白砂糖,加工技术上易于掌握。一般糖的用量为 4%~8%。而且,白砂糖还能在酪蛋白表面形成一层糖被膜,提高酪蛋白与分散介质的亲和力,具有稳定剂作用,特别是加热不会凝固,可适当消减其他稳定剂耐热性差、造成效果降低的影响。

咖啡乳饮料属中性饮料,没有有效的防腐能力,且原料中易含耐热性芽孢菌,所以必须采用严格的杀菌条件将其杀灭,一般为 120 ℃、20 min。但在高温杀菌条件下,伴随以分解反应为主的化学变化,则会使饮料变质,这一点需注意。研究表明,砂糖中污染的专性厌氧菌 Clthennoaceticura 是咖啡乳饮料变质败坏的原因之一。

防止咖啡乳饮料变质的措施是:一要选择优质的原料,检查原料中是否有嗜热性细菌存在,杜绝使用已经污染的原料;二要对糖液进行紫外线杀菌,以减少糖液中细菌污染;三要在咖啡乳饮料中添加 0.02%~0.05%的蔗糖酯可有效地防止变质。

④香料和焦糖。咖啡乳饮料通常用 1.8%~5.0%焙炒咖啡豆,咖啡豆的用量比常规饮用的咖啡少,因此乳饮料的咖啡风味不足。为使产品具有足够的风味,就需要用香料、香精和焦糖来补充。

⑤稳定剂。当饮料的稳定状态被破坏时,液体中的相同粒子聚集融合成为肉眼可见物,密度增大,造成其分离下沉,从而使制品失去其应有的品质。稳定剂是一种可以使含乳饮料长时间保持刚生产出来时的状态,保证制品不发生分离的重要作用成分。

在生产上多使用海藻酸钠、羧甲基纤维素钠、藻酸丙二醇酯(PGA)、卡拉胶、果胶等。它们之间的风味、组织状态几乎无差异,由于明胶易溶方便,故使用较多,其用量为0.05%~0.20%。

⑥其他原料。碳酸氢钠、磷酸氢二钠用来调整 pH 值;香精和焦糖色素用来调味和调色;食盐、植物油用作改善风味;蔗糖酯用作防止生成豆腐状凝集物,防止硫化腐败菌引起的变败;食品用硅酮树脂制剂用作消泡。

(2)调配

将砂糖和乳原料预先溶解,并将咖啡原料 制成咖啡提取液后,按下列顺序进行调和,

以防止咖啡提取液和乳液在混合罐直接混合后产生蛋白质凝固现象。

调和顺序如下：

①将砂糖液倒入调和罐。

②必要量的碳酸氢钠和食盐溶于水后加入。

③蔗糖酯溶于水后加入乳中均质。

④一面搅拌一面将均质后的乳加入调和罐内。

⑤必要时加入消泡剂硅酮树脂。

⑥加入咖啡抽提液和焦糖。

⑦最后加入香料，充分搅拌混合。

（3）均质

混合后的物料经过滤后进行均质处理，均质压力为 18~20 MPa，通过均质可以使饮料的组织状态更加稳定、口感更好。

（4）灌装

均质处理后，通过板式热交换器加热到 85~95 ℃，进行灌装和密封。因制品易于起泡，故不应装填过满；若加有硅酮树脂可以消泡，则可以提高灌装速度。灌装后的制品应保持 33.9~53.3 kPa 的真空度。

（5）杀菌和冷却

咖啡乳饮料的 pH 值一般在 6.5 左右，接近于中性，微生物易于滋生，同时为防止耐热性芽孢菌造成的败坏，通常要进行严格的杀菌处理，即使其中心温度达到 120 ℃后维持 20 min。杀菌中温度控制十分重要，既要防止温度不适而导致杀菌不足，又要防止杀菌过度而引起产品品质下降。杀菌后冷却到 70 ℃以下再打开杀菌容器，可直接供应市场或继续冷却至 40 ℃以下供应市场。

4）注意事项

①pH 等外界条件的微小变化会对制品产生较大影响。咖啡乳饮料不同于一般的饮料，其中含有蛋白质、焦糖和咖啡颗粒等，经过调配和均质，饮料呈胶体分散状态。当外界条件出现变化时，尤其是 pH 值低于 6 时，饮料易产生凝乳或脂肪分离现象。

②稳定剂使用严格按照标准执行。生产中可加入一定量的增稠稳定剂，如卡拉胶、琼脂、海藻酸钠、羧甲基纤维素钠、果胶等，从而使制品形成较稳定的溶胶体。一般的稳定剂耐热性差，加热时被膜易受到破坏，酪蛋白因颗粒重会凝聚沉淀。

白砂糖是对酪蛋白具有稳定作用的稳定剂，因此可将酪蛋白分散成为乳浊液，此种状况下白砂糖不同于一般的稳定剂，加热时酪蛋白也不会热凝固，又因其表面具有一层糖被膜的保护，用水稀释也不会沉淀。

③生产过程中必须严格控制质量指标。主要指标有饮料的糖度和相对密度、pH 及酸度，以及总氮、咖啡因、无脂乳固形物、粗脂肪等的含量。严格监控微生物指标，如细菌总数、霉菌、酵母及大肠杆菌等。

④加入表面活性剂可缓和杀菌条件。由于咖啡乳饮料的 pH 值在低酸性食品范围内，杀菌条件应采用 120 ℃、15 min 以上的高压杀菌条件，若使用表面活性剂（如蔗糖脂肪酸酯、月桂酸单甘油酯、甘氨酸等），可适当降低杀菌条件，杀菌后应及时冷却，以减少产品的受热时间。

6.3.2 可可乳饮料加工

可乳饮料是指以乳(包括鲜牛乳、全脂乳、脱脂乳、全脂或脱脂奶粉的复原乳)、糖和可可粉(或巧克力)为主要原料,另加香料、焦糖色素、稳定剂等制作成的饮料。

1)可可乳饮料配方

一般配方为可可粉 1.0%～2.0%、全脂牛乳 80%～90%、白砂糖 4%～8%,适量的食用色素、香精和稳定剂。下面列举可可乳饮料的几种配方以供参考,见表 6.3。

表 6.3 可可乳饮料的配方

单位:%

序号	配方	成分			
		脂肪	蛋白质	蔗糖	还原糖
1	全脂牛乳 80,脱脂乳粉 2.5,可可粉 1.5,砂糖 6.5,色素 0.01,卡拉胶 0.02,水 9.47	1.1～3.4	2.0～3.0	5.4～6.4	3.1～5.8
2	鲜牛乳 35,可可粉 1.0,砂糖 8.0,卡拉胶 0.15,香精 0.1,稳定剂 0.2,水 55.55				

2)可可乳生产工艺

可可乳饮料的生产工艺流程与咖啡乳饮料的基本相似。只是在选用原料时,一般选用可可粉,采用可可豆经焙炒后加入的较少。

(1)原辅料

①可可粉或巧克力。从可可豆中得到的粉末,不脱脂的是巧克力,稍稍脱脂的便是可可。由于可可豆产地不同,其风味也有差异。可可不能只用热水溶解,若将其煮沸 4～5 min 则风味更佳。

②原料乳。原料乳最好是新鲜乳(全脂乳),经巴氏杀菌后使用,或者选用全脂乳粉、脱脂乳粉的还原乳。

③甜味剂。白砂糖是可可乳饮料的主要原料之一,它的溶解度很大,而 pH 值变化不大。白砂糖在煮沸时,其中的一部分会转化成葡萄糖和果糖,如有酸存在,这种转化会加快。糖浆的黏度随温度变化很大,随浓度的变化要低于随温度的变化。

另外,也可选用饴糖、淀粉糖浆、蜂蜜以及其他甜味剂,如甜菊糖苷、甜蜜素等。

④稳定剂。按照规定,多采用黄原胶、藻酸丙二醇酯、海藻酸钠、羧甲基纤维素钠等稳定剂。

⑤其他原料。饮料中也用香料、焦糖色素、植物油及碳酸氢钠、磷酸二氢钠(pH 调节剂)等,此外还使用为防止凝乳、硫化腐败用的蔗糖酯以及消泡用的硅酮树脂等。

(2)调配

配制可可乳饮料时,分别将海藻酸钠与 1/5 的白砂糖混合以及将可可粉与其余 4/5 的白砂糖混合配成可可糖浆,然后在 85 ℃、5～10 min 条件下杀菌,随即冷却。在搅拌条件下,将 4% 的脱脂乳缓缓加入到可可粉与白砂糖的混合物中,继续搅拌直至形成滑腻的组

织,再将其加热至 66 ℃,然后加入海藻酸钠与白砂糖的混合物。

若使用液态巧克力,则应将巧克力缓缓加入脱脂乳中,形成滑腻的糊状物,并在其中加入海藻酸钠与白砂糖的混合物;混合料经一次均质、杀菌;将糖浆加入 9 倍量的经过均质的全乳或脱脂乳中,然后杀菌、冷却、灌装。

(3)脱气与均质

脱气一般在均质前。脱气后的乳饮料的温度一般为 65~70 ℃,此时再进行均质,就可达到好的均质效果。后加热到 85 ℃,进行均质处理,均质压力为 25~40 MPa。通过均质可使可可乳饮料更加稳定、口感更好。

(4)灭菌与灌装

调配好的可可乳饮料经过过滤、均质后,用板式换热器加热至 85~90 ℃,时间为 7~10 min,然后进行热灌装。有时候原料乳中可能含有耐热性的芽孢杆菌,为了延长货架期,需要经过 120 ℃,20 min 的杀菌。杀菌不足,产品容易发生变质现象,加热过度,又会影响饮料的质量。二次杀菌后冷却至 40 ℃ 左右。

3)注意事项

因为可可粉中含水溶性物质极少,大部分为非水溶性的蛋白质、油脂、纤维素,所以生产中常常出现产品分成 3 层的现象,即上浮的脂肪层、奶溶液层和可可粉沉淀层。为此,需采用均质、研磨的方式,如可可糖浆可在胶体磨中进行微细化处理,使可可粉的粒度变小,再加入一定量的增稠稳定剂,如海藻酸钠、卡拉胶、琼脂、羧甲基纤维素钠、果胶等,从而使可可粉形成较稳定的溶胶体,产品中的脂肪即使在振荡时也不会形成游离脂肪球上浮,以及可可粉粒子也不会下沉,并且产品经高温杀菌后能保持其原有的组织状态和风味。

增稠稳定剂的添加量依各稳定剂的性质、性能不同而有所不同。使用混合稳定剂,则效果会更好一些。

6.4 乳酸菌饮料常见质量问题及其防止方法

6.4.1 乳饮料的稳定性

牛乳中含有蛋白质,其中 80% 是酪蛋白。酪蛋白的等电点在 pH 值为 4.6 左右,当乳饮料(包括配制型乳饮料和发酵型乳饮料)的 pH 值降到这个范围附近时,酪蛋白即会因失去同性电荷斥力凝聚成大分子而沉淀。此外,酪蛋白的溶解分散性也显著受盐类浓度的影响,一般在低浓度的中性盐类中容易溶解,但盐类浓度高则溶解度下降,也容易产生凝聚沉淀。

为防止蛋白质粒子沉淀,根据斯托克斯定理,可从以下方面采取措施:

①缩小分散蛋白质粒子的粒径。

②尽量缩小蛋白质粒子和分散媒的密度差。

③加大分散媒的黏度系数。

另外,我们在前面介绍生产工艺时也强调过了,在制造过程中要注意物料的混合顺序、混合时物料的温度、搅拌速度、酸的添加方式和速度等,它们都是影响蛋白质粒子大小的重要因素。下面介绍一些具体的做法:

1)均质

一般使用高压均质机,在10~25 MPa的压力下进行均质。用镜检、凝聚稳定性试验和粒度分散检验等来检查均质效果,并根据实验结果来定出均质条件。镜检的方法是:放一滴产品于载玻片上,再敷另一片在其上,放大倍数为100~400,轻压玻璃片获得适当的产品厚度,蛋白质微粒在浅背景下以深色圆球状显现,不稳定的产品,微粒粘在一起,不会自由流动。离心分离看是否有乳清分离现象,也能检验稳定性。

2)添加糖类

蔗糖与蛋白质粒子的亲和性最高,有良好的分散作用。蔗糖的添加量要多,少则效果不太好。稀释用乳酸菌饮料就是用50%以上的浓蔗糖液来防止沉淀,并且,由于提高了溶液的密度,缩小了溶液与蛋白质粒子之间的密度差,还可以提高黏度,因此,可以防止因蛋白质粒子重力所致的沉淀。只是要适当调整饮料的糖酸比,使其稀释后饮用酸甜适口。

3)添加有机酸

添加柠檬酸等有机酸是引起饮料产生沉淀的因素之一。因此在添加时要注意:低温条件下,缓慢添加,另外,搅拌的速度要快。一般酸液以喷雾形式加入。

4)添加稳定剂

根据斯托克斯定理,稳定剂的作用是因为提高了溶液的黏度,具有了悬浮作用,从而防止了因蛋白质粒子重力所致的沉降。而且稳定剂具有和食品中基本成分的亲和性及相容性等性质,它们可以和酪蛋白结合,或将蛋白质的电荷包围起来,使之成为稳定的胶体分散体系,从而防止了凝集。

在含乳饮料中可使用的稳定剂有多种,主要是一些增稠剂,如藻酸丙二醇酯(PGA)、羧甲基纤维素钠(CMC)、果胶、卡拉胶、黄原胶、明胶等等。也有使用乳化剂的,如蔗糖脂、单甘酯等。稳定剂的使用要根据饮料的品种和稳定剂的性质而定。一般不单独使用,复合使用具有增效的作用,效果更好。在酸性乳酸饮料中使用稳定剂要在长时间酸性条件下耐水解,一般多使用PGA和耐酸性CMC及果胶。

5)去除金属离子

牛乳中含钙较多,在pH值6.6~6.7的正常乳弱酸性条件下,乳中的钙等各种盐类呈离子型和结合型,成平衡状态。经乳酸发酵使pH值下降,钙离子解离会呈游离状态,这一浓度的钙离子可使CMC-Na从溶液中沉淀出来,会造成产品不稳定。添加磷酸盐可与溶液中的钙离子作用,生产螯合化合物。磷酸盐使用得当,可螯合绝大部分的游离钙,得到乳蛋白稳定的乳酸饮料。

6.4.2 乳酸菌活菌的保持

发酵剂应选用活力较高、耐酸性强的乳酸菌,以保证每毫升饮料中含活的乳酸菌数达

到 100 万个以上。为了弥补发酵本身的酸度不够,一般采用柠檬酸与苹果酸并用。添加苹果酸既可以减少柠檬酸对乳酸菌的抑制作用,又可以改善柠檬酸的涩味。

6.4.3 脂肪上浮

在采用全脂乳或脱脂不充分的脱脂乳做原料时,由于均质处理不当等原因容易引起脂肪上浮,应改进均质条件,同时可选用酯化度高的稳定剂或乳化剂,如卵磷脂、单硬脂酸甘油酯、脂肪酸蔗糖酯等。最好采用含脂率低的脱脂乳或脱脂乳粉作为乳酸菌饮料的原料。

6.4.4 果蔬料的质量控制

在制作果汁乳酸菌饮料时,常常添加一些椰子、橘子、草莓等水果汁,由于这些物料本身的质量因素或配制饮料时的预处理不当,就会使饮料在保存过程中引起感官质量的不稳定,如饮料变色、褪色,出现沉淀,污染杂菌等。因此,在选择及加入这些果蔬物料时应注意杀菌处理。

另外,在生产中应考虑适当加入一些抗氧化剂,如维生素 C、维生素 E、儿茶酚、EDTA等,以增强果蔬色素的抗氧化能力。

6.4.5 卫生管理

在乳酸菌饮料因乳酸发酵引起蛋白质分解,致使大量的游离氨基酸存在。同时蔗糖在酸性溶液中加热或在贮存中水解,成为有还原性的葡萄糖和果糖,这些单糖类带有还原性的羰基,容易与游离的氨基酸反应,生成褐色色素。

影响褐变的因素主要有温度、pH 值、糖和氨基酸的种类、金属离子、酶、光线等,其中温度的影响最大,因此进行杀菌等加热处理时要控制温度。

【实验实训 1】 咖啡乳饮料的制作

1)技能目标
①掌握咖啡乳饮料的制作工艺流程。
②掌握咖啡乳饮料的操作要点。
③了解咖啡乳饮料的产品质量标准。
④能够解决生产中常见的质量问题。

2)主要材料及设备器具
原辅料:咖啡,砂糖,奶粉,净化水,焦糖,碳酸氢钠,食盐,海藻酸钠等(稳定剂也可用CMC)。

设备器具:煮锅 2 口,电炉 1 个,奶桶 2 个,1 000 mL 的烧杯 2 个,150 mL 或者 500 mL 的烧杯 2 个,玻璃瓶 30 套,架盘天平 1 台,高压锅 1 口,灭菌设备 1 套,温度计 1 支,以及离心泵 1 台等。

3)工艺流程

咖啡乳饮料制作工艺流程如图 6.5 所示。

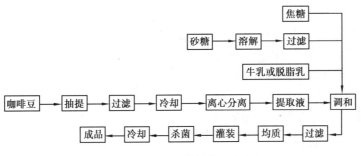

图 6.5 咖啡乳饮料制作工艺流程

4)参考配方

咖啡乳饮料参考配方见表 6.4。

表 6.4 咖啡乳饮料参考配方

配料名称	单位/%	配料名称	单位/%
咖啡	0.6	奶粉	3
食盐	0.03	稳定剂(海藻酸钠或 CMC)	0.2
砂糖	8.5	焦糖	0.15
碳酸氢钠	0.05	咖啡香精	0.05

5)操作要点

①将砂糖和稳定剂混合后加入少量水溶解制成 2%~3% 的溶液,并加入咖啡。

②将奶粉用少量热水溶开。

③将碳酸氢钠、食盐、焦糖等用少量水溶开(所有用水都计于总水量中),配成焦糖浆液。

④将上述 3 种料液混合后,加入剩余的水量,混合后过滤、预热、均质。

⑤加热至 80 ℃,装瓶,再高压灭菌(120 ℃、3 s)(或预热至 40 ℃再灌装,或水浴加热至 85~90 ℃保持 15~20 min)。

⑥冷却至 10 ℃左右,低温储存。

6)产品质量标准

感官指标:产品色泽均匀一致,呈咖啡色,味道适中,无异味,无沉淀,无分层。

理化指标:非脂乳固体 4%~5%,pH 值为 6.5 左右,乳脂肪 2% 左右。

微生物指标:符合 GB 11763—2003《含乳饮料卫生标准》。

【实验实训 2】 果汁乳饮料的制作

1)技能目标

①掌握果汁乳饮料的制作工艺流程。

②掌握制作果汁乳饮料的操作要点。

③了解果汁乳饮料的产品质量标准。

④掌握加酸的原则。

⑤能够解决生产中常见的质量问题。

2)主要材料及设备器具

原辅料:苹果或草莓,砂糖,奶粉,净化水,香精,柠檬酸,果胶等(稳定剂也可用 CMC)。

设备器具:电炉 1 个,奶桶 2 个,1 000 mL 烧杯 2 个,150 mL 或 500 mL 烧杯 2 个,玻璃瓶 30 套,煮锅 2 口,架盘天平 1 台,高速电磨 1 台,高压锅 1 口,灭菌设备 1 套,温度计 1 支,均质机 1 台,离心泵 1 台等。

3)工艺流程

累计乳饮料制作工艺流程如图 6.6 所示。

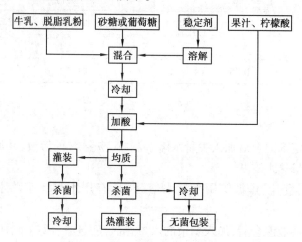

图 6.6　果汁乳饮料制作的工艺流程

4)参考配方(100 kg 水中配料)

表 6.5　果汁乳饮料参考配方

配料名称	质量/kg	配料名称	质量/kg
砂糖	18	奶粉	8
草莓	20	柠檬酸	0.15
果胶或 CMC	0.3	香精	0.1

5）操作要点

①用高速电磨将苹果或草莓打碎，挤压出汁后，加入少部分水和柠檬酸，短时杀菌（120 ℃、数秒），冷却到20 ℃待用，注意防止污染。

②将稳定剂与砂糖干料混合后，加少部分水溶解后制成3%的溶液。

③将奶粉加入剩余的热水溶解后，再将稳定剂溶液加入混合，杀菌或灭菌，冷却至20~30 ℃以下。

④加果汁和有机酸的混合液，边加入边搅拌，添加速度要慢。

⑤最后添加香精（也可添加色素调色）。

⑥将调和后的物料预热至60 ℃，然后在18~20 MPa压力下均质。

⑦如果是先灭菌，则冷却后再灌装，即将均质后的物料泵入超高温灭菌机，加热至130 ℃，保持2~4 s，进行超高温灭菌，灭菌后的物料冷却后灌装；或是料液混合后，装瓶再进行高压灭菌，灌装后的饮料瓶浸入100 ℃水中，保持15 min。

6）产品质量标准

①感官指标。产品具有果汁和牛奶混合后应有的色泽，酸甜适口，奶香浓郁，均匀细腻，有相应的果汁风味，无异味；允许有少量沉淀，无肉眼可见异物，无分层。

②理化指标。

蛋白质>1.0%；酸度（以柠檬酸计）为2.0~3.5 g/L；乳脂肪>1.0%。

③微生物指标。符合GB 11763—2003《含乳饮料卫生标准》。

7）注意事项

操作过程中加酸条件和方法非常重要，若操作不当，则易使产品分层。加酸时要注意3个原则：一是温度应低于20 ℃，并且应在搅拌条件下加入；二是酸的浓度要尽量低；三是加酸的速度要慢，且应采用喷洒加入。配方中柠檬酸的量应根据果汁的品种而做适当调整。

 小资料

乳饮料与牛奶的差别

乳饮料是以鲜乳或乳制品为原料，参加水、糖液、酸味剂等调制而成的，在营养成分上与纯牛奶相比，是有一定差异的，更多的营养需要牛奶来补足。

含乳饮料允许加水制成，从配料表上可以看出，这种牛奶饮品的配料除了鲜牛奶以外，一般还有水、甜味剂和果味剂等，由于国家要求将配料当中的每种成分从高到低排列出来，所以"水"要排在第一位。按照国家请求的标准，含乳饮料里牛奶的含量不得低于30%，也就是说水的含量不得高于70%。由于含乳饮料是经过发酵和非发酵两种方法制造而成的，所以其营养参数与纯牛奶是存在差异的。液体乳，也就是主要指牛奶，有消毒乳、灭菌乳、花色乳之分，但乳饮料则不能归于液体乳。对消费者而言，液体乳和乳饮料的最大差异是营养成分不同。假如把乳饮料当奶喝，那能摄取的营养可就存在一定差异了。

本章小结)))

本章主要讲述配制型含乳饮料、发酵型含乳饮料和乳酸菌饮料的加工方法及工艺流程及存在问题。

复习思考题)))

1.试述含乳饮料的定义、分类、特点及相关标准的内容。

2.简述发酵型含乳饮料的种类及其特点。

3.简述乳酸菌饮料的工艺流程及操作要点。

4.简述咖啡乳饮料的工艺流程及操作要点。

5.含乳饮料常见问题及处理措施有哪些？

第7章
植物蛋白饮料的加工

知识目标

了解植物蛋白饮料的定义、分类与特点和原料来源,学习植物蛋白饮料加工的一般工艺流程,了解几种具体的植物蛋白质饮料的生产工艺。

能力目标

掌握几种基本的植物蛋白饮料的加工技术,能够根据市场需求,合理选材,开发植物蛋白饮料新品种,能够解决饮料行业生产实践中的疑难问题。

7.1 概 述

发达国家的人民由于食用了过多的动物性食物,导致了肥胖、肿瘤、心血管病的发生。这一倾向在我国一些人群中也有发现。因此,寻找低脂肪、无胆固醇的植物蛋白是时代的需要。

我国粮食、油菜籽、花生、棉籽总产量均占世界第一,唯有大豆为世界第三。稻物胚、小麦胚芽、玉米胚芽、花生中含有较多的蛋白质而且氨基酸种类优质且丰富。油菜籽、棉籽经过脱油后的蛋白质含量也很高且质量好,只是它们需要进行脱毒处理。

干果中主要有杏仁、核桃、腰果、夏威夷果、阿越浑子、榛子等。这些物质中不仅含有较丰富的多种不饱和脂肪酸,而且含有一定数量的蛋白质。

藻类、菌类也含有较多的植物蛋白质。比如说螺旋藻,含有蛋白质60%~70%。易被人体吸收,消化率为85%。其氨基酸含量均匀丰富并有多种维生素、多糖、微量元素和生理活性物质,具有一定的保健作用。因此大力发展植物蛋白质食品,有必要性和可行性。

7.1.1 植物蛋白饮料的定义、分类与特点

1)定义

植物蛋白饮料是以蛋白质含量较高的植物的果实、种子、核果或坚果类的果仁等为原料,用水将其所含蛋白质抽提出来后,加入糖等配料制得的乳浊状液体制品。成品中蛋白质含量不低于0.5%(m/V)。

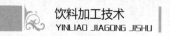
2）分类

按照加工原料的不同,植物蛋白饮料可以分为 4 大类:豆乳类、椰子乳(汁)、杏仁乳(露)和其他植物蛋白饮料。

（1）豆乳类饮料

以大豆为主要原料,经磨碎、提浆、脱腥等加工工序制成的无豆腥味的制品。其制品又分为纯豆乳、发酵酸豆乳、调制豆乳、豆乳饮料等。

①纯豆乳。大豆经研磨后,萃取得到的性状良好的呈乳白色至淡黄色的乳状液体制品。其中的固形物含量不低于 8%。

②发酵酸豆乳。在豆浆中加入适量乳品或某些可供乳酸菌利用的糖类作为发酵促进剂,经乳酸菌发酵而产生的酸性豆乳饮料。

③调制豆乳。纯豆乳加入糖类、精制植物油、食盐、乳化剂等配料制得的制品。

④豆乳饮料。

a.豆乳饮料。纯豆乳加入糖类、蔬菜汁、乳或乳制品、咖啡、可可等配料制得的制品。

b.果汁豆乳饮料。纯豆乳加入原果汁(或果汁糖浆)等配料制得的制品。

c.酸豆乳饮料。纯豆乳用乳酸发酵(或加入酸味剂),加入糖类、乳化剂、着色剂等配料制得的制品。

（2）椰子乳(汁)饮料

以新鲜、成熟适度的椰子为原料,经加工制得的果肉,再经压榨制成椰子浆,加入适量水、糖类等配料调制而成的乳浊状制品。

（3）杏仁乳(露)饮料

以杏仁为原料,经浸泡、磨碎、提浆等加工工序后,加入适量水、糖类等配料调制而成的乳浊状制品。

（4）其他植物蛋白饮料

如核桃仁、花生、银杏、南瓜子、葵花子等经与水按一定比例混合、磨碎、提浆等加工工序后,加入糖类等配料调制而成的制品。

3）特点

植物蛋白饮料,一般是以植物的籽仁为原料制取的。其中含有丰富的蛋白质、脂肪、维生素、矿物质等重要营养元素,而不含胆固醇;却含有能够去除过剩的胆固醇,防止心血管疾病的亚油酸、亚麻酸等物质。另外,矿物质中含 K 较多,作为一种碱性食品,可以缓冲鱼肉等酸性食品的不良作用,维持酸碱平衡。对人体健康大有裨益。

从整个饮料行业的发展趋势看,由于植物蛋白饮料天生具备的"天然、绿色、营养、健康"的品类特征,符合饮料市场发展潮流和趋势,越来越受消费者喜爱,消费人群正在快速增长,市场需求不断增长,发展前景广阔,植物蛋白饮料将会掀起中国新一波的饮料浪潮。

7.1.2　植物蛋白饮料的发展前景

目前,植物蛋白饮料已经成为饮料市场不可或缺的一员,豆制饮品、椰汁、杏仁露核桃露等各种植物蛋白饮料不断涌现,市场对植物蛋白质饮料呈乐观态度,我国饮料行业协会也建议将"植物蛋白饮料""果汁及蔬菜饮料""谷物饮料"一同作为鼓励发展的产业。目前,植物蛋白饮料日益流行,销售渐入佳境,市场呈现的良好前景让许多企业跃跃欲试。

　　随着人们生活水平和健康意识的提高,植物蛋白饮料未来的发展前景仍然乐观。在行业和政策的助力下,植物蛋白饮料的空间是显而易见的。受西方饮食习惯的影响,牛奶、豆制饮品、谷物饮品也成了国人早餐桌上的必备品,乳品事件后之后,植物蛋白饮料更是受到前所未有的追捧,而在国家发改委的《2008 产业结构调整目录》中,中国饮料行业建议将"植物蛋白饮料""果汁及蔬菜饮料""谷物饮料"一同作为鼓励发展的产业。在中国饮料工业协会"十二五"规划中,我们可以看到这样的描述:未来 5 年,蛋白饮料的发展势头迅猛,比重将有所提高,以椰汁、大豆、花生、杏仁、核桃等植物果仁、果肉为原料的植物蛋白饮料或将迎来高速发展期。

7.2　植物蛋白饮料的加工工艺及关键控制点

7.2.1　加工工艺

1)非发酵型

选料──→原料预处理──→浸泡、磨浆──→浆渣分离──→加热调制──→胶磨、真空脱气、均质──→灌装封口──→杀菌、冷却──→成品

2)发酵酸豆乳

凝固型与搅拌型酸豆乳的工艺流程略有不同。

(1)凝固型

制豆浆──→调配──→过滤──→均质──→杀菌──→冷却──→接种(纯菌种──→母发酵剂──→工作发酵剂)──→装瓶(容器清洗、杀菌)──→封盖──→前发酵──→冷藏与后发酵──→成品

(2)搅拌型

制豆浆──→调配──→过滤──→均质──→杀菌──→冷却──→接种(纯菌种──→母发酵剂──→工作发酵剂)──→发酵罐──→搅拌──→均质

      ┌ 包装──→成品(活菌型)

　　　　├ 发酵乳──→调配──→均质──→杀菌

　　　　└ 成品(非活菌型)←──包装←──┘

7.2.2　关键控制点

　　用来生产植物蛋白的原料中,除含丰富的蛋白质以外,一般都含有较多的油脂;如大豆中蛋白质的含量一般在 40%左右,而其油脂含量一般在 25%左右;花生中蛋白质的含量一般在 25%左右,而油脂含量高达 40%左右;核桃、松子的油脂含量更高达 60%以上;杏仁中

的油脂含量也高达 50%左右。在生产植物蛋白饮料时,蛋白质变性、沉淀和油脂上浮是最常见,也是最难解决的问题。此外,植物蛋白原料中一般都还含有淀粉、纤维素等物质,其榨出来的汁(或打出来的浆)是一个十分复杂而又不稳定的体系。影响植物蛋白饮料稳定性的因素很多,生产的各个环节都要进行严格控制。

1)原料

植物籽仁的蛋白质、脂肪、糖类等的含量与其成熟度有关,因此,植物蛋白饮料的生产首先要求原料的成熟度要好;另外,还要求原料新鲜、色泽光亮、籽粒饱满,无虫蛀、霉变及病斑且贮存条件良好。

劣质原料的危害主要有:因贮藏时间过长,脂肪已部分氧化,产生哈败味;而且因脂肪氧化酶的作用产生豆腥味、生青味等不愉快的味道,直接影响饮料风味;同时影响其乳化性能;有的部分蛋白质变性,经高温处理后易完全变性而呈豆腐花状;若有霉变的则可能产生黄曲霉毒素,影响消费者健康。有些人还试图利用豆饼、花生饼等为植物蛋白原料制取蛋白饮料,但往往由于其中蛋白质因高温、高压处理而变性、变质、焦化,难以取得很满意的效果。总而言之,使用劣质原料生产产品,不但产品的口味差,而且稳定性很差,蛋白质易变性,油脂易析出。

另外,原料的添加量对产品的稳定性影响很大。原料的添加量不同,对乳化稳定剂的品种和用量、生产的工艺条件等都会有不同的要求,因此生产时应根据产品的原料添加量而选用不同的乳化稳定剂并确定其合适的添加量。生产设备的选用和生产时工艺参数的确定也应以此为依据。一般来说,原料的添加量越大,产品中油脂、蛋白质以及一些其他物质如淀粉、纤维的含量也越高,要形成稳定的体系也越难,对于乳化稳定等工艺的要求也就越高。

原料的预处理:原料的预处理通常包括清洗、浸泡、脱皮、脱苦脱酶等。不同的植物蛋白饮料,应针对其原料性质采用适当的预处理措施。

清洗是为了去除表面附着的尘土和微生物。新鲜椰子,还要先除去椰衣及外硬壳,有时还要同时削去椰肉外表棕红色的外衣,才可得加工椰子汁用的椰肉。

浸泡的目的是软化组织,利于蛋白质有效成分的提取。经过预处理的植物籽仁,一般都先经浸泡工序。植物的籽仁通过浸泡,可软化细胞结构,疏松细胞组织,降低磨浆时能耗与设备磨损,提高胶体分散程度和悬浮性,提高蛋白的提取率。浸泡时,要根据季节调节浸泡水温度及浸泡时间,一般浸泡水不宜采用沸水,以免蛋白质变性。通常夏季浸泡温度稍低,浸泡时间稍短,冬季浸泡水温稍高,浸泡时间适当延长。浸泡不充分(时间短、水温低),蛋白质等营养物质提取率低;浸泡时间过长,蛋白质已经变性,有的甚至出现异味。杏仁除去外衣前,通常采用温水浸泡杏仁,然后再用橡胶板或橡胶棍对搓除去外衣;杏仁浸泡时对水的温度、pH 有较严格的要求。

脱皮的目的是减轻异味,提高产品白度。由于各种植物蛋白原料的皮(或衣)都会对产品的质量产生影响。大豆在加工之前,一般应脱皮。大豆若去皮不彻底则豆腥味会加重,花生米用于加工花生奶时,也要脱去内红衣。脱花生红衣有湿法(浸泡、去皮)及干法(烘烤、去皮、浸泡)两种;花生衣、核桃皮若去得不彻底则残留的衣或皮会全部沉到底部,形成红色或褐色的沉淀,影响产品的外观。

衡量植物籽仁脱皮效果的好坏,主要是 3 个指标:脱皮率、仁中含皮率和皮中含仁率。

实践证明,采用干法脱皮的植物籽仁,应控制含水量,才能提高脱皮效果。湿法脱皮则应使植物籽仁充分吸足水分,脱皮效果才能明显提高。生产植物蛋白产品时,应严格控制脱皮率。常用脱皮方法有:

①湿法脱皮:如大豆浸泡后去皮。

②干法脱皮:常用凿纹磨、重力分选器或吸气机除去豆皮。

脱皮后需及时加工,以免脂肪氧化,产生异味。

需要注意,生产植物蛋白饮料,对水质的要求很高。硬度高的水,易导致油脂上浮和蛋白沉淀现象。若硬度太高,会导致刚杀菌出来的产品就产生严重的蛋白变性,呈现豆腐花状。因此,用于生产植物蛋白饮料的生产用水必须经过严格的处理,最好使用纯净水来生产。通常原料与水的比例为1∶3。不同浸泡温度所需时间不同,不同原料及产品对浸泡要求的条件不同。同一原料在不同地区或同一地区的不同季节,由于水温的不同,其浸泡时间都会有所不同。若浸泡时间偏短,则会导致蛋白质的提取率降低,影响产品的口感和理化指标;若浸泡时间偏长,则可能会因原料的变质而严重影响产品的风味和稳定性。当然,若采用恒温浸泡,那对产品品质的一致性会有很大的帮助,但这需要添加相应的设备。

2)磨浆

原料经浸泡、去皮等预处理后,加入适量的水直接磨浆。磨浆前,要清除杂质。先经磨浆机进行粗磨,加水量应1次加足,量不可太少,以免影响原料提取率。一般控制在配料水量的50%~70%,然后送入胶体磨进行细磨,使其组织内蛋白质及油脂充分析出,以利于提高原料利用率。通过粗、细精磨后的浆体中应有90%以上固形物可通过150目。因磨浆后,脂肪氧化酶在一定温度、含水量和氧气存在条件下,会迅速催化脂肪酸氧化产生豆腥味,所以磨浆前应采取必要的抑酶措施。

3)浆渣分离

各种原料经过粗、细磨浆后,通过三足式不锈钢离心进行分离(转鼓内滤袋用绢丝布、帆布等过滤材料制作),其渣除了作为饲料外,还可进一步进行烘干,作为其他产品加工的原料。经过分离得到的汁液,就是生产植物蛋白饮料的主要原料。

为了提高浆液中有效成分的提取率,并提高产品的稳定性,需采用合适的打浆或取汁方法,如可以采用热磨法、加碱磨浆法或二次打浆法等。同时必须注意,现有一般厂家的打浆法所得的浆液都含有较多的粗大颗粒和一些不溶性成分如淀粉、纤维素等,须经过滤去除或大部分去除这些成分后,再进行调配,否则,所生产的产品会产生大量沉淀,甚至出现分层,严重影响产品质量。一般来说,要生产出在较长时间内比较稳定的产品,过滤的目数应在200目以上。

有些植物蛋白品种的提取液由于油脂含量较高,采用高速离心分离的方法,将其中部分油脂分离(如椰子、杏仁、花生等),但是,许多植物蛋白饮料良好的香味主要来自其油脂中,如天然杏仁汁香味,主要来自杏仁油,天然椰子汁香味来自椰油。植物籽仁的油脂中含有大量不饱和脂肪酸,并有人体不能合成的必需脂肪酸。因此,在加工工艺上,尽量将其油脂保留在饮料中,以提高产品的本色香味。合理选择具有高乳化稳定效果的乳化剂与稳定剂,可以得到品质稳定均一的优良产品。

4)调配

经过分离得到的汁液,按照各种配方进行调配。调配的目的是生产各种风味的产品,同时有助于改善产品的稳定性和质量。通常可添加稳定剂、甜味剂、赋香剂和营养强化剂等,这些物质用余下的 30% ~ 50% 水量来溶解。若不使用乳化稳定剂,不可能生产出经长期保存而始终保持均匀一致、无油层、无沉淀的植物蛋白饮料。因为经过榨汁(或打浆)的植物蛋白液不像牛乳那样稳定,而是十分不稳定的体系,需要外加其他物质来帮助形成稳定体系。植物蛋白饮料的乳化稳定剂一般都是由乳化剂、增稠剂及一些盐类物质组成的。为了使乳化剂、增稠剂溶解均匀,可用砂糖作为分散介质,加水调匀。将乳化剂、增稠剂与分离汁液混合均匀。混合设备可采用胶体磨,以增加饮料的口感、细腻感。然后通过列管式或板式热交换器加热升温到所需的温度加热调制是生产各种植物蛋白饮料关键工序之一,不同的品种采用不同的乳化剂与增稠稳定剂及添加量。严格控制加热温度,加热时间,以防止蛋白质变性。同时严格控制好饮料的 pH 值,避开蛋白质的等电点(pH 值为 4.0 ~ 5.5),以确保形成均匀,乳白的饮料。

增稠剂主要是亲水的多糖物质,作用是:能与蛋白质结合,从而起到保护作用,减少蛋白质受热变性;充分溶胀后能够形成网状结构,显著增大体系的黏度,从而减缓蛋白质和脂肪颗粒的聚集,达到降低蛋白质沉降和脂肪球上浮速度的目的。乳化剂一般是一些表面活性剂,其作用是:可以降低油水相的界面张力,使乳状液更易形成,并且界面能大为降低,提高了乳状液的稳定性;乳化剂在进行乳化作用时,包围在油微滴四周形成界面膜,防止乳化因子因相互碰撞而发生聚集作用,使乳状液稳定。

由于乳化剂和增稠剂的种类很多,同时,各种植物蛋白原料所含量的蛋白质和脂肪的量和比例不同,生产时所选择的添加剂及其用量也不尽相同,特别是乳化剂的选择更为关键。如何选择合适的乳化剂和增稠剂并确定它们的配比是一个较复杂的问题,需经长时间的试验方能确定。实验证明,单独使用某一种添加剂难以达到满意的效果。将这些添加剂按照某一比例复配使用,利用它们之间的协同作用,效果往往更好。若生产厂家无此技术或出于生产便利考虑,可以直接选用一些复配厂家的产品。

乳化稳定剂对产品质量的影响巨大。稳定剂溶解得好与否,也是影响产品质量的关键因素。一般来说植物蛋白饮料的乳化稳定剂中乳化剂的含量较高,因此,在溶解时温度不宜过高(一般 60 ~ 75 ℃),否则乳化剂易聚集成团,即使重新降低温度也难以再分散,可以通过胶体磨使其更好地分散。

盐类物质(磷酸盐)的作用是:饮品中存在 Ca^{2+}、Mg^{2+} 等离子,蛋白质会通过 Ca^{2+}、Mg^{2+} 等形成桥键而聚合沉淀。磷酸盐能够螯合这些离子,从而减少蛋白质的聚集;磷酸盐能吸附于胶粒的表面,从而改变阳离子与脂肪酸,阴离子与酪蛋白之间的表面电位,使每一脂肪球包覆一层蛋白膜,从而防止脂肪球集聚成大颗粒。磷酸盐还具有调节 pH,防止蛋白质变性等作用,这些都有助于体系的稳定。

另外,在生产植物蛋白乳时,有些辅料对产品的质量也会产生明显的影响。例如,许多厂家在生产豆奶、花生奶或核桃露时会加入一定量的乳粉(大多数在 1% 以下)以改善产品的口味。生产鲜销产品,乳粉对产品的稳定性的影响不是很明显。但若是生产长时间保存的产品,则会产生明显的影响,必须对乳化稳定剂的种类和用量进行调整,否则经一段时间(一般 7 d)放置后,会产生油脂析出现象。有许多厂家生产植物蛋白饮料时,会加入一定量的淀粉,以增大产品的浓度,增加质感;此时,对淀粉的种类、浓度和处理方式便会有严格的要求。因为淀粉是易沉淀的物质,若不加以控制,则产品放置后会产生分层。喝的时候会明显感觉到上稀下稠,有时甚至结块。从稳定性方面来考虑,应该尽可能少,最好是不要添加淀粉类物质,因为此类物质即使杀菌出来时稳定,在贮藏过程中也易因淀粉的返生而影响产品的稳定性。

5)杀菌、脱臭

杀菌的目的是杀灭部分微生物,破坏抗营养因子,钝化残存酶的活力,同时可提高温度,有利于脱臭。杀菌常用的工艺参数为 110~120 ℃,10~15 s。灭菌后及时入真空脱臭器进行脱臭处理。

植物蛋白饮料由于其原料的特性及加工特性,极易产生青草臭和加热臭等异臭。真空脱臭法是有效除去植物蛋白饮料中不良气味的方法。将加热的植物蛋白饮料于高温下喷入真空罐中,部分水分瞬间蒸发,同时带出挥发性的不良风味成分,由真空泵抽出,脱臭效果显著。一般操作控制真空度在 266~399 kPa 为佳,不宜过高,以防气泡冲出。

6)均质

生产植物蛋白饮料,均质是必需的步骤,因为植物蛋白饮料一般都含有大量的油脂,若不均质,油脂难以乳化分散,而会聚集上浮。均质可以防止脂肪上浮,能使吸附于脂肪球表面的蛋白质量增加,缓和变稠现象。均质还可以大大提高乳化剂的乳化效果,使整个体系形成均匀稳定的状态。均质后的产品在稳定性、乳白度、光泽度、口感、消化性等方面更加优化。

均质工序由均质机来完成。均质机主要由高压往复柱塞泵和均质器组成。均质加工是在均质阀中进行的。物料在高压下进入可调节的间隙,使物料获得极高的流速,从而在均质阀里形成一个巨大的压力降,产生空穴效应,湍流和剪切力的作用,将原先粗糙的植物蛋白加工成极微细的颗粒,从而得到细微而均匀的液—液乳化及固—液分散体系,提高了植物蛋白饮料的稳定性。均质时的压力、温度越高,效果越好,但要受机械设备性能限制;必须控制相应的温度和压力。要达到较好的均质效果,可以采用温度在 75 ℃以上(一般为 75~85 ℃),压力在 25 MPa(一般为 25~40 MPa)。增加均质次数也可提高效果,如采用二次均质,对产品的稳定性有更大的帮助。

植物蛋白饮料生产中采用两次均质,一次均质压力为 20~25 MPa,二次均质压力为 25~36 MPa,均质温度 75~80 ℃。植物蛋白饮料通过高压均质可减小颗粒直径,从而减慢沉降速度,达到产品稳定。不易沉淀及分层的目的。其次,加入稳定剂以后增加溶液黏度有利于降低颗粒沉降速度,而使饮料保持更好的均匀稳定性。均质工序可放在杀菌前,也可放在杀菌后。

7)灌装杀菌

植物蛋白饮料富含蛋白质、脂肪,很易变质,需以一定包装形式供应消费者。散装是一种最简单的包装方法。另外还有玻璃瓶包装、复合袋包装及无菌包装等。可根据计划产量、成品保藏要求、包装设备费用、杀菌方式等因素统筹考虑,权衡利弊,最后选用适合的包装形式。采用无菌包装可显著地提高产品质量,在常温下货架期可达数月之久,包装材料轻巧,一次性消费无须回收,这些对运输、销售和消费均带来方便。但其设备费用高。

植物蛋白饮料杀菌后,应尽快冷却下来,以 4 ℃的植物蛋白饮料装于 200 L 保温桶中,输送到销售点,分配给消费者。一般在 30 ℃气温下,经 30 h 饮料温度仅升到 9 ℃。因此在一天内销售，质量还是可以保证的。但是，准备在室温下长期存放的制品，必须将植物蛋白饮料灌装于玻璃瓶或复合蒸煮袋或易拉罐等容器中，装入杀菌釜内采用加压杀菌方法进行分批杀菌。杀菌可采用121 ℃下保温15 h的杀菌规程，冷却阶段必须加反压，否则会因杀菌釜中压力降低，而容器内外压差增加，将瓶盖冲掉，或将薄膜袋爆破。杀菌后的成品可在常温下长期存放。此方法设备费用低，但费力、费时，产品质量不太理想，有些品种易引起脂肪析出、产生沉淀、蛋白质变性等问题。由于制品在高温下长时间加热，部分热不稳定的营养成分受到破坏、色泽加深、发灰、香气损失、产生煮熟味和青草味，口味明显下降。而采用超高温短时连续杀菌和无菌包装在植物蛋白饮料生产中日渐广泛采用，其优点是产品在130 ℃以上的高温下，仅需保持数十秒的时间，然后迅速冷却，可显著提高产品色、香、味等感官质量，又能较好地保持植物蛋白饮料中的一些对热不稳定的营养成分。

7.3 典型植物蛋白饮料的加工

7.3.1 豆乳类饮料

1)纯豆乳

(1)豆乳的营养价值

豆乳含有氨基酸较为齐全的优良蛋白质，且不含胆固醇，而含有较多的不饱和脂肪酸、维生素、矿物质。其中尤以不含胆固醇，含较多的不饱和脂肪酸及维生素；矿物质含量也较多，对人体极为有利。另作为一种碱性食品，可以缓冲鱼肉等酸性食品的不良作用，维持酸碱平衡。

(2)影响豆乳质量的因素及克服的方法

大豆中的酶类和抗营养因子是影响豆乳质量、营养和加工工艺的主要因素。大豆中已经发现近30种酶类，其中的脂肪氧化酶、脲酶对产品质量影响最大。大豆抗营养因子已经发现6种，其中胰蛋白酶阻碍因子、凝血素和皂苷对产品质量影响最大。脂肪氧化酶存在于许多植物中，以大豆中的活性最高，可催化不饱和脂肪酸氧化降解成正己醛、正己醇，是豆腥味产生的主要原因。杀灭脂肪氧化酶是产生无腥豆乳的关键。脲酶是大豆中各种酶中活性最强的酶，能催化分解酰胺和尿素，产生二氧化碳和氨，也是大豆的抗营养因子之一，易受热失活。

①豆腥味的产生与防止。生产豆乳时，要防止豆腥味的产生必须钝化脂肪氧化酶，脂肪氧化酶的失活温度为80~85 ℃。故用加热的方法可使脂肪氧化酶丧失活性。实际加热方法有干豆加热再浸泡制浆和先浸泡再热烫然后磨浆两种，其中后一种方法豆腥味仍较重，这可能是由于水浸泡时脂肪氧化酶活性增强且有利于脂肪氧化反应进行的缘故。但是在加热钝化酶过程中，碰到了一个矛盾之处，即加热可使酶钝化的同时也使得其他蛋白质受热变性，这样就降低了蛋白质的溶解性，不利于磨浆时蛋白质的抽提。因此，生产中一方面要防止豆腥味产生，另一方面又要保持大豆蛋白质有较高的溶解性，即尽可能做到在保

134

证脂肪氧化酶钝化的前提下,使大部分其他蛋白质不变性。目前较好的钝化酶的方法有以下几种:

a.远红外加热。此方法升温速度快,豆粒中心温度高,可迅速钝化酶。且由于防止了局部过热,使豆粒受热时间短、受热均匀。均匀大豆蛋白质变性较少。

b.磨浆后超高温瞬时杀菌(UHT)。磨好的豆浆(用管式热交换器),采用 0.196 MPa、130 ℃温度下保温 2 s 处理后立即闪蒸冷却也可以除去大豆豆腥味,防止蛋白质大量变性。

c.调节 pH 值。脂肪氧化酶在酸性条件下活性受到抑制,因此,在大豆浸泡或磨浆时,将其 pH 值调至 3.5 左右,然后加热钝化酶,再用 $NaHCO_3$ 调 pH 值至 6.5 以上,可防止蛋白质在等电点处絮凝沉淀。

d.酶法脱腥。利用蛋白质分解酶作用于脂肪氧化酶,可去豆腥味。另外,利用醇脱氢酶、醛脱氢酶作用于醇、醛类,也可以除去豆腥味。

②苦涩味的产生与防止。豆乳中苦涩味的产生是因为大豆在加工生产豆乳时产生了具有各种苦涩味的物质。如卵磷脂氧化生成的磷脂胆碱、蛋白质水解产生的苦味肽及部分具有苦涩味的氨基酸、有机酸、不饱和脂肪酸氧化产物黄酮类,都是构成豆乳苦涩味的物质。在生产豆乳时应尽量避免生成这些苦味物质,如控制蛋白质水解,添加葡萄糖内酯,控制加热温度及时机,控制溶液接近中性。另外,发展调制豆乳,不但可掩盖大豆异味,还可增加豆乳的营养成分及新鲜口感。

③生理有害因子的去除。生豆浆会引起中毒,是因为大豆中存在淀粉酶抑制因子、胰蛋白酶抑制因子、大豆凝血素、大豆皂苷及棉籽糖、水苏糖等低聚糖类。淀粉酶抑制因子和胰蛋白酶抑制因子可抑制淀粉酶和胰蛋白酶活力,从而影响淀粉、蛋白质的消化吸收,大豆凝血素是一种糖蛋白,能使红细胞凝集;豆浆的泡沫中含有较多的皂苷,也称皂角素,它有一定的毒性,可少量食用。但是也有溶血作用,可化解血栓,治疗心血管疾病;低聚糖则会引起胀气。淀粉酶抑制因子、胰蛋白酶抑制因子、脲酶、大豆凝血素属蛋白类,大豆皂苷则属于糖类,它们均不耐热,加热即可使它们被破坏或变性而失活,经高温加热的豆浆或大豆可以安全食用。棉籽糖和水苏糖是水溶性碳水化合物,在浸泡及脱皮工序可部分去除。在分离除去豆渣时,渣中会带走少量。但其他加工工序对其没有影响,因此主要部分仍存在于豆乳中。迄今为止,实际生产中仍未找到有效去除棉籽糖和水苏糖等低聚糖的方法。

(3)豆乳生产的工艺流程

添加过滤过的砂糖溶液、维生素及 0.1%均质过的 $CaCO_3$ 等

大豆去杂──→脱皮──→浸泡──→钝化酶、磨浆提取──→分离过滤──→消泡──→调配

成品←──无菌包装←──杀菌(UHT)┐←──均质←──脱臭←──杀菌←┘

成品←──冷却←──杀菌←──灌装、封口┘

①去杂、脱皮和浸泡。大豆表面有很多微细皱纹、尘土和微生物附在其中,浸泡前应进行充分的清洗。大豆浸泡的目的是软化细胞结构,降低磨浆时的能耗与磨损,提高胶体分散程度和悬浮性,增加收得率。浸泡的水量一般为豆子的 3～4 倍,掌握好浸泡时间。当水温为 10 ℃以下时,浸泡时间一般为 10～12 h,当水温为 10～25 ℃时,浸泡时间一般为 6～

10 h。水温高则浸泡时间短,但是,最高不要超过 90 ℃。浸泡水中加入 NaHCO$_3$ 或柠檬酸可缩短浸泡时间并较好地去除大豆中的色素,提高均质效用,改善豆奶风味。不过需要注意的是,磨浆后必须调整豆浆的 pH 值为 6.5~6.8。

如果条件允许,可于浸泡前先进行脱皮处理。大豆先经脱皮处理,可生产出品质优良的制品,且可免除浸泡工序中污水处理问题。脱皮的方法有干法、湿法两种,分别为浸泡前脱皮和浸泡后脱皮。脱皮常用凿纹磨,磨片间的间隙调节到多数豆子可开成两瓣,而不会将子叶粉碎。再经重力分选器或吸气机除去豆皮。脱皮后的大豆应及时加工,以免脂肪氧化,产生豆腥味。

②钝化酶、磨浆。钝化酶可采用热磨浆或磨浆前热烫的方法。若采用热烫,温度应控制在 95~100 ℃,即将浸泡后的大豆均匀经过沸水或蒸汽,时间 2~3 min。也可把磨好的浆经超高温瞬时处理。若采用干法钝化酶,不去皮及浸泡,热处理钝化酶后立即磨浆,则磨出的浆色泽、口感较差。

现多采用加入足量水直接磨成浆体,一般要求浆体的细度应有 90% 以上的固形物通过 150 目滤网。采用粗磨、细磨两次磨浆可以达到这一要求。大豆破碎后,脂肪氧化酶在一定温度、含水量和氧气的存在下就可发生作用,因此在磨碎前后应依此特性而防止其作用。

③分离。浆体通过离心操作进行浆渣分离,得到纯豆乳。这步操作对蛋白质和固形物回收影响很大。豆渣中含水分应在 80% 左右;含水过多,则蛋白质回收率降低。以热浆进行分离,可降低浆体黏度,有助于分离。离心分离操作,可用篮式离心机分批进行,大量生产宜用连续式离心机完成,可将浆液和豆渣分别连续排出。

④调配。调配的目的是对豆浆进行风味、稳定性和营养素方面的改善。调配是在带有搅拌器的调料锅内进行的。按照产品配方和标准要求,加入各种配料,充分搅匀。通常可添加稳定剂、甜味剂、赋香剂和营养强化剂等。

在调味方面,加入单糖在高温处理时易引起褐变,所以一般加入蔗糖,控制豆乳中总糖度为 8%~12%。有时候为了使豆乳接近牛乳,往往在豆乳中加入新鲜牛乳或牛乳粉,加鲜乳量一般为 20%,加乳粉则为 3%,同时还可加入香兰素或乙基麦芽酚以增加奶香味。

尽管豆奶中含有营养完全的蛋白质和大量不饱和脂肪酸等重要营养成分,但在维生素方面,豆奶中的 B$_1$ 和 B$_2$ 含量不足,A 和 C 含量很低,不含有 B$_{12}$ 和 D。要弥补这些不足,就要增补维生素;豆奶中最常增补的无机盐是钙盐。并以用 CaCO$_3$ 最好,一般是添加经均质处理过的 CaCO$_3$。添加量为 0.1%,过量加入 CaCO$_3$ 会造成沉淀。豆奶中还可以加入油脂以提高口感和改善色泽。

纯豆乳经调制后可生产出外观、口感和营养上都接近牛乳而无豆乳特殊异味的调制豆乳,也可调制成各种风味的豆乳。

⑤加热杀菌。调制好的豆乳应进行热处理灭菌、脱臭。其目的一是为了杀灭致病菌和腐败菌,二是为了破坏不良因子,特别是胰蛋白酶抑制物,然后脱臭。一般的工艺参数为 110~120 ℃,10~15 s,或采用 100~110 ℃瞬时灭菌。豆奶工业中所用的超高温短时间杀菌设备,宜用蒸汽直接加热的方法,并与脱臭设备组合在一起,可有效地除去豆奶中挥发的不良气味。

⑥真空脱臭。豆奶经两次注射蒸汽加热之后,应立即进入真空脱臭罐中进行脱臭处理,初期真空度控制在 0.033 3~0.040 MPa 即可,太高时则产生泡沫,泡沫冲出会影响脱臭

操作工序,后期可逐步升高真空度。这一工序对产品质量具有举足轻重的作用。

⑦均质。均质是生产优质植物蛋白饮料不可缺少的工序,其作用如下:

a.防止脂肪上浮。

b.使吸附于脂肪球表面的蛋白质量增加,缓和变稠现象。

c.提高蛋白质稳定性,防止出现沉淀。

d.增加成品的光泽度。

e.改善成品口感。

均质工序是在均质器中完成的。均质器的原理是在高压下将豆奶经均质阀的狭缝压出,而将脂肪球等粒子打碎,使豆奶乳浊液稳定,具有奶状的稠度,易于消化。一般均质条件为:压力22.56~24.52 MPa,温度60~80 ℃。

⑧包装。豆乳的包装形式很多,常用的有:玻璃瓶包装、复合袋包装及无菌包装等。可根据计划产量、成品保藏要求、包装设备费用、杀菌方式等因素统筹考虑。采用什么包装形式是生产到流通环节上的一个重要问题,它决定成品的保藏期,也影响质量和成本。如果采用瓶装,需进行二次杀菌。豆乳在调配后进行过一次杀菌,但灌装到玻璃瓶后,因玻璃瓶及瓶盖带菌以及灌装压盖时空气的介入等都会造成污染,所以必须在压盖后再进行一次杀菌,称为二次杀菌。经过二次杀菌的全脂豆乳,蛋白质可能会因变性产生少量絮状沉淀,同时由于脂肪析出,在玻璃瓶颈部会形成白色的脂肪圈,以及由于加入了糖类,经二次杀菌高温处理会因美拉德反应而出现褐变。

为了克服这3方面的问题可采取以下措施:

a.减少沉淀的形成。可在浸泡时加 $CaHCO_3$,提高水的比例,最大比例为豆:水=1:20,控制磨浆后豆浆的 pH 值在6.5以上,在过滤后进行调配时,加入0.3%~0.4%的明胶等稳定剂,然后搅拌均质,再灌装杀菌。

b.防止脂肪圈的出现。因二次杀菌温度在121 ℃以上,脂肪会上浮附着于玻璃瓶颈部的内壁上结成白色环状或膜状体——脂肪圈。在杀菌前采用24.52 MPa以上的压力均质,彻底打碎脂肪球,同时加入适量的乳化剂可较好地防止脂肪圈的出现。

c.减缓豆乳的褐变作用。为了克服由于美拉德反应造成的褐变,豆浆经脱臭、灭菌、均质后,待冷却到30 ℃左右时加糖,再灌装进行二次杀菌。另外,少加糖或采用不参与褐变反应的甜味剂代替蔗糖,或控制二次杀菌时的温度、时间及采取反压降温等措施,均可减少褐变反应。

2)发酵酸豆乳

发酵酸豆乳是大豆制浆后,加入少量乳粉或某些可供乳酸菌利用的糖类作为发酵促进剂,经乳酸菌发酵而产生的酸性豆乳饮料。发酵后的豆乳在风味、口感和营养成分等方面与鲜豆乳有很大的不同。

(1)工艺流程

工艺流程大体上可以分为3个步骤,制备发酵剂、基料准备和接种发酵。

①菌种制备。试管种子——→三角瓶培养——→种子罐培养

②基料准备。大豆精选——→脱皮——→浸泡——→钝化酶、磨浆——→分离过滤——→煮浆脱臭——→均质调配——→灭菌冷却——→准备接种

③接种发酵。接种 $\left\{\begin{array}{l}\text{灌装封口}\longrightarrow\text{发酵}\longrightarrow\text{检验}\longrightarrow\text{成品}\\ \text{发酵凝固}\longrightarrow\text{调配}\longrightarrow\text{均质}\longrightarrow\text{罐装}\longrightarrow\text{检验}\longrightarrow\text{成品}\end{array}\right.$

↑

（糖、稳定剂、香料、水等）

发酵酸豆乳包括两种产品，即凝固型酸豆乳和搅拌型酸豆乳。这两种产品前期工艺流程基本相同，仅在进行发酵时略有差别，差别之处可见前面内容。

（2）工艺要点

①豆乳的制备。豆乳的制备如前所述。豆乳做好了以后，为了得到色、香、味俱佳的产品，需要对其进行调配。调配时需要加入如下物质。

a.糖。加入糖的主要目的是促进乳酸菌的繁殖，同时兼有调味的作用。一般来说，选用1%左右的乳糖和葡萄糖的效果要比其他糖好。乳糖、葡萄糖对链球菌、乳脂链球菌和二乙酰乳链球菌的产酸晴有明显的促进作用。葡萄糖有时对乳酸发酵的产酸作用效果更好。如果加入蔗糖，一般要与乳清粉配合使用，且只适合于某些种类的乳酸菌。

b.增稠剂。常用的有明胶、琼脂、果胶、卡拉胶、海藻胶和黄原胶等，这些物质在酸性条件下比较稳定，不易被乳酸菌分解。单独使用时明胶的添加量为0.6%；琼脂为0.2%～1.0%；卡拉胶为0.4%～1.0%。各种增稠剂也可以混合使用，加入前应用水溶解。

c.调味品。牛乳、果汁、香精香料等。果汁的配合量一般小于10%，牛乳的添加量则不受限制。

调配好的豆乳，搅拌均匀后进行过滤、均质（19.6 MPa）、灭菌（85～90 ℃,5～10 min）处理，然后迅速冷却至相应菌种的最佳发酵温度准备接种发酵。如采用保加利亚乳杆菌和嗜热乳链球菌混合菌种，可冷却至40～50 ℃；如采用乳链球菌则需冷却至30 ℃。

②接种发酵。

a.菌种的制备。此过程与酸乳发酵剂的制备过程相同，包括菌种的复壮、母发酵剂的制备和工作发酵剂的制备3个过程。不同的是所使用的培养基应该是豆乳。生产发酵剂制备好了以后，应该贮藏在0～5 ℃的环境中。

常用的菌种有嗜热乳链球菌、嗜酸乳酸杆菌、乳链球菌、乳脂链球菌、保加利亚乳杆菌、双歧杆菌等，可单独培养发酵，也可采用共生发酵。菌种用量依发酵剂中的菌数多少而定，一般为豆乳量的1%～5%，或2%～4%。

b.发酵条件。温度30～40 ℃或35～45 ℃，温度的高低依菌种的不同而异；时间15～25 h或10～24 h，时间的长短随菌种、培养温度的不同而不同。判断发酵工序是否完成的主要依据就是培养基的酸碱度。发酵好的酸豆乳其pH值为3.5～4.5，酸度应在0.5%～0.8%或50～60 °T。需要说明的是，菌种的选择与搭配是一项重要的工序，会影响到产品的质量。常用的配合方式是嗜热乳链球菌：保加利亚乳杆菌=1∶1；保加利亚乳杆菌：乳链球菌=1∶4；嗜热乳链球菌:保加利亚乳杆菌:乳脂链球菌=1∶1∶1。

c.工艺条件对豆乳中乳酸菌活性的影响。大豆浸泡条件和豆浆浓度的影响。大豆浸泡采用热水浸泡6～12 h，并以沸水磨浆可促进乳酸菌的产酸率。豆浆浓度则以豆水比例为1∶8的情况下产酸率较高，豆浆浓度下降，产酸率降低。

豆乳杀菌条件的影响。豆乳杀菌温度以超过100 ℃为好。如果温度偏低，乳酸杆菌产酸率下降,其原因可能是在较低的温度下灭菌,豆浆中含硫化合物未被排除而抑制了乳酸菌的生理活性,100 ℃以上的杀菌温度则可基本上除去含硫化合物。

豆浆中糖含量的影响。豆浆中小分子单糖的含量较低,因此可供乳酸菌利用的糖类较少,所以需添加葡萄糖或乳糖以弥补不足。对保加利亚乳杆菌、嗜酸链球菌来说,葡萄糖添加量在2.5%左右为宜。

乳制品的影响。酸豆乳生产中加入一定量的牛乳粉、鲜牛乳或乳清等可以诱导产酸菌活性,增加产酸量及乳香味。添加量视产品而定。

③再均质。即在发酵好的凝乳中加入各种呈味料剂、稳定剂及天然果汁并加水稀释、搅拌,进行第2次均质,压力14.71~19.61 MPa。稳定剂多用果胶、明胶、海藻酸钠等,有效添加量0.1%~0.4%。

7.3.2 椰子乳(汁)饮料加工

成熟的椰子肉味鲜美,营养丰富。用椰子乳生产的椰子汁饮料风味独特,口感好,很受消费者欢迎。近年来椰子汁饮料产量迅速增加。

1)工艺流程

方法一:椰子──→去衣──→破壳──→刨肉──→压榨取汁──→过滤分离──→配料加糖──→预热均质──→定量灌装──→封盖──→杀菌──→贴标──→成品

　　　　　　　　　　　　　　　　↑
　　　　　　　　检验←──消毒←──清洗←──容器

方法二:椰子──→去衣──→破壳──→去黑皮──→刮丝──→烘干──→干椰丝──→存放──→干椰丝──→磨浆──→分离──→配料──→均质──→灌装──→压盖──→杀菌──→入库、贴标──→成品

　　　　　　　　　　　　　　　　　　　　↑
　　　　　　　　　　　　检验←──消毒、清洗←──容器

2)工艺要点

方法一:

①原料处理。椰子要选新鲜成熟的椰子果,用自来水将椰子外壳表皮附着的泥沙和杂物冲净后,人工用专用刀除去椰子衣,敲破或锯开外壳,取出果肉,刮去椰肉外皮,送入锤式粉碎机破碎,破碎呈疏松状态时榨汁最佳。

②椰子汁的制备。破碎后的果肉按其质量加入2倍的砂滤无菌水搅拌均匀后,压榨取汁,榨出的果汁要及时处理,不能久置于常温下,暴露于空气中,应立即将压榨后的椰子果汁进行超高温瞬时杀菌(120 ℃下保持3 s),冷却至25 ℃时用纱布粗滤,静置5~8 h,取上清液备用,或用离心机分离出清液。

③调配。将糖、乳制品等辅料加入椰汁中进行调配。

④均质。以压力22.56 MPa、温度80~82 ℃的操作条件进行两次均质。

⑤杀菌。椰子汁饮料是中性的,因此要进行高温杀菌。常用的杀菌方法:将椰子汁从80 ℃升温至121 ℃,保温5 min,然后在25 min内将其冷却至50 ℃。

方法二：

①原料处理。将成熟的椰子洗净后,沿中部剖裂,使椰子水流出,收集过滤后备用。将椰子分裂成两半,用特制的带齿牙刮丝器刮出椰肉,使之成为疏松的椰丝,然后在 70～80 ℃下烘干,贮存备用。

②加水磨浆。按椰丝：水＝1：10(质量比),将椰丝和 70 ℃净化过的热水混合搅拌均匀,水中可加入 0.04%的 NaOH,然后进行磨浆分离过滤或压滤,滤液备用。

③调配。将糖、香精等辅料加入到滤液中进行调配。

④均质。可采用 23 MPa/80 ℃和 30 MPa/80 ℃的操作条件,进行两次均质。

⑤灌装杀菌。常用的杀菌方法:8 min 内将椰子汁从 25 ℃升温至 121 ℃,保温 20 min,反压冷却至 50 ℃后出锅。

7.3.3 杏仁乳(露)饮料加工

杏仁是蔷薇科植物山杏的种子。杏仁中含有 40%～50%的油脂,24%左右的蛋白质,矿物质含量也相当丰富,尤以 Ca、P、K 最为突出,分别是牛奶中含量的 3,6,4 倍。杏仁还含有多种维生素。

1)工艺流程

原料——挑选——热烫去皮——浸泡脱苦——预煮——磨浆——冷却——调配——均质——灌装——杀菌——冷却——成品

2)工艺要点

①原料挑选。原料经手工或机械分选后,剔除霉烂、虫蛀的杏仁及其杂物。

②预处理。将挑选好的杏仁放入沸水中煮 1～2 min,捞出置冷水中冷却后,用手工或机械方法去皮,然后进行浸泡脱苦或去毒处理。可采用稀酸或温水浸泡的方法将杏仁中的杏仁苷脱去,其中以温水浸泡最常见。一般用 3 倍杏仁量的 50～60 ℃温水,浸泡 7 d 左右,每天换水 1 次。

③预煮。将杏仁放在 70～80 ℃热水中预煮 15 min,以软化组织便于磨浆。

④磨浆过滤。将预煮过的杏仁先用砂轮粗磨,粗磨时添加 3～5 倍的水。粗磨后再用胶体磨进行精磨,精磨时添加 0.1%的焦磷酸盐和亚硫酸盐的混合液护色。磨浆时间一般为 5～10 min,磨浆后可进行离心过滤或采用 160 目筛网过滤。

⑤调配。加入适量的糖、酸味剂等配料进行调配,搅拌均匀。

⑥均质。可采用 18～20 MPa 的压力进行均质,以保证产品的稳定性,避免出现沉淀。

⑦灌装杀菌。灌装后封盖了的杏仁乳采用沸水杀菌 20～25 min 即可。

7.3.4 花生乳饮料加工

花生具有较高的营养价值,蛋白质含量高且可消化性达到 89%以上。花生仁含蛋白质 28%,其中 90%为球蛋白,其氨基酸组成除了赖氨酸、蛋氨酸、苏氨酸含量略低外,其余均接近 FAO/WHO 推荐值。花生中的脂肪酸含量高达 40%以上,其中不饱和脂肪酸含量较高,有亚油酸、亚麻酸、棕榈酸、花生四烯酸等,这些脂肪酸对血管壁上沉积的胆固醇具有溶解作用。

1)工艺流程

原料筛选——→原料预处理(烘烤、去皮、浸泡、清洗)——→钝化酶——→磨浆——→分离——→调配——→杀菌——→均质——→灌装——→二次杀菌——→检验——→成品

2)工艺要点

①原料筛选。去壳后的花生应剔除霉烂变质的,防止黄曲霉毒素破坏饮料质量。

②原料预处理。花生在120 ℃下烘烤25 min,有如下几方面的作用,易于去皮,钝化酶(如果是湿法去皮,钝化方法是将漂洗后的花生仁置于95~100 ℃的沸水中,经2~3 min后取出,以常温水冲洗降温),除腥生香,杀灭部分微生物。花生机械去皮后的红衣残留率应小于5%。浸泡可以软化原料组织,降低机械磨损。由于花生蛋白多为碱溶洞性蛋白质,因此,浸泡水时应加NaHCO₃调pH值至8~9,这样可以提高蛋白质的提取率。浸泡温度可保持在40~50 ℃,浸泡时间5~8 h。花生仁吸水膨胀后,捞出沥干,置于清水中漂洗,至漂洗水无色为止。

花生和大豆一样,含脂肪氧化酶,为防止在花生仁破碎时脂肪氧化酶氧化不饱和脂肪酸产生异味,必须在花生磨浆前对脂肪氧化酶进行钝化。

③磨浆。磨浆分粗磨和细磨,粗磨为80~100目筛孔,细磨为150~180目筛孔。一般调整砂轮磨的磨间距在0.05 mm左右时磨浆,磨出的花生糊浆应细腻无粗糙感。砂轮磨磨间距不宜过大或过小,过大,花生糊中颗粒过粗,蛋白质提取受影响;过小,花生糊中纤维素颗粒过细,影响过滤除渣,致使细渣存于浆中,静置后则引起花生乳产生沉淀。另外,花生在磨浆时,水与花生比例一般以水:花生为(6~8):1为宜,水温以60~80 ℃为好。

④分离脱渣。一般采用压滤或离心过滤,过滤后的细渣可加水进行二次提取,以提高蛋白质回收率。二次提取时,提取水中应加入NaHCO₃调整pH值至7.5~8,温度控制在60~80 ℃,以利于花生渣中蛋白质的溶出。

⑤调配。按比例准确称量各原料,将白砂糖与乳化稳定剂混合均匀,用70~75 ℃的热水溶解,加入花生浆,搅拌均匀。或者用带搅拌器的夹层锅进行调配,边搅拌边加入花生浆、辅料,同时加热,待花生浆温度达到70 ℃以上时停止加热。

⑥均质。均质机操作压力为20 MPa,物料温度60~80 ℃。

⑦灭菌灌装。可采用121 ℃下保温10~15 min,然后迅速冷却至10 ℃以下装罐。若是生产保持期产品,则需进行二次灭菌。

7.3.5 核桃乳饮料加工

核桃含有丰富的蛋白质、脂肪、矿物质和维生素。其脂肪中含有亚油酸及钙、磷、铁等级营养物质。经常食用有滋润肌肤,乌须发,顺气补血,止咳化痰,润肺补肾等功效。

1)核桃乳饮料生产工艺流程

核桃仁——→挑选——→漂洗——→浸泡——→脱皮——→护色——→磨浆——→过滤——→调配——→预均质——→真空脱臭——→均质——→灌装——→杀菌——→冷却——→检查——→成品

2）操作要点

①挑选漂洗。选用无虫蛀、无霉变、不溢油的新鲜核桃仁用清水漂洗除去泥沙和残壳等异物。

②浸泡。用清水浸泡,使核桃仁吸水膨胀,组织软化,以利脱皮、磨浆和营养成分的提取。浸泡时核桃仁：水=1：2，浸泡时间为4~5 h。因为后面护色处理时还要浸泡3~4 h。

③脱皮。用3%的 NaOH 溶液浸泡核桃仁3~5 min,用高压水冲洗除去种皮。

④护色。用0.5%的柠檬酸与 NaHSO₃ 混合溶液浸泡脱皮后的核桃仁3~4 h,进行护色漂白处理,然后用清水冲洗干净。

⑤磨浆。用砂轮磨浆机采用85 ℃以上热水热磨的方法,钝化脂肪氧化酶。水与核桃仁的比例为7：1。

⑥过滤。用200目卧式离心机进行渣浆分离。为提高蛋白质得率,可用热水对渣滓进行浸泡提取,浆液可作为下次磨浆用水。

⑦调配。将白砂糖、乳化剂、增稠剂等进行溶解、过滤。按照配方的比例与核桃浆液进行混合并搅拌均匀。调配用水宜采用硬度小于4度的软水以防金属离子引起蛋白凝聚、沉淀现象。

⑧预均质。用胶体磨细磨1次,即所谓预均质。充分混匀料液并细化,以利脱气脱臭和进行高压均质。

⑨真空脱臭。料液在20~30 kPa 真空度下在真空脱臭罐内进行脱臭。同时也起到脱气的作用,并迅速冷却料液到85 ℃以下。

⑩均质。用高压均质机对料液进行2次均质,均质压力40 MPa,料液温度75 ℃左右。

⑪灌装、轧盖。用灌装机趁热进行灌装。本实验为以后观察方便采用玻璃瓶装,用皇冠轧盖封口。

⑫杀菌。在高压灭菌锅内采用 10—15—10 min/121 ℃的杀菌公式进行湿热灭菌。

⑬成品保存。灭菌冷却后的瓶装饮料,贴上标签在室温下保存。

3）核桃乳饮料风味的改善

①采用85 ℃以上热磨的方法钝化脂肪氧化酶。因为温度高于84 ℃脂肪氧化酶很快失去活性而且很彻底。

②采取真空脱臭的方法。造成不良风味的物质大部分都是挥发性物质。

在20~30 kPa 真空度条件下,用蒸汽直接加热的料液在真空罐中随着蒸汽的蒸发把挥发性物质随之带出而起到脱臭的目的。

③添加香味剂。如香兰素、乙基麦芽酚等。添加适量的香味剂可突出核桃特有的香气,同时掩盖残存的不良风味。

4）稳定剂选择及效果

核桃乳常会发生脂肪上浮、蛋白质颗粒沉淀等现象。要解决这一问题,使脂肪和蛋白质均匀地分散在液体中,需要加入适量的乳化剂、增稠剂等。在乳化剂的选择上采用混合乳化剂时要注意混合后的 HLB 值。在以水为分散相的核桃乳饮料中,混合乳化剂的 HLB 值在11.3时能较好地起到乳化作用。

因为乳化剂大都是脂类物质。乳化剂的用量应控制在一定范围内。用量过大,反而会得到相反的结果。增加蛋质饮料悬浮稳定性的有效途径是:尽可能减小蛋白粒子的直径、减少蛋白粒子与料液的密度差。

增稠剂的增黏作用是蛋白饮料保持稳定的重要因素。而减小蛋白粒子的直径、减少蛋白粒子与料液的密度差可通过高压均质的办法来完成。增加均质的压力和次数可以使脂肪球颗粒、蛋白质粒子直径变小,总数目增加,即小颗粒的百分率增加,乳液均匀细腻。

5)产品质量指标

①感官指标。色泽,乳白色;风味、口感细腻、爽口,具有核桃特有的香味,无异味。组织状态:稳定均匀的乳浊液,允许有少量的加入物沉淀。杂质:无肉眼可见的外来杂质。

②理化指标。可溶性固形物≥6%,蛋白质≥0.5%,砷≤0.5 mg/kg,铅≤1 mg/kg,铜≤10 mg/k。

③微生物指标。细菌总数≤100 个/mL,大肠菌群≤3 个/100 mL,致病菌不得检出。

7.4 植物蛋白饮料常见的质量问题及其防止方法

植物蛋白饮料如豆奶、椰奶、花生奶、核桃奶、杏仁露等奶饮品的营养价值早已被世人所知,但许多厂家在生产中存在这样或那样的问题,如絮凝、沉淀、浮油、水析、色泽较深、香味不够或带有生青味或豆腥味,等等。

1)腐败变质

植物蛋白饮料富含蛋白质、脂肪,很容易发生胀罐、胀袋、酸败等变质现象,其产生的原因分析及控制措施如下。

①原料的选取不当。生产植物蛋白饮料宜选择新鲜、无霉变、成熟度较高的植物籽仁。

②杀菌方式选择不正确。欲达到室温下长期存放产品的效果,有两种杀菌方式可以选择,一种是先灌装,然后经过 121 ℃、保温 15~20 min 的高压杀菌方式;另一种就是采用超高温瞬时杀菌(即 UHT 法)和无菌灌装。

③杀菌过程控制不当。在高压杀菌过程中,产品在进入杀菌罐之前要分层放置,不能过多、过挤,以防止引起杀菌不透的现象;对 UHT-无菌灌装方式,按规定对 UHT 杀菌机进行有效的 CIP 清洗,使 UHT 杀菌机处于正常工作状态,温度显示准确。对于包材必须经过双氧水杀菌,不能有遗漏之处。无菌灌装区域在工作期间应始终处于无菌状态,严格检查封口质量。

④设备、管道的清洗与消毒不彻底。就我国现有的生产工艺条件,要想生产杀菌效果很好的产品,不但杀菌方式的选择、杀菌过程的控制十分重要,而且设备、管道的清洗与消毒也是保证产品品质的一个相当重要的因素。管道的清洗程序如下:

a.用清水冲洗 10~15 min。

b.用生产温度下的热碱性洗涤剂循环 10~15 min(加浓度为 2%~2.5%的氢氧化钠溶液)。

c.用清水冲洗至中性,即 pH 值为 7。

d.定期(如每周)用 65~70 ℃的酸性洗涤剂循环 15~20 min。对于 UHT 杀菌方式,除按照规定进行有效的 CIP 清洗外,对 UHT 杀菌机与无菌灌装机之间的所有管路和无菌罐在进料前,用高温热水循环 40 min,杀菌前应仔细检查管路活节处有无渗漏现象,检查活节处的密封垫是否完好。

2)脂肪上浮与蛋白质聚集、絮凝、凝结、沉淀等

在生产工艺、设备控制相对较好的前提下,产品在货架期内出现的主要问题为产品的稳定性问题(即脂肪上浮与蛋白质聚集、絮凝、凝结、沉淀等)。这些问题产生的原因及控制措施如下:

①水质不符合软饮料用水要求。水的硬度对植物蛋白饮料的影响,不但会降低蛋白质的提取率(即降低蛋白质的溶解度),而且会引起蛋白质一定程度的变性,从而造成饮料分层及沉淀量增加。所以用水一定要符合软饮料用水要求,特别是水的硬度。

②原料的预处理不当。对于该类产品,原料的预处理是十分关键的。这不但会影响产品的口感和风味,而且对产品的稳定性影响较大。如花生奶,如果花生烘烤过度,会引起蛋白质部分变性,沉淀量增多。一般花生的烘烤温度为 120~130 ℃,时间为 20~25 min 最好。

③均质条件的选择不合适。均质的压力、温度和均质次数是保证均质效果的重要工艺参数。如果均质压力、温度较低,则脂肪、蛋白粒子的直径较大,容易引起颗粒聚集,从而引起脂肪上浮和沉淀。在生产中建议采用两次均质,一次均质压力为 20~25 MPa,二次均质压力为 30~40 MPa,均质温度为 75 ℃左右,均质效果较好,颗粒直径可达到 1~2 μm。

④杀菌强度的控制不当。在杀菌过程中,高温对植物蛋白饮料稳定性的影响主要表现在对蛋白质变性作用的影响。高温使分子之间产生剧烈的运动,易于打断稳定的蛋白质的二、三级结构的键,蛋白质的疏水基团暴露,使蛋白质和水分子之间的作用减弱,导致溶解度下降,从而稳定性降低。所以杀菌时在满足生产工艺的条件下,应该尽量缩短加热时间,杀菌后应该迅速冷却,尽量采用 UHT 法,不但可以显著提高产品的稳定性,而且能较好保持产品的色、香、味等感官质量及营养成分。

⑤乳化稳定剂的选择与使用不当。乳化稳定剂一般由乳化剂、增稠剂、盐类以及其他一些助剂构成。乳化剂是植物蛋白饮料中最重要的一类食品添加剂,它不但具有典型的表面活性作用,使界面张力明显降低,从而防止脂肪上浮,而且还能与食品中的碳水化合物、蛋白质、脂类等发生特殊的相互作用。常用的乳化剂有分子蒸馏单甘酯、亲水性单甘酯、三聚甘油酯、蔗糖酯等。针对这几种乳化剂,其选择与合理搭配有两个原则:

a.所选乳化剂的值与体系(产品)HLB 值相近。

b.不同 HLB 值的乳化剂互相搭配使用,效果较好。

增稠剂的主要成分是多糖类或蛋白质。增稠剂的增稠作用,是蛋白饮料保持稳定的重要因素。并且由于黏度增加,使饮料组织安定化,限制金属离子的活动。此外,一些增稠剂通过其所带的电荷可以与蛋白质作用,从而起到保护蛋白质的稳定作用。在植物蛋白饮料中常用的增稠剂有瓜尔豆胶、黄原胶、魔芋胶、羟甲基纤维素钠等,并且通过增稠剂的协同作用,可以发挥单一食品胶的互补作用,使其以最少的用量达到最好的使用效果。大量的实验证明,通过瓜尔豆胶、魔芋胶、黄原胶的协同作用,总用量在 0.05%~0.1%,可以对植物蛋白饮料的稳定性起到很好的作用。

目前,许多厂家选用复配乳化稳定剂,有以下优点:

a.充分发挥每种单体乳化剂和亲水胶体的有效使用。

b.使乳化剂之间、增稠剂之间及乳化剂与增稠剂之间的协同效应充分发挥。

c.提高生产的精确性和良好的经济性。

3)产品带有生青味或豆腥味

产生生青味或豆腥味一般是因为灭酶强度不够或操作不当。对于花生,采用烘烤灭酶,烘烤温度为 130~140 ℃,时间 30~40 min(时间长短与花生的干燥程度有关),也不能烤得不够,否则可能产生絮凝,一般烤到花生皮转色较好。对于大豆,则采用热烫灭酶,快速使大豆中的脂肪氧化酶失活,以免产生豆腥味;采用热水磨浆,同时选用好的香精增强奶的香味。花生奶中添加加香乙基麦芽酚(乳饮专用)和花生香精可以很好地掩盖生花生味。

总之,植物蛋白饮料的质量影响因素很多,有物理原因、化学原因、微生物原因,这些原因包括原辅料的影响、设备的影响、生产工艺的影响、管理方面的影响等。这些因素都不是孤立存在的,而是互相之间有紧密的联系。所以生产植物蛋白饮料时,首先通过先进的加工工艺、加工机械,选用适当的高效复配乳化稳定剂,才能生产出不但口感好,而且稳定性好的产品。

【实验实训】　豆乳饮料

1)产品配方

(单位 kg,大豆 1 kg,水 8 L,干大豆与水的比例一般为 1:8)

配方 1(甜豆奶):蔗糖 0.635 3、柠檬酸 0.003 2、氯化钠 0.010 6、琼脂 0.002 1;

配方 2(淡豆奶):蔗糖 0.192 0、氯化钠 0.012 0、植物油 0.240 0、复合稳定剂 0.024 0。

2)工艺流程

添加过滤过的糖、氯化钠、柠檬酸、琼脂及复合稳定剂等

大豆去杂──→脱皮──→浸泡──→钝化酶、磨浆提取──→分离过滤──→消泡──→调配

成品←──无菌包装←──杀菌(UHT)
成品←──冷却←──杀菌←──灌装、封口 ├──均质←──脱臭←──杀菌

①去杂、脱皮和浸泡。选取新鲜、饱满的大豆,清洗干净,加水浸泡。浸泡的水量一般为豆子的 3~4 倍,掌握好浸泡时间。当水温为 10 ℃以下时,浸泡时间一般为 10~12 h,当水温为 10~25 ℃时,浸泡时间一般为 6~10 h。水温高则浸泡时间短,但是,最高不要超过 90 ℃。浸泡水中加入 $NaHCO_3$ 或柠檬酸可缩短浸泡时间并较好地去除大豆中的色素,提高均质效用,改善豆奶风味。

不过需要注意的是,磨浆后必须调整豆浆的 pH 值至 6.5~6.8。如果条件允许,可于浸泡前或后进行脱皮处理。脱皮后的大豆应及时加工,以免脂肪氧化,产生豆腥味。如果条

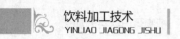

件不够,免去此步骤亦可。

②钝化酶、磨浆。钝化酶可采用热磨浆或磨浆前热烫的方法。若采用热烫,温度应控制为 95~100 ℃,即将浸泡后的大豆均匀经过沸水或蒸汽,时间 2~3 min。也可把磨好的浆经超高温瞬时处理。然后加入适量水直接磨成浆体,注意豆浆的体积不要超过 5 L。可用头遍浆回头重复磨渣 2~3 遍,以提高大豆的出浆率。

③分离。浆体通过离心操作进行浆渣分离,得到纯豆乳。这步操作对蛋白质和固形物回收影响很大。以热浆进行分离,可降低浆体黏度,有助于分离。离心分离操作,可用篮式离心机分批进行。

④调配。将配方中的辅料适当处理后加入豆浆中,混合均匀。此处加入的是蔗糖为非还原性糖,不易发生美拉德反应而可以防止褐变。有时候为了使豆乳接近牛乳,往往在豆乳中加入新鲜牛乳或牛乳粉,加鲜乳量一般为 20%,加乳粉则为 3%,同时还可加入香兰素或乙基麦芽酚以增加奶香味。香料应在均质时加入,否则效果不佳。还可以适量添加经均质处理过的 $CaCO_3$,添加量为 0.1%,过量加入 $CaCO_3$ 会造成沉淀。豆奶中还可以加入油脂以提高口感和改善色泽。

⑤加热杀菌。调制好的豆乳应进行热处理灭菌、消毒。一般的工艺参数为 110~120 ℃,10~15 s,或采用 100~110 ℃瞬时灭菌。日常条件下,85~100 ℃ 的条件下处理3~10 min,或豆浆沸腾后保温 5 min 左右。

⑥真空脱臭、均质。豆奶加热之后,应立即进入真空脱臭罐中进行脱臭处理,然后进行均质处理。这是生产优质豆乳不可缺少的工序。具体的工艺参数见前面部分。

⑦包装。豆乳的包装形式很多,常用的有玻璃瓶包装、复合袋包装及无菌包装等。可根据计划产量、成品保藏要求、包装设备费用、杀菌方式等因素统筹考虑。采用什么包装形式是生产到流通环节上的一个重要问题,它决定成品的保藏期,也影响质量和成本。如果采用瓶装,需进行二次杀菌。

⑧恒温检验、装箱。加工好的成品置(35±2)℃恒温库中存放 12 h,或夏季室温 20 ℃以上存放 48 h。检查无分层、胀气等变质现象,即可装箱出厂。

产品特点色泽洁白,口感香甜、细腻,无豆腥味,营养丰富。

本章小结

本章介绍了植物蛋白饮料的定义、分类与特点以及植物蛋白饮料的发展概况。在笼统植物蛋白饮料加工的一般工艺流程的基础上,具体了几种植物蛋白质饮料的生产工艺。其中重点要求同学们掌握的是"植物蛋白饮料的加工工艺及关键控制点"。

希望通过本章内容的学习,同学们能够对"植物蛋白饮料"的知识有一个全面的了解,在将来的工作岗位上能够运用所学的相关知识为企业解决生产中可能出现的种种困难和问题。同时,也希望同学们能够根据自己家乡的农作物特点,开发、设计出具有家乡特点的植物蛋白饮料。

146

复习思考题)))

1.什么是植物蛋白饮料？它有什么样的特点？

2.植物蛋白饮料有哪些种类？它们在加工工艺上有什么相同点和不同点？

3.发展植物蛋白饮料工业有什么意义？如何促进植物蛋白饮料行业发展？

4.植物蛋白饮料常见的质量问题有哪些？如何解决这些问题？

5.根据家乡的农作物特点，设计一款"植物蛋白饮料产品"，要求写出产品配方、工艺流程、可能出现的问题以及解决问题的措施。

第8章 碳酸饮料

熟悉碳酸饮料、调和糖浆、碳酸化、等压灌装等概念;掌握调和糖浆的调制;汽水混合机基本原理;等压灌装的基本工艺。

能力目标

掌握碳酸饮料的分类及质量要求;掌握碳酸饮料糖浆制造、碳酸化基本工艺;掌握碳酸饮料生产中常见的质量问题及解决方法。

8.1 概 述

8.1.1 碳酸饮料的概念、分类

1)碳酸饮料的概念

碳酸饮料(Carbonated Drinks)是指在一定条件下充入二氧化碳气的制品。不包括由发酵法自身产生二氧化碳气的饮料和 CO_2 气含量在 5% 以下,酒精含量 0.5% 以上的硬饮料。要求成品中 CO_2 气的含量(20 ℃时)达一定的体积倍数。

因此,碳酸饮料是指含有二氧化碳的软饮料。通常由水、甜味剂、酸味剂、香精香料、色素、二氧化碳气及其他原料组成,碳酸饮料一般称为汽水。碳酸饮料因含有二氧化碳气,能使饮料风味突出,口感强烈,还能让人产生清凉舒爽的感觉,是人们在炎热的夏天消热解渴的好饮品。

2)碳酸饮料的分类

碳酸饮料的种类很多,根据生产时所用原料可以分为以下几种:

(1)果汁型碳酸饮料

含有 2.5% 以上天然果汁的碳酸饮料,如:橘汁汽水、橙汁汽水等。

这类果汁汽水,具有果品特有的色、香、味。它不仅可以消暑解渴,还有一定的营养作用,因而属于高档汽水,一般可溶性固形物为 8% ~ 10%,含酸量 0.2% ~ 0.3%,含二氧化碳

2.0~2.5 倍,是属于大力发展的汽水品种。由于加入果汁的体态不一,还可分为澄清果汁汽水和混浊果汁汽水。

(2)果味型碳酸饮料

以食用香精为主要赋香剂的碳酸饮料(包括含 2.5%以下天然果汁的碳酸饮料),如柠檬汽水、橘子汽水等。

用蔗糖、柠檬酸、色素以及食用香精配制成的各种水果香型的汽水,是目前产量比较稳定的一类汽水品种,可以起到清凉解渴的作用。该类产品一般含糖量 8%~10%,含酸量 0.1%~0.2%,含二氧化碳 3~4 倍。随着香精调配技术的高度发展,使得这种汽水的风味别具一格。

(3)可乐型碳酸饮料

这类饮料是指含有可乐果、古柯叶浸膏、白柠檬或它们的代用品等辛香果香混合型香气的碳酸饮料。

可乐型汽水是世界上碳酸饮料生产的主要产品之一,代表产品为"可口可乐""百事可乐"等,已有 100 多年历史,销售不衰,是一种嗜好型的饮料,香型可分为辛香型和白柠檬香型两大类。

国内可乐型饮料是 20 世纪 80 年代的新产品,如"天府可乐""红雪可乐""非常可乐"等,是碳酸饮料中发展较快的品种。

(4)其他碳酸饮料

上述 3 种类型以外的汽水,如苏打水、盐汽水、矿泉汽水等。这类汽水包含的范围很广,有的很有针对性,如具有特殊风味的沙士汽水、姜汁汽水;仅充入二氧化碳的碳酸水或苏打水;含气较低的运动员汽水等。

汽水的种类从感官角度来分,又可分为透明型和混浊型两类。二者的区别在于生产工艺不同。透明型是通过澄清、过滤等手段获得清澈透明的产品,果味型及某些果汁型汽水均属此类。而混浊型则是通过均质和添加混浊剂的方法,使果汁中的果肉均匀地悬浮于汽水之中使其呈混浊状态,而更加接近天然果汁,如混浊果汁汽水等。

8.1.2 碳酸饮料的发展简史

碳酸饮料的生产是从古老的矿泉水中含气而得到启示,人们发现矿泉水中含有一种神秘的气体,饮用后产生凉爽止渴的感觉,后来分析出这种气体是二氧化碳。

1820 年,德国的史特鲁夫人工合成矿泉水,是一种极其便宜而很受欢迎的饮料,取名为瑟尔塔水。以后出现了有机酸、香料和糖,才有了现在的汽水,并在欧、美出现了制造汽水的工厂,使汽水的生产得到了很快的发展。我国汽水形成商品出售,最早是在清朝同治年间,开始从外国进口汽水销售,1853 年后,外国商号开始在我国建立了小型汽水生产线,1892 年后在上海、沈阳、天津、广州先后建立汽水厂。1949 年后由于各种历史原因汽水发展缓慢,1980 年后,汽水工业得到迅速发展,1991 年全国碳酸饮料产量达 300 多万吨,占软饮料总产量的 75%左右。

随着生产的发展、技术的进步和人们崇尚天然、注重营养的要求,碳酸饮料在软饮料中所占的比重有所下降,但碳酸饮料仍是我国软饮料工业的主要生产品种。

8.1.3　碳酸饮料的工艺流程

1)二次灌装法(现调式)

即水先经冷却碳酸化,然后再分别灌装糖浆和碳酸水,这在中小型厂中常采用。
工艺流程为:

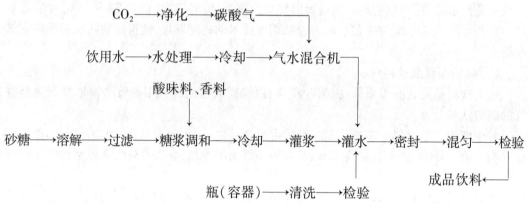

2)一次灌装法(预调式)

工艺流程为:

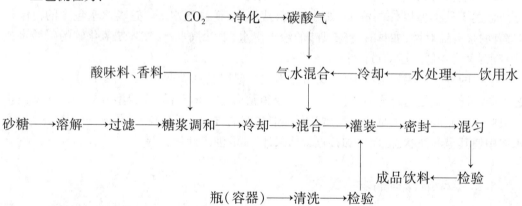

(1)加碳酸水(对水进行碳酸化)的一次灌装

工艺流程为:

饮用水——→水处理
糖浆——→调配　→混合——→冷却——→碳酸化——→灌装——→密封——→混匀——→检验

瓶(容器)——→清洗——→检验

成品饮料←——

(2)一次灌装

将调味糖浆与水预先按一定比例泵入汽水混合机内,进行定量混合后再冷却,然后将该混合物碳酸化后再装入容器。这在国外及国内一些大厂常采用。

3)二次灌装优缺点

二次灌装优点:

①适用于汽水中带果肉成分的碳酸饮料。

②比较易于保证产品卫生。糖浆和碳酸水各成独立的系统,管道单独装置,清洗很方便。

二次灌装缺点:

①由于糖浆和碳酸水温度不同,在向糖浆中灌碳酸水时容易产生大量泡沫,造成 CO_2 的损失及灌装量不足。可采取糖浆灌装前通过冷却方式解决。

②由于糖浆未经碳酸化,与碳酸水混合后会使含气量降低,因此必须使碳酸水的含气量高于成品预期的含气量。

③采用二次灌装,糖浆定量灌装,而碳酸水的灌装量会由于瓶子的容量不一致,或灌装后液面高低不一致而难于准确,从而使成品的质量有差异。

4)一次灌装优缺点

一次灌装优点:

①糖浆和水的比例准确,灌装容量容易控制。

②当灌装容量发生变化时,不需要改变比例,产品质量一致。

③灌装时糖浆和水的温度一致,气泡少, CO_2 气的含量容易控制和稳定;产品质量稳定,含气量足,生产速度快。

一次灌装缺点:

①不适合带果肉碳酸饮料,设备复杂,混合机与糖浆接触,洗涤和消毒不方便。

②需要大容积的二级配料罐,配合后如不能立即冷却、碳酸化,由于糖度较低易受微细菌污染,卫生难以保证。

8.2　碳酸饮料生产工艺

目前碳酸饮料的生产采用集中生产主剂,分散灌装的生产方式,避免了企业间的无序竞争,有利于大型企业在市场中树立产品品牌和企业形象,从而扩大市场占有率,形成规模效益。

8.2.1　糖浆的制备

糖浆又称调和糖浆、调味糖浆、果味糖浆等,是指将甜味剂、酸味剂、香精、色素和防腐剂等物料加入配料桶并混合均匀后所得的浆料。碳酸饮料中加入甜味剂主要是在和香精、食用酸等混合后,能使成品饮料产生可口的甜味。它对成品饮料的作用主要是提供稠度且有助于香味的传递,同时提供能量和营养价值。甜味剂和其他调味料构成了碳酸饮料的主要风味,糖浆配制的好坏,直接影响产品的一致性和质量,糖浆配制成分的不同,也就生产出不同风味的饮料。

因此,从碳酸饮料质量、风味的形成和卫生角度来考虑,糖浆的制备是碳酸饮料生产中极为重要的工序。

糖浆制备的工艺流程：

砂糖──→称量──→溶解──→过滤──→杀菌──→冷却──→脱气──→浓度调整──→配料──→精滤(均质)──→杀菌──→冷却──→贮存(缓冲罐)──→糖浆。

1)原糖浆的制备

(1)糖的溶解

把定量的砂糖加入定量的水溶解,制得一定浓度的糖液,一般称为原糖浆。

糖必须采用优质砂糖,所用水的水质可与装瓶用水相同,要求优质纯净。溶糖方法有冷溶法和热溶法两种。将糖直接加入水中,在温室下进行搅拌使其溶解的方法,称为冷溶法。采用冷溶法生产糖浆,可省去加热和冷却的过程,减少费用,但溶解时间长,设备体积大,利用率差,而且必须具有非常严格的卫生控制措施。这种方法适合于采用优质砂糖生产短期内饮用的饮料的糖浆,浓度一般配成45~65°Bx,如要存放一天,配成冷溶法所用设备一般采用内装搅拌器的不锈钢桶,设备便于彻底清洗,以保证无菌。美国的可口可乐公司就是采用此法,使用的甜味剂是优质砂糖和部分果葡糖浆。

生产纯度要求高,贮藏期长的饮料可采用热溶法。热溶法生产一般采用不锈钢化糖锅,并配有搅拌器和加热装置。其生产过程逐将糖和水的用量正确配准,通入蒸汽加热并不断搅拌。在加热时,表面有杂物浮出,需用筛子除去,否则会影响饮料质量,甚至会产生瓶口的环形物。待糖完全溶化后,将糖浆保温5 min,以便杀菌,然后再经过板式换热器冷却至40~50 ℃,但不可长时间保持高温,以免加重颜色并产生焦糖味。在配制果味糖浆前,还应测定其浓度,因为在加热过程中,有一部分水被蒸发掉。该法生产效率高,糖浆质量好,工厂多采用此法,糖浆浓度一般为65 °Bx。

(2)糖浆浓度的测定

①糖浆浓度的表示方法。我国饮料行业所用的糖浆浓度单位有3种,即相对密度、白利度(Brix,°Bx)和波美度(BAUME,°Be)。

②糖液浓度的换算。白利度、波美计和比重计都可用于糖液浓度的测定。3种测定方法读出的数值有如下关系:

白利度=波美度×1.8;

15 ℃相对密度=144.3/(144.3−Be)(比水重者)。

(3)糖液的配制

根据糖浆浓度和体积,可求出糖和水的量,从而配制出所需浓度的原糖浆。

例1:配制60 °Bx的原糖浆100 L,需糖与水各多少?

60 °Bx原糖浆的相对密度为1.289 kg/L

原糖浆的质量为:100 L×1.289 kg/L=128.9 kg

糖的质量为:128.9×60%=77.34 kg

水的质量为:128.9 ×(1−60%)=51.56 kg

例2:生产60 °Bx的原糖浆、100 kg糖,需水(20 ℃)多少?

糖与水的质量比60:40 =10:x

所需水x=(40×100)/60=66.7 kg

表8.1为配制100 L不同浓度的原糖浆所需糖与水的质量(20 ℃),水温升高时相对体积会发生变化,因此,水温不同时需要校正。

表 8.2 为水温升高时体积的变化。

表 8.1　配制 100 L 不同浓度的糖浆所需糖与水的质量

糖浆浓度/°Bx	糖质量/kg	水质量/$(kg \cdot L^{-1})$
50	61.6	61.6
52	64.6	59.7
54	67.7	51.1
56	70.9	55.7
58	74.1	53.7
60	77.4	51.6
62	80.7	49.4
64	84.0	47.3
65	85.7	46.2
67	89.2	43.9

表 8.2　水温升高时体积的变化

水温/℃	相对体积
20	1.000 0
40	1.006 8
50	1.011 1
60	1.016 1
70	1.021 7
80	1.028 0
90	1.034 8
100	1.042 2

(4)糖液的过滤

制得的原糖浆必须进行严格的过滤,除去糖液中的许多微细杂质,常采用不锈钢板框压滤机或硅藻土过滤机过滤糖浆。

为保证过滤质量和过滤速度,用板框压滤机过滤糖液时,需加入硅藻土或纸浆作助滤剂。助滤剂于糖溶化后加入,每平方米过滤面积约用 1 kg 纸浆原料,然后用泵加压循环通过滤板,形成均匀的滤层,经滤层滤过后,去除了杂质的糖液变得澄清透明。一般操作压力为 0.6 MPa 左右,如果压力超过 1.2 MPa 且流量降低时,则应停止过滤,进行洗涤操作并及时更换助滤剂和滤布,该操作必须在规定卫生条件下进行。更换的助滤剂和滤布经清洗、干燥后可重复使用。

硅藻土过滤机性能稳定,适应性强,过滤效率高,可获得很高的滤速和理想的澄清度。

硅藻土过滤机正常操作中十分重要的一环就是形成均匀的硅藻土预涂层,从而保证糖液过滤后澄清透明。为了使形成的滤饼更为疏松,保持正常的过滤速度,也可向糖液中加入少量硅藻土作助滤剂(一般每 100 L 糖液中加入硅藻土量为 0.05~1.0 kg)。

若配制原糖浆的砂糖质量较差,则会使饮料产生絮凝物、沉淀物,甚至产生异味,还会在装瓶时产生大量泡沫,影响产品质量和生产速度。因此,应选用优质砂糖。若砂糖质量较差则必须用活性炭进行净化处理。处理方法为将活性炭加入热的糖浆中,活性炭用量根据糖及活性炭质量而定,一般为糖质量的 0.5%~1%,添加时用搅拌器不断搅拌。在 80 ℃温度下保持 15 min 然后过滤。为了避免活性炭堵塞过滤机的通道,过滤时可添加硅藻土作助滤剂,用量为糖量的 0.1%。

热溶法生产的糖浆可先冷却后再过滤,以得到非常透明的糖液,过滤后的糖液可放在具有冷却装置的储槽中保存。

2)调味糖浆的调配

调味糖浆是由制备好的原糖浆加入香料和色素等物料而制成的可以灌装的糖浆。在调配调味糖浆时,应根据配方要求,正确计量每次配料所需的原糖浆、香料、色素和水等。各种物料溶于水后分别加入原糖浆中。配料时要注意加料顺序,首先将所需的已过滤好的原糖浆投入配料容器中,容器应为不锈钢材料,内装搅拌器,并有体积刻度,然后在不断搅拌的条件下,按顺序加入各种原辅料,其添加顺序如下:

①原糖浆。测定其糖度和体积。

②25%苯甲酸钠溶液。苯甲酸钠用温水溶解、过滤。

③50%糖精钠溶液。糖精钠用温水溶解、过滤。

④酸溶液。50%的柠檬酸溶液或柠檬酸用温水溶解并过滤后使用。

⑤果汁。

⑥香料。水溶性。

⑦色素。用热水溶化后制成5%的水溶液。

⑧混浊剂。稀释、过滤。

⑨加水至规定体积。

配料时应注意以下事项:

①各种原料要分别溶化、添加,边加边搅拌混匀,但不应过度搅拌,以免过多混入空气,妨碍碳酸化过程,或导致灌装时起泡,促进饮料的氧化或使搅拌后的脱气时间加长。

②糖精钠和苯甲酸钠应在加酸和果汁之前加入,否则糖精钠和苯甲酸钠在酸性糖浆中析出,产生沉淀后很难再溶解。

③调配好的调味糖浆应测定其糖度,同时进行味觉试验。可以抽取少量调味糖装,加入定量碳酸水,制成成品小样,观察其色泽并评味,检查是否与标准样相符合。

④调味糖浆调配后应尽快使用,特别是乳浊型饮料,存放时间过长会出现分层现象。

3)配方设计

配方设计是指根据制品品种的要求,确定出生产该品种饮料所需的各种原料的量。设计配方时,选用的各种原料应符合我国食品卫生标准中的规定,其质量也应符合有关标准。根据配方生产出的制品的质量应满足碳酸饮料国家标准中的要求。各种原料的用量还会影响制品的成本,因此,设计配方时还须考虑到饮料的成本,在保证质量的前提下,以期取得更好的经济效益。

主要碳酸饮料的含糖量、含酸量及香精的参考用量见表8.3,可供设计不同品种的饮料配方时参考。

表 8.3　主要碳酸饮料的糖、酸及香精用量

名称	含糖量/%	柠檬酸/$(g \cdot L^{-1})$	香精参考用量/$(g \cdot L^{-1})$
苹果	12	1	0.75~1.5
香蕉	11~12	0.15~0.25	0.75~1.5
杏	11~12	0.30~0.85	0.75~1.5
黑加仑	10~14	1	0.75~1.5
樱桃	10~12	0.65~0.85	0.75~1.5
葡萄	11~14	1	0.75~1.5
石榴	10~14	0.85	0.75~1.5
可乐	11~12	磷酸 0.9~1	0.75~1.5
白柠檬	9~12	1.25~3.10	0.75~1.5
柠檬	9~12	1.25~3.10	0.75~1.5
橘子	10~14	1.25	0.75~1.5
鲜橙	11~14	1.25~1.75	0.75~1.5
芒果	11~14	0.43~1.55	0.75~1.5
冰淇淋	10~14	0.425	0.75~1.5
菠萝	10~14	1.25~1.55	0.75~1.5
梨	10~13	0.65~1.55	0.75~1.5
桑葚	10~14	0.85~1.55	0.75~1.5
草莓	10~14	0.43~1.55	0.75~1.5

8.2.2　碳酸化

1)二氧化碳在碳酸饮料中的作用

二氧化碳在碳酸饮料成分中所占的比重是很小的,但它的作用却很大,没有它就无法成为碳酸饮料,软饮料中二氧化碳的主要作用如下:

①清凉作用。喝汽水实际上是喝一定浓度的碳酸,碳酸在腹中由于温度升高、压力降低,即进行分解。这个分解是吸热反应,当二氧化碳从体内排放出来时,就把体内的热带出来,起到清凉作用。

②阻碍微生物的生长,延长汽水的货架寿命。二氧化碳能致死嗜氧微生物,且由于汽水中的压力能抑制微生物的生长。国际上认为3.5~4倍含气量是汽水的安全区。

③突出香味。二氧化碳在汽水中逸出时,能带出香味,增强风味。

④有舒服的刹口感。二氧化碳配合汽水中的其他成分,产生一种特别的风味,不同的品种需要不同的刹口感,有的要强烈,有的要柔和,所以各个品种都具有特有的含气量,见表8.4。

表 8.4　各品种汽水参考含气量

品　名	含气量/(g·L⁻¹)	品　名	含气量/(g·L⁻¹)
冰淇淋汽水	1.5	姜汁汽水	2.5~3.5
橙汁汽水	1.5~2.5	可乐汽水	3.5~4
菠萝汽水	1.5~2.5	姜汽水	3.5~4
葡萄汽水	1.5~2.5	沙士汽水	3.5~4
苹果汽水	1.5~2.5	麦精汽水	3.5~4
草莓汽水	1.5~2.5	柠檬汽水	3.5~4
柠檬汁汽水	2.5~3.5	苏打水	4~5
白柠檬汽水	2.5~3.5	帘泉水	4~5
樱桃汽水	2.5~3.5		

2)二氧化碳在水中的溶解度

在一定的压力和温度下,二氧化碳在水中的最大溶解量称为溶解度。这时气体从液体中逸出的速度和气体进入液体的速度达到平衡,称为饱和。未达到最大溶解量的水溶液,叫作不饱和溶液。任何配方的碳酸饮料中都有一个较佳的二氧化碳溶解量。

碳酸饮料中常用的二氧化碳溶解量单位为“本生体积”,简称为“体积”。其定义是,在一个大气压下,温度为0 ℃时,溶于一单位体积液体内的二氧化碳体积数。在美国有时用“奥斯瓦德体积”,这一单位忽略了本生体积的温度标准,只计算大气压和当时温度下的二氧化碳体积。欧洲大陆常用的溶解量单位为 g/L。两者的换算关系是 1 体积等于 2 g/L(精确计算应为1.98 g/L,即二氧化碳的密度为1.98 g/L)。每瓶饮料中含有多少克二氧化碳,可根据压力和温度换算。

3)影响碳酸化作用的因素

二氧化碳和水或二氧化碳与糖浆混合的过程称为碳酸饱和作用或碳酸化作用。二氧化碳在液体中的溶解量受下列因素的影响。

①在温度不变的情况下,气体溶解度随压力而增加。

在碳酸饮料生产中,一般碳酸化压力范围内($p<0.8$ MPa),二氧化碳的溶解量服从亨利定律和道尔顿定律,即温度不变时,溶解的气体体积与碳酸气的分压 pi 正比。用公式表示为:

$$C = \frac{p}{0.098} + 1$$

式中　C——溶解量,体积倍数;

　　　p——表压,MPa;

　　　0.098——工程大气压单位与 MPa 的转换系数。

$$pi = p + 0.098$$

式中 pi——绝对压力。

在 1 个绝对大气压下(0.098 MPa),温度 15.56 ℃时,1 体积的水溶解 1 体积的二氧化碳,称为 1 气体体积,是碳酸饮料工业的计量单位。例如,在 15.56 ℃时测得汽水的压力为 0.098 MPa 时,按上述公式,可知 $C = p/0.098 + 1 = 1 + 1 = 2$ 倍体积。同样在汽水压力为 0.196 MPa(2 kgf/cm^2)时,$C = 3$。

②在压力不变的情况下,溶解度随温度降低而增加。温度影响常数称为亨利常数,用 H 表示,$C = H \cdot pi/0.098$。亨利常数值参见表 8.5。同一饱和溶液,当温度升高时,亨利常数降低;而亨利常数降低时,绝对压力就要提高。由此可见,在饮料碳酸化时,水温越高,达到规定含气量时所需的压力就越高。但压力高时,气体的实际溶解度偏离亨利定律,其值小于理论值。

在此情况下可以进行修止,用气体逸度代替压力,引入 α、β 常数,从而将亨利常数表示成压力的函数:

$$H = \alpha - \beta \times pi/0.098 \text{ 则 } C = (\alpha - \beta \cdot pi/0.098) \cdot pi/0.098$$

式中 pi 的单位同上,α、β 的数值见表 8.6。

表 8.5 碳酸气的亨利常教　　　单位:体积分数(98 kPa)

温度/℃	0	1	2	3	4	5	6	7	8	9
H	1.713	1.616	1.584	1.527	1.473	1.424	1.377	1.331	1.282	1.237
温度/℃	11	12	13	14	15	16	17	18	19	20
H	1.154	1.117	1.083	1.050	1.019	0.985	0.956	0.928	0.902	0.878

表 8.6 修正亨利常数的 α、β 值　　　单位:体积分数(98 kPa)

温度/℃	α	β
10	1.84	0.025
25	0.075	0.004 2
50	0.425	0.001 56
75	0.308	0.000 963
100	0.231	0.000 322

根据亨利定律,在工艺设计中按饮料的含气量,考虑生产过程中的损耗就可以确定二氧化碳的混合倍数和在某一温度下的汽水混合压力和灌装压力。在检验时,测得容器或瓶子内的压力和饮料温度后,便可知道成品中的二氧化碳体积倍数,工厂实际应用时可查阅碳酸气吸收系数表,了解二氧化碳溶解度。

二氧化碳在液体中的溶解度与二氧化碳的纯度和液体中存在的溶质的性质有关,二氧化碳气体中的杂质阻碍二氧化碳的溶解,纯净的水较含糖或含盐的溶液容易溶解二氧化碳。最常见的影响碳酸化的因素是空气、水或糖浆中的空气不仅影响碳酸化的效率,而从成品饮料中存在的氧能促进霉菌和腐败菌等好气性微生物的生长繁殖,引起香料等成分的

氧化,导致饮料的严重败坏。

饮料中的空气除二氧化碳不纯外,还来自水及糖浆中溶解的空气,以及各种管路和设备中混入的空气。在 0.098 MPa 压力、温度 20 ℃时,二氧化碳以及氧和氮在单位体积水中吸收系数分别为:二氧化碳 0.88,氧 0.028,氮 0.015。根据道尔顿气体分压和亨利定律,混合气体中各气体被溶解的量不仅取决于各自在液体中的溶解度,而且取决于在混合气体中的分体积(分压)。在系统总压力下,二氧化碳溶解度仅与其分压有关。假设混合气体中由 99%的二氧化碳和空气(即 0.2%的 O_2 和 0.8% N_2)组成。经计算,1 体积的空气将降低50 体积的二氧化碳,即 1 体积空气能将 50 体积的二氧化碳挤出饮料,这往往作为一个参考标准。

在碳酸饮料中,任何空气在饮料处于大气压力时都将很快逸出,例如,在灌装工序的最后阶段,瓶子放气或容器打开时,这种突然的空气逸出现象称为"涌出"。另外除去溶解的空气以外,还有包含在液体中未溶解的气泡,这些气泡在灌装泄压阶段将很快逸出,激烈地搅动饮料,促使二氧化碳逸出,这种现象称为冒泡。

原料水、糖浆或饮料中载有的空气比溶解的空气更为有害。空气来源及防止方法具体见表8.7。

表 8.7　饮料中空气的来源及防止方法

空气来源	防止方法
饮料水中溶解和载有的	防止数小时或脱气
水或碳酸化前的饮料中溶解和载有	检查抽水管路法兰和接头
混合机内和饮料中的溶解氧	消除管道及混合机内的空气,混合机应在顶部装排气阀,经常开启,避免空气积存
来自二氧化碳气源	检查二氧化碳纯度,清除气路中的空气
糖浆中溶解和载有溶解氧	避免过度搅拌及配料时溅洒,避免管道中的空气窝存以减少容器中的空气含量

③二氧化碳与水的接触面积和接触时间的影响

在温度和压力一定的情况下,二氧化碳气体与液体的接触面积越大,进入液体的二氧化碳越多,而且接触时间越长,液体中二氧化碳含量越高。因此,工业生产中选用的碳酸化设备必须做到能使水雾化成水膜,以增大与二氧化碳接触面积,同时能保证有一定的接触时间。实际上,碳酸气分压、水温和气液两相接触的表面积等都是重要的,而且都受到生产条件的限制。

例如,提高压力要受到包装容器耐压性的限制,并会降低灌装速度,增加操作费用;降低水温至接近冰点时,制冷效率降低,制冷系统的操作费用急剧增加,水温一般不低于4 ℃;增加气体接触面积也会受到设计和经济等因素的制约,因而会增加混合机洗涤和消毒的麻烦。因此,一定要合理控制水的温度,二氧化碳的进门压力,水中杂质的含量,二氧化碳的纯度,以及各管道是否漏气等的因素,以保证二氧化碳在水中能充分溶解,使其成为饱和碳酸水。

8.2.3 洗瓶与验瓶

1)洗瓶

目前,我国碳酸饮料的内包装有玻璃瓶、易拉罐和聚酯(PET)瓶等材料。玻璃瓶有新瓶和回收瓶两种。新玻璃瓶来自玻璃厂,经高温处理原料制成,出厂时包装严密,在搬运、贮存时不受污染,一般比较容易清洗;易拉罐和聚酯瓶一般都是新瓶,污染程度轻,也容易清洗;而回收的玻璃瓶,由于瓶内残留物的存在,很容易繁殖各种微生物,同时瓶子内外均很脏,因此需用专用的洗涤剂和消毒液进行洗刷和消毒,以符合卫生要求。

特别是由于灌装碳酸饮料的过程中不进行加热灭菌,为确保产品质量,应该把瓶子的洗涤作为最重要的工序之一。瓶子洗涤后必须符合以下要求:

①瓶子内外清洁无味。

②空瓶子不残留碱及其他洗涤剂。

③空瓶经微生物检验,大肠菌群、细菌菌落不能超过2个。

(1)洗瓶用的洗涤剂

在洗瓶的水中,应加入一定量的洗涤剂,配成一定浓度的洗涤液。洗涤液往往还要加热到一定的温度,以增强其洗涤和灭菌的效果。

对洗涤剂的基本要求是:渗透性强,对有机物溶解性大,对洗涤物有很强的亲和力,可以乳化油脂,不易附着在瓶表面,完全能溶于水中并被水冲走;在瓶的表面不产生膜状物,起泡性小;对设备腐蚀性小,无毒,可以在硬度大的水中使用而不容易结垢;在洗瓶机内可起到某种润滑作用,价格低,废水容易处理;可用简单的方法测定其浓度。

常用的瓶用洗涤剂为烧碱液(氢氧化钠溶液),它易于溶解和分解各种杂质污垢,洗涤效果好,同时有很强的杀菌力,价格也很便宜。但烧碱的碱性强、腐蚀性大,对人体亦有害,使用时应特别注意。单独用烧碱液进行洗涤时,其浓度为2%~3.5%、温度为55~65 ℃、时间为10~20 min,烧碱液浓度在4%以上或温度超过77 ℃时,对玻璃有腐蚀作用或使玻璃瓶爆裂。

除氢氧化钠外,碳酸钠、偏硅酸钠、磷酸钠也是常用的洗涤剂。近年来国内外市售的洗瓶剂品种越来越多。

为了克服各种洗涤剂的局限性,常采用混合洗涤剂,多以氢氧化钠为主,再加入其他的碱。如加入碳酸钠,改进易洗去性;加入磷酸钠,可抑制水垢的生成,避免硬水在瓶壁上产生污垢;加入葡萄糖酸钠,便于除去瓶口的铁锈等。有的厂家使用十二烷酸钠洗涤剂,其去污能力强,但要与消毒液配合使用,以保证空瓶的干净和无菌。

(2)洗瓶设备

洗瓶设备的基本方式是浸、冲、刷。大型设备往往采取3种方式的结合。单纯的浸泡机为浸泡槽。单纯的刷瓶机,最简单的是用一个电动机带动一把或两把刷子转动,用手拿瓶插入转动的刷子刷洗瓶子内部。

一般手工洗瓶可以把浸泡机和刷瓶机组合起来,刷过后的空瓶和一台简单的清水冲瓶机配合,用有压力的清水把瓶子冲干净。

小型厂常单用冲瓶机,或组合浸泡槽。刷瓶用手工操作。

大型的浸刷式洗瓶机虽能处理较脏的瓶子,因有许多缺点,使用已日趋减少。

目前多数洗瓶机为浸冲式,有的以浸为主,利用多次没入洗液与倾出加强振动效果,只有一次冲入洗液;有的则浸冲并重,一浸多冲,或采用多槽,每槽一浸一冲,每槽碱液浓度不同或相同,温度不同〔例如45—65—45 ℃〕,以保证瓶子不因温度变化而炸裂。浸冲式洗瓶机有单端和双端两种,单端洗瓶机为瓶子先在机器底部较长时间浸泡,然后向上折回继续浸冲。该机优点是节省地方,全链空载少,但因瓶子出进门在一端不易隔离。双端式则相反,空载多,但易使脏瓶、净瓶隔开,还可以将单出口或单入口排进两层的建筑里。

(3)洗涤操作

瓶子清洗前,必须先经人工挑选,剔除破瓶,剔除装盛过矿物油、食油、油漆、水泥、农药等异物的瓶子;剔除不同外形尺寸的瓶子。将特别脏的瓶子选出放入洗涤槽中,经特别洗刷后再进入洗瓶机,瓶子进入洗瓶机后,经过清水浸泡、碱水浸泡、洗涤液对瓶子进行内外喷淋、消毒水喷淋、清洁水冲洗等工序,以达到清洗的目的。洗净的瓶子在洗瓶机上直接烘干,或放在滴水车上使瓶子中的余水滴尽。

2)检瓶

检瓶是采用肉眼检验的方法剔除破瓶和没洗净的瓶子。检瓶在传送带上进行。检瓶照明以荧光灯为好,在荧光灯前放上乳白色或淡绿色透明塑料片则更佳。照明光线应充足,玻璃瓶表面的明度应在1 000 lx 以上。传送带上玻璃瓶通过的速度,要调整到可以充分检查的程度。

检瓶是一件很重要的工作,要安排工作认真负责的人担任。对检瓶的人员要一年进行两次视力检查,包括色盲项目的检查。肉眼检查是很容易疲劳的工作,时间长了就会出现漏检。因此,要规定检查人员的连续工作时间,当检瓶速度为100 瓶/min 以下时,每人连续检瓶时间不超过40 min,当检瓶速度超过100/min 时,连续检瓶时间不超过30 min,超过规定时间应及时换人。肉眼检查的速度不得超过200 瓶/min。

检验合格的瓶子,用传送带送到灌装机用于灌装。

8.2.4 压盖、验质

1)压盖质量

经灌装后,玻璃瓶送入压盖机进行压盖密封,压盖机的作用是用压力把瓶盖压在瓶口的封锁环上。压盖要紧密不漏气,又不能太紧而损坏瓶口。影响压盖质量的因素有:皇冠盖的质量及玻璃瓶的瓶口尺寸、瓶口与瓶底同心度、瓶子高度等。

2)瓶盖清洗、消毒

压盖前,首先应对瓶盖进行清洗消毒。瓶盖清洗消毒的方法较多,可根据具体情况选择。常用的方法有:酒精浸洗、蒸汽消毒和漂白粉溶液消毒。

①酒精浸洗法。瓶盖先在75%的酒精中荡洗,控去酒精,再放入另一75%酒精中浸泡几分钟,控去酒精,然后烘干即可使用。

②蒸汽消毒法。瓶盖先用热水冲洗,然后放入蒸汽桶(框),直接用蒸汽蒸5 min,取出、摊凉备用。

③漂白粉溶液消毒法。先用热水冲洗瓶盖,控去水分,放入含氯量150~200 mg/kg的漂白粉溶液中消毒,取出后用处理水冲洗至无氯味为止,烘干后备用。

以上3种方法中用蒸汽消毒较为简便,效果也好,为常用的方法。

3) 检验、贴标、装箱、入库

采用专用瓶子,灌装、压盖、检验后即可立即装箱。但目前我国大多数采用的是通用瓶,按《食品卫生法》规定,需贴上该产品的商标。

贴标前,应对成品汽水在灯光下进行目视检验。在检验时,将瓶子做一翻转,容易观察有无杂质和漏气现象。凡液位高度不够、有杂质、无盖、瓶子不洁、破口瓶或有裂纹的瓶子或密封不严等一律检出。

贴标要求贴正、贴牢、保持商标整洁。贴商标所用的黏合剂要有良好的黏合性,并不得污染商标。

贴标后装箱。人工装箱应注意不得擦坏商标。如果使用自动装箱机,必须注意瓶子整齐地输送到装箱机台,不得有倾斜或歪倒的瓶子,以免影响装箱或损坏装箱机。

产品入库时要分批分品种堆码,等待检验,检验合格者方可投放市场。

8.3　碳酸饮料常见质量问题及其防止方法

碳酸饮料出现质量问题的现象很多,主要表现在杂质、无气、浑浊、沉淀、变味、变色等。产生以上现象的原因是多方面的,现将其产生的原因及处理方法分述如下。

8.3.1　杂质

杂质是产品中肉眼可见的、有一定形状的非化学产物。杂质一般不影响口味,但影响产品的外观。

杂质一般分为3类:不明显杂质,较明姐杂质和明显杂质。不明显杂质往往是原料里带入的,主要是一些体积较小不易看出的尘粒、小砂粒、小黑点等。较明显杂质就是体积较大的尘粒、小玻璃,容易看出来。明显杂质是指刷毛、大纸屑、锈铁屑片等。

造成杂质的原因主要有以下几个方面:

1) 原料带来的杂质

原料所带杂质主要是用量大的原料所带的杂质,一般来说水和砂糖最易带杂质,而柠檬酸、色素、香料等辅料里的杂质较少。

水带杂质主要是过滤处理不好,应采用砂棒过滤器和活性炭过滤器二级过滤就可清除杂质。砂糖带的小微粒黑点杂质不易除去,可先将糖浆(粗糖浆)进行过滤,然后在配完料后再过滤一次混合糖浆,就能清除余质。砂糖的品级越高,杂质就越少,所以我们不仅要加强对工艺的控制,也要对砂糖的质量进行检测。另外,储水池、过滤器、糖浆贮罐等器具应经常清洗干净,同时注意密封性,以免外来空气中的砂尘粒随风吹入。

2）瓶子未洗净或瓶盖带来的杂质

瓶子的清洗是十分重要的。瓶子在浸泡前应预查一次。检出那些特别脏或有大型异物（纸屑、苍蝇、蛆虫等）的瓶子，另行处理。在洗瓶后也要认真检查，瓶盖也要认真清洗，防止小片的碎屑杂质带入。

3）机件碎屑或管道沉积物

为避免机件碎屑的混入，应当注意混合机、灌装机、压盖机等易损件的磨损。尤其是橡胶件和皮件及个别的麻件、线件等的磨损。有时压盖机不正常或瓶子较高，在压盖时易将瓶口局部压碎（压盖后可掩盖破碎部分），所以在瓶子里会有小玻璃碴，同时在每天上、下班时，都应对管道进行消毒，并定期用酸、碱液除去管道壁上附着的沉淀垢物。经常对管道白水进行抽查检验，看有无杂质。

8.3.2　含气量不足或爆瓶

含气不足实际就是二氧化碳含量太少或根本无气，这样的产品开盖无声，没有气泡冒出。有些厂由于卫生条件较差，产品不仅无气，还带有一股馊味（变质味）。因为二氧化碳溶解于水后呈酸性，而且二氧化碳对微生物有一定的抑制作用，所以二氧化碳含量低或无气易引起产品变质。造成二氧化碳量不足的原因有：

①二氧化碳纯度低，或纯度不够标准。
②水温或糖温（混合糖浆温度）过高。
③混合机混合效果不好。
④有空气混入。
⑤混合机或管道漏气。
⑥灌装机不好用，空气排除不好。
⑦灌装机胶嘴漏气，簧筒弹簧太软，瓶托位置太低、造成边灌边漏气，或自动灌装机位置偏低。
⑧压盖不及时，敞瓶时间过长，使二氧化碳在高温下散失。
⑨瓶口、瓶盖不合格，不配套。
⑩压盖不严。

要保证产品气足，符合标准，必须经常定期抽测成品的含气量（一般 1～2 h 测 1 次）。如不合格就要依顺序查原因，不能先盲目确定哪一部分问题，应依次一段一段地查验。查出原因如是二氧化碳不纯，就要对二氧化碳进行提纯处理，如果是设备问题，应及时维修或换配件，直到成品达到要求才可恢复正常生产。

8.3.3　混浊与沉淀

混浊是指产品呈乳白色，看起来不透明。
沉淀是指在瓶底发生内色或其他颜色的片屑状、颗粒状、絮状等沉淀物。
产品混浊、沉淀产生的原因很多，但一般都是由于微生物污染、化学反应、物理变化和其他原因所引起的。因此,在查找原因时要按具体情况分析,以便对症下药,解决问题。

1)微生物引起的混浊、沉淀

由于碳酸饮料在生产过程中没有杀菌工序,因此对原料的质量要特别注意。一般主要是砂糖、水等原料易被污染,所以要对原料进行处理;另外,碳酸气的存在对微生物具有抑制作用。

有人研究碳酸气对酵母繁殖的影响,结果显示:其他条件相同,不相同的碳酸气含量越高,酵母死亡也越快。据美国国家无酒精饮料协会对变质饮料的检验分析表明,90%以上的碳酸饮料的腐败变质事例都是由过量的酵母菌所引起的。如果配料间卫生条件不好,酵母菌在糖浆、有机酸中繁殖非常迅速,在碳酸气含量低的情况下,就会使糖变质。对柠檬酸作用(柠檬酸少量时)尤为明显,使其形成丝状沉淀;虽然二氧化碳、酸味剂、高浓度的糖都对微生物有一定的抑制作用,但如果二氧化碳含量低,糖、酸的浓度也低的情况下,产品会发生污染变质。除常见酵母外,偶然可遇到嗜酸菌,多为乳酸杆菌、白念珠菌等引起的变质。由于这些微生物的作用,造成产品的混浊、沉淀、甚至变味。

碳酸饮料很少或不会因霉菌引起变质,但酵母菌形成团块,看起来却有些类似霉菌,检验时需经培养看其形态特征再做结论。

2)化学变化引起混浊、沉淀

(1)由砂糖引起混浊、沉淀

用市售的砂糖制作碳酸饮料时,装瓶放置数日后,有时产生细微的絮状沉淀,有人称为"起雾",这不仅影响饮料的商品价值,而且不符合有关食品法规。所以砂糖作为原料,其品质十分重要。

台湾糖业研究所对这个问题进行了分析研究,得出的结论是:白砂糖中所含的极微量淀粉和蛋白质是导致沉淀起雾的主要原因。糖所含杂质引起的沉淀和微生物污染产生沉淀不同,糖杂质引起的沉淀经搅动后会分散消失,静置后又渐渐再出现;而微生物污染引起的沉淀搅动后则不会消失。日本专家建议生产透明的碳酸饮料时尽量不使用甜菜糖,用甜菜糖调制的糖液加酸长时间静置,有时会出现沉淀。

(2)使用硬水引起沉淀

硬水中所含的钙和镁的离子与柠檬酸作用,生成柠檬酸的盐类在水中的溶解度低,会生成沉淀。

(3)使用不合格或变质的香精香料

适量使用香精香料虽然正常,但用量过多也能引起白色混浊或悬浮物,但此现象多是在配料后即发生,容易判断。

(4)色素质量不好或用量不当也会引起沉淀

使用焦糖于含鞣酸的饮料中,易发生沉淀。焦糖色素由于制法不同,分阴离子色素和阳离子色素,焦糖中的胶体物质,当达到它的等电点时,就会产生混浊和沉淀。

一般来说,用于啤酒、酱油、咖啡、汽水等的是阴离子色素,这种色素也有它的 pH(即等电点)范围,在未到等电点时,一般都是澄清透明的,但是当饮料恰好处于焦糖色素的等电点的 pH 值为 1.4 时,就会产生混浊和沉淀现象,所以在使用焦糖色素时应加以注意,一定弄清它的 pH 适用范围。

（5）配料方法不当引起沉淀

如果在糖浆里先加酸味剂，再加苯甲酸钠，这样也会生成结晶的苯甲酸，从而呈规则的小亮片沉淀。

（6）瓶盖和垫上附着的杂质，沉入瓶底也能造成沉淀

瓶颈处形成的泡沫，消下后造成沉淀。回收旧瓶瓶底的残留物刷洗不彻底，制成产品后，逐步流入底部形成膜片状沉淀，较易为人们所忽视。

造成碳酸饮料混浊、沉淀的原因较多，也较复杂，如有些厂采用片式热交换器冷却软水，用的冷媒介质是氯化钙溶液，由于氯化钙的长期腐蚀和因阻塞增大压力，使热交换器的金属片产生渗漏，将氯化钙液渗入冷却的软水中，与糖浆里的柠檬酸形成柠檬酸钙，也会产生大量的沉淀。

3）防止混浊、沉淀的措施

为了保证产品的质量，杜绝混浊、沉淀现象，在生产中应采取以下措施：

①加强原料的管理，尤其是砂糖、水质的检测，砂糖应做絮凝试验，不合格原料不能用于生产。

②保证产品含有足够的二氧化碳气体。

③减少生产各环节的污染，水处理、配料、瓶子清洗、灌装、压盖等工序都必须严格执行卫生标准（生产卫生、环境卫生、个人卫生、产品卫生等）。

④对所用容器、设备有关部分及管道、阀门要定期进行消毒灭菌。对一些采用钙盐作为冷媒剂，要经常检测冷却软水出口的水质，看是否含有钙盐，可用硝酸银溶液滴定检查。

⑤一般不用贮藏时间长的混合糖浆生产汽水，若需使用必须采用消毒密封措施，在下次使用前先做理化和微生物检测，合格后方可继续使用。

⑥加强过滤介质的消毒灭菌工作。

⑦防止空气混入。空气进入，一是降低了二氧化碳含量；二是利于微生物生长。所以要对设备、管道、混合机等部位的密封程度进行检查，及时维修。

⑧配料工序要合理。注意加入防腐剂和酸味剂的次序。

⑨生产饮料用水一定要符合标准要求。

⑩选用优质的香精、食用色素，注意用量和使用方法，一般要先做小试验，合格后才投入生产。

⑪回收瓶一定要清洗干净，注意清洗后瓶子里是否有残留的减液，应经常检测。

8.3.4 产生糊状物

生产的产品放置数天后，生成乳白色胶体物质，开盖后倒出成糊状。造成糊状的原因有下列3项：

①生产所用的糖质差，含有较多的胶质、蛋白质。

②二氧化碳气含量太少，或空气混入过多，使一些好气性微生物生存繁殖。

③瓶子刷得不净，瓶壁上附有微生物，利用产品中的营养成分生成胶体物。

一般碳酸饮料产生糊状现象较少，但也应加以防止，针对各方面的不足，加强管理。

8.3.5 变色与变味

产品生产后,放一段时间生成很难闻的气味,不能入口,或变得无味。

商品的变味一般是由于微生物引起的。在果汁类碳酸饮料中,肠膜明串珠菌和乳酸杆菌可使其产生不良气味。在温度较适宜微生物繁殖的条件下,由于贮糖浆罐、管道及设备清洗不净,使成品产生酸败味。

如果二氧化碳不纯,里面掺杂过多的其他气体,如硫化氢、二氧化硫等,这样也会给产品带来异味。另外,如果用发酵法生产的二氧化碳处理得比较粗糙,也会给产品带来酒精味或其他怪味。

夏天产品生产出来后在阳光下暴晒,会使香精产生化学变化,出现异味。有些饮料里的香精香料所含的萜烯物质较多,放一段时间后,由于阳光、温度、瓶内空气残留量等原因,致使香精香料成分氧化而引起风味的改变。

回收饮料瓶中,有个别盛装过其他具有强烈异味的物质,在清洗中未清洗干净,或污染了一些干净瓶子,也会造成产品变味。在一些地区,由于水质污染严重,在自来水中加的漂白粉杀菌剂较多,有些厂除异味的活性炭罐体积不够或使用过久等原因,致使余氯量超标,进入成品后,氯气味重,给产品的风味带来较大的影响。

总之,要生产出风味佳、含气足的产品,就必须搞好生产过程中的质量控制及原料质量的控制工作,加强厂内外、车间内外的卫生管理,认真分析事故原因,对症解决问题,才能创出优质名牌产品。

8.4 碳酸饮料的质量标准

按国家标准 10792—2008 执行。

8.4.1 感官指标

色泽:产品色泽应与品名相符,果汁汽水、果味汽水应具有新鲜水果近似的色泽或习惯承认的颜色。可乐型汽水应有焦糖色泽或类似焦糖色泽,其他型汽水应具有与品名相符的色泽。同一产品色泽鲜亮一致,无变色现象。

香气与滋味:具有本品种应有的香气,香气柔和协调,甜酸适口,有清凉感,不得有异味。

外观形态:果汁汽水、果味汽水中清汁类,应澄清透明,不混浊,不分层,无沉淀;果汁汽水、果味汽水中混汁类,应具有一定浑浊度,均匀一致,不分层,允许有少量果肉沉淀;可乐汽水,澄清透明,无沉淀。

空隙高度:液面与瓶口的距离 2~4 cm。

杂质:无肉眼可见外来杂质。

8.4.2　理化指标

理化指标(见表8.8)。

表8.8　碳酸饮料的理化指标

项　目		果汁型			果味型			可乐型	低热值型	其他型
		柑橘	柠檬	其他	柑橘	柠檬	其他			
可溶性固形物(20 ℃折光仪法)/%	全糖	≥9.0							≤4.5	≥9.0
	低糖	≥4.5								≥4.5
二氧化碳气容量(20 ℃时容积倍数)/倍　　　　≥				2.0	2.0	2.5	2.0	3.0	按相应型气容量要求	2.0
总酸/$(g \cdot L^{-1})$	以一分子水柠檬酸计	1.00	0.60		1.00		0.60	0.80	按相应型总酸要求	0.60
	以磷酸计							0.45		
咖啡因/$(mg \cdot L^{-1})$　　≤								150		
甜味剂		按 GB 2760 规定								
防腐剂		按 GB 2760 规定								
着色剂		按 GB 2760 规定								

8.4.3　微生物指标

中华人民共和国国家标准,原中华人民共和国卫生部1996年6月19日批准,1996年9月1日实施:碳酸饮料卫生标准 GB 2759.2—1996。

1)主题内容与适用范围

本标准规定了碳酸饮料的卫生要求。

本标准适用于碳酸饮料。

2)引用标准

①GB 2760 食品添加剂使用卫生标准。

②GB 4789.2 食品卫生微生物学检验:菌落总数测定。

③GB 4789.3 食品卫生微生物学检验:大肠菌群测定。

④GB 4789.15 食品卫生微生物学检验:霉菌和酵母数测定。

⑤GB 5009.11 食品中总砷的测定方法。

⑥GB 5009.12 食品中铅的测定方法。

⑦GB 5009.13 食品中铜的测定方法。

⑧GB 10789 软饮料的分类。

3）卫生要求

理化指标见表8.9。

表8.9 碳酸饮料的理化指标

项 目		指 标
砷（以 As 计）/(mg·kg^{-1})	≤	0.2
铅（以 Pb 计）/(mg·kg^{-1})	≤	0.3
铜（以 As 计）/(mg·kg^{-1})	≤	5
食品添加剂		按 GB 2760 规定

细菌指标见表8.10。

表8.10 碳酸饮料的细菌指标

项 目		指 标
菌落总数/(个·mL^{-1})	≤	100
大肠菌群/(个·100 mL^{-1})	≤	6
致病菌		不得检出

霉菌指标见表8.11。

表8.11 碳酸饮料的霉菌指标

项 目		指 标
霉菌/(个·mL^{-1})	≤	10
酵母数/(个·mL^{-1})	≤	10

4）检验方法

①砷的测定:按 GB 5009.11 执行。

②铅的测定:按 GB 5009.12 执行。

③铜的测定:按 GB 5009.13 执行。

④菌落总数测定:按 GB 4789.2 执行。

⑤大肠菌群测定:按 GB 4789.3 执行。

⑥霉菌和酵母数测定:按 GB 4789.15 执行。

【实验实训 1】 碳酸饮料的加工

1)实验目的

①了解碳酸饮料加工工艺流程特别是碳酸化的方法。

②掌握果味碳酸饮料的调配技术及控制饮料成品质量的措施。

2)原料、试剂、仪器

原料:果汁(柑橘汁、橙汁、苹果汁)、二氧化碳。

试剂:蔗糖、蛋白糖(50 倍)、柠檬酸、橘子香精、苹果香精、橙子香精、焦糖、可乐香精、胭脂红、柠檬黄、苯甲酸钠。

仪器:电子天平、榨汁机、胶体磨、均质机、混合机、罐装机、封盖机、温罐机、筛网(100目、200 目)、不锈钢锅、不锈钢勺、1 000 mL 量杯、500 mL 烧杯、玻璃棒、温度计、酸性精密pH 试纸等。

3)工艺流程

饮用水──→水处理

蔗糖──→溶解──→过滤──→糖浆──→调配──→混合──→冷却──→碳酸化──→灌装──→密封──→温罐──→检验──→贴标──→成品

容器──→清洗──→沥水──→检验

4)实验步骤

(1)调味糖浆的配制

①碳酸饮料的主要原料。碳酸饮料的主要原料是调味糖浆、CO_2 和水。调味糖浆由糖浆(甜味剂)、酸味剂、香料、色素及防腐剂等调配而成。

甜味剂可使用蔗糖、葡萄糖、果糖、麦芽糖等,常用砂糖(甘蔗糖和甜菜糖),也可使用低热值人工合成甜味剂。酸味剂可用柠檬酸、乳酸、苹果酸、酒石酸、磷酸等,常用柠檬酸,可乐型用磷酸。香精主要有柠檬、白柠檬、橘子、葡萄、菠萝、桃、苹果、草莓、橙、焦糖等香精。天然果汁有柑橘、白柠檬、葡萄柚、苹果、菠萝、柠檬等,用量为 5% ~ 10%。色素较多使用柠檬黄、日落黄、酸性红、焦糖色等合成色素,可乐型碳酸饮料用焦糖色。防腐剂使用较多的是苯甲酸钠,其次是山梨酸。CO_2 是碳酸饮料中体积最大的成分,使饮料产生发泡特性,产生清凉感,提高饮料保藏性;要求 CO_2 纯度>99.5%。水是碳酸饮料中含量最大的成分,大约为 90%,低热值碳酸饮料含水量 98% 左右。

②调配方法:

a.首先正确计量每次配料时所需原糖浆、酸味剂、香料、色素、水等。

b.各种配料分别用水溶解并搅拌均匀(有的需要过滤)。

c.将溶解好的配料按顺序分别加入原糖浆中,并搅拌均匀。

③调配顺序:

a.原糖浆(糖的溶解有热溶法和冷溶法,溶解后须过滤、杀菌并测糖度)。

b.防腐剂(加量<0.02%,25%苯甲酸钠液,苯甲酸温水溶解、过滤)。

c.酸味剂(加量 0.1%~0.2%,配成 50%柠檬酸液,或温水溶解过滤)。

d.果汁(清汁或浑汁、浓缩果汁均需过滤后添加)。

e.香精(常用水溶性香精,粉末香精配成 5%的溶液并过滤)。

f.色素(5%的水溶液,现配现用)。

g.水。

④注意事项:

a.各原料分别溶解、分别添加,添加时不宜过度搅拌,以免混入过多空气。

b.先加防腐剂,后加酸味剂,防止防腐剂局部浓度过高而产生沉淀。

c.调配好的调味糖浆应与碳酸水配成成品小样,观色、品味应与标样相符。

d.调好的调味糖浆应尽快使用,以免分层、污染。

(2)混合

将调和糖浆与处理后的饮料用水按比例混合,并搅拌均匀。

果味碳酸饮料的配方如下:

橘汁汽水:蔗糖 85 kg,蛋白糖(50 倍)0.3 kg。橘汁(浑或清汁)10 kg,柠檬酸 1.3 kg,橘子香精 650 mL,胭脂红 2.5 kg,柠檬黄 15.5 kg,苯甲酸钠 75 g,加水至 1 000 kg。

苹果汽水:蔗糖 100 kg,蛋白糖(50 倍)0.3 kg,苹果清汁 55 kg,柠檬酸 2.5 kg,苹果香精 900 mL,苯甲酸钠 60 g,加水至 1 000 kg。

橙汁汽水:蔗糖 75 kg,蛋白糖(50 倍)0.5 kg,橙汁(浑或清汁)56 kg,柠檬酸 750 g,橙子香精 70 mL,胭脂红 2.5 g,柠檬黄 15.8 g,苯甲酸钠 38 g,加水至 1 000 kg。

可乐饮料:蔗糖 50 kg,蛋白糖(50 倍)1 kg,柠檬酸 450 g,焦糖 3.25 L,可乐香精 650 mL,苯甲酸钠 130 g,水 70 kg。此配方能制成约 100 L 调和糖浆,补水 570 kg 并混匀即可得半成品饮料。

(3)冷却、碳酸化

将调配好的半成品饮料经冷却器冷却到 4 ℃或 4 ℃以下,通过混合机进行碳酸化,使二氧化碳的倍数达到 2.5~3 倍。

(4)灌装、密封

用洗净的饮料瓶进行等压罐装,灌装好后立即封盖。灌装的质量要求:达到预期的碳酸化水平;保证糖浆和水的正确比例;保持合理和一致的灌装高度;容器顶隙应保持最低的空气量;密封严密有效;保持产品的稳定性。

(5)温罐(洗瓶)

将罐装好的饮料罐或饮料瓶通过温罐机,用 70 ℃左右的热水洗去罐或瓶壁上附着的糖浆,同时起到巴氏杀菌的作用。温罐时间一般 5~10 min。

(6)贴标、检验

若是饮料瓶灌装,须贴上标签,通过液位检测器检测液面高低是否符合要求,挑出次品;经检验合格的喷码后包装入库。

(7)质量指标

按 GB 10792—2008 执行。

【实验实训 2】 碳酸茶饮料的制作

1）实验原理

茶饮料是指以茶叶的萃取液、茶粉、浓缩液为主要原料加工而成的含有一定分量的天然茶多酚、咖啡碱等茶叶有效成分的软饮料。茶饮料可分为很多不同的品种。碳酸茶饮料是指含有 CO_2 的茶饮料，又称茶汽水，一般是由红、绿茶提取液、水、甜味剂、酸味剂、香精、色素等成分调配后，加入碳酸水混合灌装而成。茶饮料的生产首先要保证制备的茶汁的质量。由于茶叶中含有复杂的成分，加工中往往出现茶汁浑浊、氧化、口感、风味的变化等现象。生产中可采取冷却、酶法分解、膜过滤、微胶囊技术等方法解决。在碳酸化过程中，CO_2 的溶解度与压力成正比，与温度成反比，要控制合适的温度和压力。

2）实验目的

通过碳酸茶饮料的制造，熟悉和掌握碳酸茶饮料制造生产特性和工艺过程及碳酸化的设备和操作。

3）实验材料与设备

（1）实验材料

茶叶、白砂糖、CO_2、酸味剂等添加剂、水等。

（2）设备

过滤机、均质机、灌装压盖机等。

4）实验方法

（1）工艺流程（一步法）

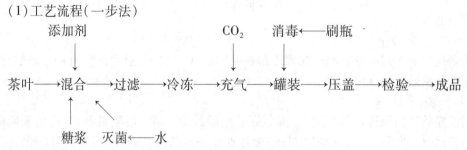

（2）产品配方

茶叶:1%，砂糖:3%~4%，山梨酸、柠檬酸:0.03%等。

（3）操作要点

①空瓶清洗。先用2%~3%的 NaOH 溶液于 50 ℃ 温度下，浸 5~20 min，然后用毛刷洗净，晾干。

②茶汁提取。用沸水（90~95 ℃）浸泡 5~10 min。经反复过滤再与糖浆等混合。

③溶糖。溶时将配制成的75%浓糖液投入锅内，边加热边搅拌，升温至沸，撇除浮在液面上的泡沫。然后维持沸腾 5 min，以达到杀菌的目的。取出冷却到 70 ℃，保温 2 h，再冷却到 30 ℃ 以下为止。

④糖浆的配制。糖浆加料顺序极为重要，加料顺序不当可能会失去各原料应起的作

用。其顺序为：

茶叶──→糖液──→防腐剂──→香精──→着色剂液──→抗氧剂──→加水到规定容积

⑤罐装。将定容的瓶子送入罐装机。

5）产品质量指标

感官指标：颜色黄嫩、明亮，清晰度高。

滋味气味：香气浓郁、滋味可口，刹口感强。

6）讨论题

a.本实验为一次灌装法，试分析一次灌装法与二次灌装法的区别？

b.为什么在操作要点中加入溶糖一步？

 小资料

表8.12 碳酸饮料十大品牌

序号	品牌	说明
1	可口可乐	发明于1886年,被列入吉尼斯世界纪录,全球销量排名第一的碳酸饮料,著名的软饮料,美国可口可乐公司)
2	百事可乐	始创于1890年美国,全美最有价值公司品牌之一,全球最大的食品和饮料公司之一,百事(中国)投资有限公司
3	雪碧	可口可乐公司出品,中国十大碳酸饮料品牌,致力于饮料/碳酸饮料产品研发生产的企业,可口可乐饮料有限公司
4	七喜	百事可乐公司出品,碳酸饮料十大品牌,大型跨国企业,饮料行业著名品牌,百事(中国)投资有限公司
5	健力宝	诞生于1984年,中国驰名商标,广州2010年亚运会指定运动饮料,碳酸饮料十大品牌,广东健力宝饮料有限公司
6	美年达	百事可乐公司出品,碳酸饮料十大品牌,大型跨国企业,饮料行业著名品牌,百事(中国)投资有限公司
7	芬达	可口可乐公司出品,中国十大碳酸饮料品牌,致力于饮料/碳酸饮料产品研发生产的企业,可口可乐饮料有限公司
8	非常可乐	娃哈哈集团旗下碳酸饮料品牌,中国名牌产品,中国驰名商标,中国十大碳酸饮料品牌,杭州娃哈哈集团有限公司
9	激浪	百事可乐公司出品,碳酸饮料十大品牌,大型跨国企业,饮料行业著名品牌,百事(中国)投资有限公司
10	果汁果乐	汇源集团旗下碳酸饮料品牌,国家重点龙头企业,颇具市场竞争力品牌之一,北京汇源饮料食品集团有限公司

本章小结)))

本章介绍了碳酸饮料、调和糖浆、碳酸化、等压灌装等概念,主要介绍了调和糖浆的调制、汽水混合机基本原理、等压灌装的基本工艺重点介绍了碳酸饮料的分类及质量要求、碳酸饮料糖浆制造、碳酸化基本工艺,掌握碳酸饮料生产中常见的质量问题及解决方法。

复习思考题)))

1.简述碳酸饮料的分类及特点?

2.碳酸饮料的生产工艺有哪几种? 用箭头简示一次灌装法、二次灌装法的工艺流程,并对比其优缺点?

3.碳酸饮料的糖浆是怎样配制的? 应注意什么问题?

4.简述调和糖浆的配制方法,并说明投料顺序应遵循的原则及一般投料顺序?

5.简述碳酸化的基本原理和影响因素,并说明碳酸化的常用方式?

6.简要说明压差式、等压式和负压式灌装的基本原理?

7.碳酸饮料中的二氧化碳有何作用? 影响二氧化碳的溶解度的因素哪些? 碳酸饮料的碳酸化如何完成?

8.碳酸饮料如何进行调和过程?

9.碳酸饮料灌装线由哪些设备组成? 各起什么作用?

10.简述碳酸饮料生产中常见的质量问题及产生的原因?

第9章 功能性饮料的加工

知识目标

了解功能性饮料的发展趋势及分类;掌握几种功能性饮料中常用的功能性成分;掌握功能性饮料的基本生产工艺流程;掌握功能性食品配方设计的原则及注意事项等。

能力目标

能够合理选择功能型饮料加工原料;能够根据原料特点加工不同的功能性饮料;能够分析功能性饮料的功能成分。

9.1 功能性饮料概述

现代人生活节奏快、工作压力大,加之工业的发展所带来的环境污染,不少人常处于亚健康状态。随着社会经济的发展和生活水平的提高,人们对生活的质量和自身的营养保健越来越关注,使得功能性食品逐渐为人们所认同和接受,并取得了应有的地位。功能性饮料是功能性食品市场中的一大分支,它大概占功能性食品生产总量的1/3,具有易吸收、价格低等特点,因此市场潜力很大,发展迅速。功能性饮料是一个被全球企业家普遍看好的市场。从国际市场来看,这一市场近10年来增长迅速,这几年来增长明显加快。在德国、西班牙和荷兰,功能性饮料的销量以每年20%的速度上涨。中国的功能性饮料也正在从原先的启动期跨越到当今的加速期。虽然传统饮料仍占据80%以上的市场份额,但以"健康为名义"的功能性饮料发展势头迅猛,由于其所具有的特性,会在特殊需求市场中发挥主导作用,大有后来居上之势。行业刊物《饮料系列》编辑巴里·纳坦松说,功能性饮料的产业价值已高达15亿美元,产品类型超过150种。然而营养学家提醒消费者,面对功能性饮料,应三思而后"饮"。目前功能饮料在我国受到越来越多的消费者喜爱,我国逐渐成为功能性饮料的消费大国。

对于功能性饮料的要求首先是功效,然后是口味,稳定性也很重要。对于功效,一定要明确验证。比如补肽,补多少能见效,必须量化。此外,对于功能性食品的功效、毒理、成分稳定性、兴奋剂含量等,都要经过仔细检验才能定型。总体来说,功能性饮料的发展应该以遵守法规为前提。国家把功能饮料划入药品食品监督管理局监管,目前还没有制定相关功能饮料法规,其标准也尚未出台。

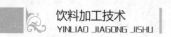

9.1.1 功能性饮料的定义及分类

1）功能性饮料的定义

功能性饮料是指通过调整饮料中天然营养素的成分和含量比例，以适应某些特殊人群营养需要的饮品，主要作用为抗疲劳和补充能量。

2）功能性饮料的分类

功能性饮料包括营养素饮料、运动饮料和其他特殊用途饮料3类。

（1）运动型饮料（Sports Drink）

运动型饮料是指营养素的成分和含量能适应运动员或参加体育锻炼人群的运动生理特点，满足其特殊营养需要，并能提高运动能力的制品。如活力A运动饮料、熊狮运动饮料、佳得乐、劲跑、维体等。

（2）营养素饮料（Fortified Drink）

营养素饮料是指添加适量食品营养强化剂，补充某些人群特殊营养需要的制品。如红牛维生素饮料、康师傅矿物质水、脉动、激活、尖叫等。

（3）其他特殊用途饮料

其他特殊用途饮料是指为适应特殊人群的需要而调制的制品。如内含"视黄醇"适合视力疲劳者的饮料，含羊胎素活力肽的美容养颜饮料，添加中药的强身保健滋补饮料，含麦苗嫩汁的益寿饮料，专供老人儿童的无化学添加剂饮料、低热量饮料、婴幼儿饮料等。

9.1.2 功能性饮料的功能成分

1）碳水化合物

（1）膳食纤维

膳食纤维是食物中纤维成分的总称，是不被人体消化道所消化吸收分解的，不产生热能的高分子多糖类物质。包括纤维素、半纤维素、木质素、糖蛋白等。

目前，国内外已研究开发的膳食纤维共有6大类30余种，包括：谷物纤维、豆类种子与种皮纤维、水果蔬菜纤维、微生物纤维、其他天然纤维、合成纤维、半合成纤维。但在生产中应用的仅十余种，有小麦纤维、大麦纤维、玉米纤维、米糠纤维、大豆纤维、豌豆纤维、瓜儿胶、古柯豆胶、橘子纤维、胡萝卜纤维、甜菜纤维、葡聚糖、黄原胶等。

膳食纤维的功能是有助于调节体内碳水化合物和脂质的代谢及矿物质的吸收，并能显著降低血脂和体内过氧化水平，对肥胖病、高血压、冠状动脉粥样硬化、胆结石、糖尿病、结肠病、高血脂、心脏病及心血管疾病等有一定的预防和治疗作用，还有防止腹泻、保护肝脏及提高免疫力的功能。

膳食纤维是水溶性膳食纤维具有很强的吸水性，遇水膨胀，并能保持水分，可使粪便软化，增加粪便体积，并加快其从体内排出。否则体内有毒有害的物质和新陈代谢的废物不能及时排出体外，在体内长期堆积，致使人体个别器官长时间吸收，容易引发各种疾病。而且粪便及时排出体外也净化了肠道环境，促进人体有益菌，如双歧杆菌的繁殖，有益于人体健康。

膳食纤维可广泛应用到各种食品、饮料、保健品中,可补充人体所需的膳食纤维,又可增加产品保健功能,提高产品风味,如可作为各种乳制品、饮料、面食焙烤制品及糖尿病患者食品的专用配料。饮料方面,在欧美、日本等比较流行,如含纤维矿泉水、高纤维橙汁、高纤维茶等。在饮料中添加水溶性膳食纤维后,可辅助饮料中的其他微粒均匀分布在溶液中,不容易产生沉淀和分层现象。因此,人们应注意多摄取膳食纤维,以达到合理膳食,平衡营养,减少富贵病的发生率,有益身体健康长寿。

(2)真菌多糖

真菌多糖是指存在于香菇、金针菇、银耳、灵芝、黑木耳、茯苓等大型食用或药用真菌中的某些多糖组分。目前研究应用较多的有:香菇多糖、金针菇多糖、银耳多糖、灵芝多糖、云芝多糖、茯苓多糖、猪苓多糖、冬虫夏草多糖、黑木耳多糖、核盘菌多糖、裂褶多糖、灰树花多糖等。真菌多糖的生理功能有:

①活化巨噬细胞、提高免疫机能、抗肿瘤。

②抗衰老。

③促进蛋白质与核酸的合成。

④抗放射性破坏并增加白细胞含量。

⑤抗溃疡与抗炎症作用。

⑥降血糖作用。

⑦降血脂、抗血栓作用。

⑧保肝作用。

⑨抗凝血作用。

⑩增强骨髓的造血功能等。

真菌多糖功能性饮料的生产一般采用浸提调配,即直接将食用或药用真菌实体粉碎,用水、稀酸或稀碱进行浸提,浸提液中除含有丰富的真菌多糖外,还含有许多其他营养与活性成分,如蛋白质、氨基酸、核酸、风味物质、微量活性元素与物质等,然后用浸提液进行调配而成各种成品。采用真菌的液体深层发酵法,是一种极具潜力的工业化大规模生产方法。

(3)功能性甜味料

甜味料是饮料工业最主要的原料之一。长期以来,蔗糖常被作为主要的甜味料而使用,但蔗糖摄入量过多被认为是一个重要的不健康因子,是肥胖症和龋齿的直接起因,还与糖尿病和冠心病等有间接的关系。功能性甜味料是指那些既具有纯正愉快的甜味刺激,又对人体无不良副作用,甚至有益人体健康的一类甜味料,包括以下几种:

①功能性低聚糖。功能性低聚糖是指那些不被人体消化吸收而直接进入大肠内为双歧杆菌所利用的低聚糖。包括水苏糖、棉子糖、帕拉金糖、乳酮糖、低聚果糖、低聚木糖、低聚半乳糖、低聚乳果糖、低聚异麦芽糖等。功能性低聚糖的主要生理功能包括:很难或不被人体消化吸收,所提供的能量值很低甚至为零,可供糖尿病人、肥胖病人和低血糖病人食用,还具有膳食纤维的部分生理功能;不会引起牙齿龋变,有利于保持口腔卫生;活化肠菌内双歧杆菌并促进其生长繁殖。

目前生产上应用较多的功能性低聚糖有:

a.大豆低聚糖。主要从大豆的籽粒中提取,主要成分为水苏糖(3.7%)、棉子糖(1.3%)和蔗糖(5%),其甜度为蔗糖的70%,具有较好的双歧杆菌增殖作用;

b.低聚果糖。工业上一般采用黑曲霉等产生的果糖转移酶作用于高浓度(50%~60%)的蔗糖溶液而生产,具有能量值低、防龋齿、双歧杆菌增殖、水溶性膳食纤维等生理功能;

c.帕拉金糖。是采用固定化酶技术,利用精朊杆菌,将蔗糖转化而成的异麦芽酮糖,常用作抗龋齿糖及糖尿病人用糖;

d.乳酮糖、低聚半乳糖、低聚木糖、低聚乳果糖、低聚异麦芽糖等也将逐渐应用于饮料工业。

②果糖。果糖是人类最早认识的自然界中最甜的一种糖,由于其特殊的代谢特性,其可能比山梨醇更适合作为糖尿病患者的甜味料。

工业上常采用酶技术,将淀粉通过酶液化、糖化和异构化而得到高果糖浆,进一步结晶而得到结晶果糖。高果糖浆中的其他糖类等成分,会影响果糖的功能性,在应用上要注意区分结晶果糖与高果糖浆的功能性差异。

③L-糖。L-糖又称"左旋糖",是指糖分子中不对称碳原子所形成的立体异构体为"L-型",包括L-果糖、L-葡萄糖、L-半乳糖等。由于L-糖具有不提供能量、稳定、不被细菌分解等代谢特性,使其能够防龋齿,适合于糖尿病人或其他糖代谢紊乱病人食用。

④多元糖醇。多元糖醇是由相应的糖经镍催化加氢制得,主要有木糖醇、山梨醇、甘露醇、赤藓醇、麦芽糖醇、乳糖醇、异麦芽酮糖醇和氢化淀粉水解物等。其功能也体现在:能值低;不会引起牙齿龋变;代谢途径与胰岛素无关,适于糖尿病人食用;具备膳食纤维的部分生理功能;不参与美拉德褐变等。

糖醇大多是从植物性食品中提取,它在人体内可透过细胞膜被利用,且代谢速度快,并对人体血糖与胰岛素的变化影响不大,是糖尿病患者理想的能量补充剂,部分品种不为人体消化吸收,有类似膳食纤维的代谢特性,仅作为碳源供肠微生物发酵,与高脂肪食品同时摄取时不会促进中性脂肪在体内的积累,适合肥胖症和老年人长期食用。此外,糖醇不是口腔细菌产酸的基质,故可用于防龋齿食品。

2)功能性油脂

功能性油脂是指一类具有特殊生理功能的油脂,是为人类营养所需要,并对人体的健康有促进作用的一大类脂溶性物质。

多不饱和脂肪酸(PUFA)是功能性油脂研究和开发的主体,它们一般是指含两个或两个以上双键、碳链长度在18或18以上的脂肪酸,根据其结构又分为n-6和n-3两大系列。前者主要有亚油酸(18∶2)、γ-亚麻酸(18∶3)、花生四烯酸(20∶4)等,后者主要有α-亚麻酸(18∶3)、二十碳五烯酸(EPA,20∶5)、二十二碳六烯酸(DHA,22∶6)等。

（1）油酸、亚油酸

亚油酸是一种人体必需的脂肪酸,通过人体的脱氢酶作用可以转变成人体所需的γ-亚麻酸。尽管这类油脂在植物中存在较为普遍,但亚油酸达到70%以上的只有红花油、葵花油。

（2）γ-亚麻酸(GLA)

GLA虽然存在量很少,只有在乳脂和特殊野生植物种子中含量较高,人体△6-脱氢酶的存在及活力常受肥胖、癌症、病毒感染、老龄等健康及营养因素的影响,阻碍摄入的亚油酸转变为GLA,使PG(前列腺素)不能顺利合成,从而导致动脉硬化、血栓症、糖尿病等,故富含GLA的油脂是一类保健性油脂。主要用于医药、保健食品、功能性饮料和高级化妆品。

(3)花生四烯酸(AA)

花生四烯酸目前主要用生物发酵法生产,富含花生四烯酸的油脂对增强记忆、促进脑组织细胞发育作用明显。AA与二十碳五烯酸(EPA)是花生酸代谢的重要中间产物,它们在营养学、医学上的地位为世人瞩目。

(4)二十碳五烯酸(EPA)和二十二碳六烯酸(DHA)

天然EPA、DHA通常在海洋动物和海洋浮游植物中含量丰富。EPA、DHA属于ω-3-多不饱和脂肪酸(PUFA)。目前,ω-3-PUFA的商业来源是海洋鱼及其油。

其生理功能主要表现预防和治疗动脉粥状硬化、血栓形成及高血压,治疗气喘、关节炎、周期性偏头痛、牛皮癣、肾炎,治疗乳腺、前列腺和结肠癌。

(5)小麦胚芽油

小麦胚芽油含质量分数达80%的不饱和脂肪酸,其中亚油酸质量分数在50%以上,油酸为12%~28%,此外,其维生素E含量较高。小麦胚芽油还含有二十三烷醇、二十五烷醇、二十六烷醇和二十八烷醇,这些高级醇特别是二十八烷醇对降低血液中胆固醇、减轻肌肉疲劳、增加爆发力和耐力等有一定功效。

(6)米糠油

米糠油是从米糠中提取的。米糠油含有质量分数为75%~80%的不饱和脂肪酸,其中油酸为40%~50%,亚油酸为29%~42%,亚麻酸为米糠油中维生素E含量也较高,还含有一定数量的谷维素。

(7)玉米胚芽油

玉米中脂肪的80%以上存在于玉米胚芽中,从玉米胚芽中提取的玉米胚芽油是一种多功能的营养保健油,它含有丰富的多不饱和脂肪酸、维生素E、β-胡萝卜素等营养成分,对降低血清胆固醇,预防和治疗高血压、心脏病、动脉硬化及糖尿病具有特殊的功能。

(8)红花子油

红花子油是从红花子中提取的,亚油酸质量分数高达75%~78%,另外,还含有油酸10%~15%、α-亚麻酸2%~3%等。动物试验表明,红花子油不仅能明显降低血清胆固醇和甘油三酯水平,且对防治动脉粥样硬化有较明显的效果。

(9)月见草油

月见草油是从月见草子中提取的,含质量分数90%以上的不饱和脂肪酸,其中73%左右为亚油酸,5%~15%为γ-亚麻酸。含γ-亚麻酸的功能性食品,已成为婴幼儿、老年人和恢复期病人使用的营养滋补品。

(10)深海鱼油

深海鱼油中主要含DHA和EPA,因两者往往同时存在,故制品也是两者的混合物。深海鱼油主要存在于深海洄游的鱼类脂肪中。如沙丁鱼脂肪中DHA可达20%,EPA可达8%左右。深海鱼油的主要功能是降血脂。

(11)磷脂类物质

主要从精炼植物油的副产品或蛋黄中提取制得。磷脂对维持生物膜的生理活性和机体的正常代谢发挥关键作用,具有调节血脂、预防和改善心血管疾病、促进神经传导、促进脂肪代谢、防止脂肪肝等重要作用。

(12)结构脂质

结构脂质具有天然油脂的物理特性,因对人体具有特殊的生理功能和营养价值,而备受人们的关注。结构脂质主要是将短碳链脂肪酸、中碳链脂肪酸与长碳链脂肪酸一起与甘油结合,所形成的新型脂质,这种新的脂质可最大限度地发挥各种脂肪酸的生理功能和营养价值。

结构脂质具有降低血清中甘油三酯和胆固醇含量、防止血栓形成、提高免疫功能等作用。在欧美、日本等,结构脂质已经工业化生产并进入市场。我国在这一领域的研究尚处于起步阶段。

其他功能性油脂还包括亚麻籽油、葵花籽油、茶油、橄榄油、核桃油、沙棘油、枸杞籽油、葡萄籽油等,这些新开发的食用油脂正在逐渐进入市场。

3)活性蛋白质与肽

活性蛋白质与肽是指那些具有清除自由基、降低血压、提高机体免疫力等特殊生理功能的蛋白质与肽。

(1)活性蛋白质

目前研究较多的活性蛋白质主要包括免疫球蛋白和调节胆固醇的蛋白质两大类。

免疫球蛋白是一类具有抗体活性或化学结构与抗体相似的球蛋白,其普遍存在于哺乳动物和人类的血液、组织液及外分泌液中。目前已发现的人体免疫球蛋白有:免疫球蛋白G(lgG)、免疫球蛋白 M (lgM)、免疫球蛋白 A(lgA)、免疫球蛋白 D(lgD)和免疫球蛋白E(lgE)5类。

免疫球蛋白具有蛋白质的通性,不耐热,加热到 70 ℃即被破坏;凡能使蛋白质凝固或变性的物质如强酸、强碱等,均能破坏抗体的活性;能被多种蛋白质水解酶破坏,可被中性盐类沉淀等。因此,其作为功能性添加剂使用时,如何保持其生物活性是应用的关键。目前,乳性饮料和冷饮中已有应用。

医药部门用的免疫球蛋白制品是用50%饱和硫酸铵或硫酸钠从免疫血清中提取的,因其成本过高而无法应用于功能性饮料。鸡蛋蛋黄中含有较丰富的免疫球蛋白(8～20 mg/mL),用其做原料来提取,可获得低成本的免疫球蛋白;牛乳中免疫球蛋白含量也特别高(50～150 mg/mL),对牛进行人工免疫处理,也可获得具有多种免疫功能的高活性免疫球蛋白。随着免疫球蛋白制备与加工技术的发展,其作为功能性添加剂,应用于大众化的饮料制品,将具有非常广阔的发展前景。

(2)活性肽

活性肽是指具有各种重要生理功能,广泛存在于生物体内的各种组织与器官中,对生物体的生长起重要调控作用的肽类。目前,能够作为功能性食品基料而应用的活性肽主要有谷胱甘肽、降血压肽、促进钙吸收肽和易消化吸收肽4种。

①谷胱甘肽。谷胱甘肽(GSH)是由谷氨酸、半胱氨酸和甘氨酸通过肽键缩合而成的三肽化合物。由于其分子中含有一个活泼的巯基-SH,而使其具有多方面的生理功能。谷胱甘肽作为一个良好的自由基清除剂,对于放射线、放射性药物或抗肿瘤药物引起的白细胞减少等症状,能够起到强有力的保护作用;GSH 能与进入机体的有毒化合物,重金属离子或

致癌物质等相结合,并促其排出体外,起到中和解毒作用等作用。

目前 GSH 的制备方法有溶剂萃取法、发酵法和化学合成法几种,随着生物工程技术的应用,工业化生产 GSH 技术的完善与成熟,GSH 将应用于更多的功能性食品中。

②降血压肽。降血压肽是通过抑制血管紧张素转换酶(ACE)的活性来体现降血压功能的。其来源大致有乳酪蛋白、鱼贝类和植物 3 种。来自乳酪蛋白的有 G2 肽、G1 肽和 G 肽;来自鱼贝类的有 G3 肽和 G1 肽等,来自植物的有大豆多肽、玉米多肽和无花果多肽等。这些活性肽通常由体内的蛋白酶在温和条件下水解蛋白质而获得,食用安全性极高,而且它们对血压正常的人无降血压作用。

③促进钙吸收肽。这类肽主要是酪蛋白磷酸肽(CPP),其中的磷能和钙相结合而使钙成为可溶性钙,以利于小肠的吸收。将 CPP 与钙、铁一起配合使用,可望在促进儿童骨骼发育,牙齿生长,预防和改善骨质疏松,预防贫血等方面取得较好的效果。

④易消化吸收肽。是指将牛乳、鸡蛋、大豆等的蛋白质,用蛋白酶酶解而得到的多肽混合物。由于其消化吸收率大大提高,故可作为肠道营养剂或以流质食物形式提供给特殊身体状况下的人,如消化功能不健全或退化者,康复过程者,大运动负荷者等。目前,已有将其应用于运动饮料中。

4)微量活性元素

已知人体必需的微量元素包括硒、铬、铜、氟、碘、铁、锰、钼、锌、硅等。尽管人们对这些元素的需要量很少,但它们都有极其重要的生理作用。硒(Se)、铬(Cr)和锗(Ge)3 种元素是与严重危害人类健康的肿瘤、心血管疾病和糖尿病等关系极大的人体必需的微量元素,因此,其作为活性成分,也就成为功能性食品的研究热点。

(1)硒(Se)

硒是一种比较稀有的准金属元素,在地壳中的含量少于 1 mg/kg,缺 Se 会导致一系列疾病的发生,诸如肿瘤、衰老和心血管疾病及克山病(一种地方性心脏病)和大骨节病等。

为了保证人体健康,每天都应摄入足够量的 Se,除了从日常食物中摄取微量的 Se 之外,额外地补充富 Se 制品也是很必要的。但过量硒的毒性很大,若长期每天摄入超过 3 mg,就会发生慢性中毒。

由于天然食物中的硒含量普遍较低,亚硒酸钠之类无机硒因毒性较高而只能应用于医药品,作为功能性食品基料,一般通过人工方法,将无机硒转化为有机硒,既提高了硒的生理活性与吸收率,又降低了其毒性。目前实际应用的转化方法有微生物合成转化法(如富硒酵母、食用菌等)、植物天然合成转化法(如富硒茶叶等)、植物种子发芽转化法(如富硒麦芽、豆芽等)。其中富硒酵母已实现工业化生产,富硒酵母自溶物也可用于功能性饮料的调配。

(2)铬(Cr)

铬也是一种人体必需的微量元素,是葡萄糖耐景因子的组成成分;促进机体糖代谢的正常进行;是核酸类物质的稳定剂和某些酶的激活剂。

由于食品的精加工导致铬的大量流失并促进体内铬的大量排泄,即使人体对铬的需求量很小,现代人体内缺铬的现象仍普遍存在。缺铬会引起机体糖类与脂质代谢的紊乱而导致相关疾病的出现,对糖尿病与冠心病患者来说,补铬十分必要。

与富硒酵母的生产相同,也可在适当浓度的含无机铬培养液中培养酵母而制得富铬酵母,将其作为功能性食品基料,进一步加工成各种富铬的功能性食品,其必将对糖尿病和冠心病的防治起到良好效果。

（3）锗(Ge)

虽然 Ge 不是人体必需的微量元素,但有机 Ge 的生理活性与医疗保健价值近年来已得到了肯定,并出现了多种富含有机 Ge 的功能性食品。据研究,有机 Ge 化合物抑制肿瘤活性的可能机制主要包括增强机体免疫力、清除自由基和抗突变等几个方面。

目前已出现的富 Ge 食品基料包括富 Ge 酵母、豆芽、鸡蛋、牛乳和蜂蜜等。其制法与相应的富 Se 基料一样,如通过酵母对 Ge 的生物富集作用可增加天然酵母中的 Ge 含量而获取富 Ge 酵母。

与富 Se 功能性食品的加工一样,以各种经生物转化的富 Ge 功能性食品基料为 Ge 源,即可配制加工出许多富 Ge 功能性食品如甲鱼蜂蜜有机 Ge 口服液、花粉蜂蜜有机 Ge 口服液、富 Ge 低能量冰淇淋、富 Ge 功能性奶糖及富 Ge 多糖饮料等。

5）维生素

维生素的种类很多,每种维生素均有重要的生理功能。目前与功能性食品关系较大的有维生素 A、维生素 E 和维生素 C,它们都是自由基清除剂,对延缓衰老,预防和治疗肿瘤及心血管疾病都有明显的功效。

（1）维生素 A

维生素 A 包括视黄醇和脱氢视黄醇两种存在形式,其中对人体起主要作用的是视黄醇,脱氢视黄醇仅存于淡水鱼及以鱼为食的鸟类机体中,且活性较低,对人体作用不大。

通常存在于食物中的维生素 A 是以稳定的酯化合物形式存在,性质较稳定。但当溶解它的油脂发生氧化变质时,视黄醇可被迅速氧化成酸而被破坏。

广泛存在于绿色果蔬中的胡萝卜素经机体代谢可转化成维生素 A,优质蛋白质对胡萝卜素向维生素 A 的转化起促进作用,β-胡萝卜素具有最高的维生素 A 原活性,同时还是一种优质的天然色素,更有利于在功能性饮料中的应用。

现成的维生素 A 只存在于动物性食物中,鱼肝油中的含量最丰富。植物中的维生素 A 是以胡萝卜素或类胡萝卜素形成存在的,其含量一般与叶绿素含量直接相关。

（2）维生素 E

又名生育酚,是一种淡黄色的黏性油状酚类化合物,不溶于水,可溶于乙醇或脂中,对酸和热稳定,正常烹调温度损失不大。

维生素 E 主要存在于各种植物原料中,而动物性食品中维生素 E 含量较低。其工业化生产方法有天然提取法和化学合成法两种。用于天然提取的资源,通常是油脂精炼过程所产生的碱炼皂脚和真空脱臭馏出物或小麦胚芽等。

（3）维生素 C

又名抗坏血酸,是一种简单的六碳化合物,在自然界中有氧化型的脱氢抗坏血酸和还原型的抗坏血酸两种形式存在。抗坏血酸干燥时十分稳定,水溶液态时则不稳定,遇空气、热、光、碱性物质,氧化酶以及痕量的铜或铁均会被氧化破坏。

天然维生素 C 的主要来源是植物性食物,尤其是某些蔬菜和水果含有丰富的维生素 C,利用这些富含维生素 C 的功能性基料开发维生素 C 功能性食品是非常有意义的。与维生素 E 一样,维生素 C 既是一种生理活性物质,又是一种食品抗氧化剂,已广泛应用于食品、饮料和医药品中,但作为生理活性物质,维生素 C 目前主要应用于强化饮料的生产上。

6)自由基清除剂

机体代谢过程中产生的过多自由基,是引起机体衰老的根本原因,也是诱发肿瘤等恶性疾病的重要起因。因此,自由基清除剂是一种可增进人体健康的重要活性物质,对食品工业而言也是一类重要的功能性食品基料。

自由基清除剂分非酶类清除剂(抗氧化剂)和酶类清除剂(抗氧化酶)两大类,前者主要有维生素 E、维生素 C、β-胡萝卜素和还原型谷胱甘肽(GSH),后者主要有超氧化物歧化酶(SOD)、过氧化氢酶(CAT)和谷胱甘肽过氧化物酶(GSH-Px)等几种。

(1)超氧化物歧化酶(SOD)

SOD 是生物体内产生的一类能清除氧自由基毒害物的含金属的酶,已在医疗、食品及化妆品添加剂等方面显示出了广阔的应用前景。与用作药品不同,SOD 作为一种功能性食品基料时,它主要是调理和预防由于自由基侵害而发生的各种疾病,可延缓衰老、提高免疫力、增强环境适应力和对疾病抵抗力等。

目前利用 SOD 制品或富含 SOD 原料加工生产功能性食品主要有 SOD 泡泡糖、SOD 酸奶、SOD 天然大蒜饮料、SOD 啤酒等。

(2)其他酶自由基清除剂

生物体内能防御自由基毒害的酶不仅有 SOD,还有过氧化氢酶(CAT),过氧化物酶(POD)、谷胱甘肽-过氧化物酶(GSH-Px)等,它们共同作用,彻底清除氧和过氧化物自由基,从而起到保护细胞的作用。

7)其他功能成分

(1)天然植物提取物

天然植物种类繁多,其中含有的功能性成分不断被人们发现、认识,如皂苷、活性酶等。随着中药科学的发展,一些可药食同用的中草药中的活性成分也不断被鉴定、分离和提纯,这些都使得应用天然植物提取物生产疗效饮料成为可能。

(2)茶多酚

茶多酚是茶叶中酚类及其衍生物的总称(又称茶鞣质、茶单宁),其主体功能物质是从茶叶中提取的儿茶素,具有清除自由基、提高免疫力,降低胆固醇,防癌、抗癌,抗辐射的功效。茶多酚在饮料中应用的种类繁多,主要产品有茶叶软饮料、发酵酒饮料等。

9.2 功能性饮料生产技术

9.2.1 运动型饮料生产技术

运动饮料的功能是能及时补充人体运动后失去的电解质、能量,以恢复运动员体能。运动饮料在美国及欧洲出现于 20 世纪 60 年代;我国最早研制和生产运动饮料的是广东健

力宝集团公司,于 20 世纪 80 年代中期开始研制,生产以"健力宝"为商品名称的系列运动饮料,提供给我国运动员饮用,由于效果显著,具有"东方魔水"之美称。

1)运动员的营养

运动员首先应安排适合锻炼需要的平衡膳食,其次是在饮料中补充一些易损失的营养素。膳食中含有人体所需要的蛋白质、脂肪、糖类、无机盐、维生素等营养素和水分。食物中热能平稳对健康有重要的影响。热能是体力活动的基础,热量摄入不足可引起严重的营养不良和体力下降;而热量摄入过多同样会影响体力,甚至导致肥胖、心血管疾病及糖尿病。据调查资料介绍,我国运动员的热能需要量多数为 14 630~18 392 kJ/d。运动员热能消耗量的大小取决于运动的强度和持续时间。热能的摄入应与消耗适应。成年人热能支出和摄入平衡时,体重保持恒定;儿童、青少年的热能摄入量应大于消耗量,以满足生长和发育的需要。

(1)运动与碳水化合物

人体内碳水化合物贮备是影响耐力的重要因素。长时间剧烈运动时,肌糖原和肝糖原都可能被消耗而出现低血糖情况,此时会发生眩晕、头昏、眼前发黑、恶心等症状。由于体内糖类贮备量限度为 400 g(相当于 6 688 kJ),应尽量使消耗不要达到这个限度。大量活动之前或活动之中供给适当的糖类是有益的,可以预防低血糖的发生并提高耐力。

(2)运动与蛋白质

运动员在加大运动量期、生长发育和减轻体重时期出现大量出汗、热能及其他营养水平下降等情况时,应增加蛋白质的补充量。蛋白质营养不仅要考虑数量,还要注意质量。

为了增加肌糖原含量,提高耐力,增加体内碱的贮备,运动员的食物多采用高糖、低脂肪、低蛋白的食品。为了满足运动员身体生长发育以及体力恢复的需要,通过饮料补充一定量的必需氨基酸是有必要的,人体对氨基酸的吸收,不会影响胃的排空,补充的氨基酸的量少,也不会引起体液 pH 值的改变,而且由于氨基酸属两性电解质能增加血液的缓冲性。

(3)运动与脂肪

适量的、低强度的需氧运动对脂肪代谢有良好的作用,可使脂肪利用率提高,脂蛋白酶活性增加,脂肪储存量减少。高脂肪的饮食可使活动量小的人血脂升高,但运动量大的人,其饮食中脂肪量稍多一些是无害的,脂肪食物的发热量为总热量的 25%~35%。

(4)运动和水

人体的 1/2 由水组成,各种代谢过程的正常功能也取决于水的"内环境"的完整性。水损耗达体重 5%时为中等程度的脱水,这时机体活动明显受到限制,脱水达 10%时即为严重脱水。在热环境下运动时,代谢产热和环境热的联合作用,使体热大大地增加。为了防止机体过热,人体依靠大量排汗散热的调节来维持体温的稳定。运动中的排汗率和排汗量与很多因素有关,运动强度、密度和持续时间是主要因素。运动强度越大,排汗率越高。此外,如气温、湿度、运动员的训练水平和对热适应等情况都会影响排汗量。

有关资料介绍,在气温 27~31 ℃ 条件下,4 h 长跑训练的出汗量可达 4.5 L,在气温 37.7 ℃,相对湿度 80%以上,70 min 的足球运动出汗量可达 6.4 L,即汗流失量达到体重的 6%~10%,当流失量为体重的 5%时,运动员的最吸氧能力和肌肉工作能力可下降 10%~30%。所以运动员在赛前和赛中均应合理地补充一定量的水分。汗液中除含有 99%以上的水以外,还含有其他的无机盐,如果补充特制的运动饮料,就更为理想。

(5)运动和无机盐

无机盐是构成机体组织和维持正常生理功能所必需的物质。人体由于激烈运动或高温作业而大量排汗时,会破坏机体内环境的平衡,而造成细胞内正常渗透压的严重偏离及中枢神经的不可逆变化。如体内的水消耗到体重的 5%时,活动就会受到明显限制。由于大量出汗,失去了大量的无机盐,致使体内电解质失去平衡,此时如果单纯地补充水分,不但达不到补水的目的,而且会越喝越渴,甚至会发生头晕、昏迷、体温上升、肌肉痉挛等所谓"水中毒"症状。

在运动中因出汗,无机盐随同汗液排出,引起体液(包括血液、细胞间液、细胞内液)组成发生变化,人的血液 pH 值为 7.35～7.45,呈弱碱性,正常状态下变动范围很小。当体液 pH 值稍有变动时,人的生理活动也会发生变化。人体体液酸碱度能维持相当恒定,是由于有一定具有缓冲作用的物质,因而可以增强耐缺氧活动能力。如果体内碱性物质贮备不足,比赛时乳酸大量生成,体内酸性代谢产物不能及时得到调节,这时运动员就容易疲劳。所以在赛前应尽量选择一些碱性食品,在运动过程中补充水的同时补充因出汗所损失的无机盐,以保持体内电解质的平衡,这是运动饮料的基本功能。钠、钾能保持体液平衡、防止肌肉疲劳、脉率过高、呼吸浅频及出现低血压状态等作用;钙、磷为人体重要无机盐,对维持血液中细胞活力、神经刺激的感受性、肌肉收缩作用和血液的凝固等有重要作用;镁是一种重要的碱性电解质,能中和运动中产生的酸。

(6)运动和维生素

维生素是人体所必需的有机化合物。维生素 B_1 参与糖代谢,如果多摄入与运动量成正比的糖质,则维生素 B_1 的消耗量就会增加。此外,它还与肌肉活动、神经系统活动有关。如果每日服用 10～20 mg 维生素 B_1,可缩短反应时间,加速糖代谢速度。

维生素 B_2 与维生素 B_1 一样,也参与糖代谢。有人还发现服用维生素 B_1 后,可提高跑步速度和缩短恢复时间,减少血液中二氧化碳、乳酸和焦性葡萄糖的蓄积。

维生素 C 与运动有关,机体活动时,维生素 C 的消耗增加,维生素 C 的需要量与运动强度成正比。据研究报道,运动员在比赛前服用 200 mg 维生素 C 可提高比赛成绩,服用 30～40 min 后比赛效果最显著。

如果在饮食中经常有充足的水果、蔬菜,维生素的营养状况必然良好,就不需要再补充了,在重大比赛前,可以考虑在集中训练初期和比赛前数日内,使体内维生素保持饱和状态是适宜的。

2)运动员饮食的特点

普遍认为运动成绩包含着训练和饮食两个部分。根据运动项目的特点、消耗体力情况,运动员在不同时期的营养安排是有所区别的,必要时还要照顾到个体差异。所以运动员饮食是比较复杂的特需食品。为了便于这方面的饮料开发,简单介绍一下不同运动时期的饮食特点。

(1)赛前饮食

运动员在比赛前期的运动量,一般均为调整阶段,热能消耗量不大,但在精神方面却处于高度兴奋和紧张状态。因此赛前的饮食应当根据这些生理现象进行安排。食物的选择,除注意赛前食物量以外,要考虑多用高糖、低脂肪、低蛋白、含无机盐和维生素的食品。实验证明,肌糖原含量增加,可以提高耐力性运动项目的竞技能力,而高脂肪、高蛋白的食物不但在胃内停留时间较长,难以消化,而且多数为含磷、硫、氮较多的酸性食物。如赛前过多地摄入肉类食品,不补充适量的蔬菜和水果,就会使体液趋向于偏酸性。如果体内碱性物质贮备不足,比赛时乳酸大量生成,体内的酸性代谢物不能及时得到调节,这时运动员就容易疲劳。所以赛前应尽量多选择一些含钾、钠、钙、镁等碱性元素丰富的水果和蔬菜,以增加体内的碱贮备。也可以饮用富含维生素和无机盐的饮料。

（2）途中饮料

某些长时间的运动项目,如马拉松、公路自行车、竞走、滑雪、游泳等,和一些体力消耗大、运动时间也较长的项目,如足球、篮球、排球、冰球等,运动员常常需要在比赛中饮用饮料,这些饮料就称为途中饮料。

①供应途中饮料的目的。

a.供给机体热能、水分、无机盐、维生素等营养素,以预防长时间运动而可能引起的低血糖和疲劳。

b.在人体大量出汗的情况下,维持人体血容量和电解质的平衡,补充丢失的离子,防止因失水和无机盐缺乏可能发生的神经肌肉功能失调、血液浓缩、心血管系统负担加重,心律失常甚至抽筋等。

c.提高运动的耐久力。

②途中饮料的组成。国内外途中饮料品种很多,但在成分上大同小异。一般都含有葡萄糖、蔗糖、多种无机盐和维生素、果汁和果酸。我国常用的一种途中饮料配方为葡萄糖12%、氯化钠0.1%~0.4%、柠檬酸0.1%、钾0.1%、维生素C0.1%~0.2%,还可以加入硫酸镁0.05%。根据不同运动情况对配方中的各种成分酌情增减。

途中饮料的温度不宜过低,以免引起对胃的刺激,一般为11~20 ℃,根据研究资料报道,运动员每小时水分的最大吸收量为800 mL,糖的最大吸收量为50 g。途中饮料的补充应采取少量多次的原则,每次150~200 mL为宜。

（3）赛后饮食

赛后的合理营养对促进运动员体力恢复,保持良好的体能有重要意义。赛后几天的饮食应保持有充足的热能,要供给含糖类、蛋白质、无机盐和维生素比较丰富且易消化、含脂肪少的食物。

3）运动饮料的特点和开发程序

目前对运动饮料研究比较集中的课题是能量的供应、渗透压的选择、营养素的配比和生理生化效应等。一般运动饮料均具有以下特点:

①在规定浓度时,运动饮料与人体体液的渗透压相同,这样人体吸收运动饮料的速度为吸收水时的8~10倍,因此饮用运动饮料不会引起腹胀,可使运动员放心参加运动和比赛。

②运动饮料能迅速补充运动员在运动中失去的水分,既解渴又能抑制体温上升,保持良好的运动机能。

③运动饮料一般使用葡萄糖和砂糖,可为人体迅速补充部分能量,此外饮料中一般还加有促进糖代谢的维生素 B_1 和维生素 B_2,以及有助于消除疲劳的维生素 C。

④运动饮料一般不使用合成甜味剂和合成色素,具有天然风味,运动中和运动后均可饮用。

研制运动饮料和一般销售的饮料不同,它不但要求色、香、味好,还要使运动员在比赛中保持最佳竞技状态,减低疲劳程度。因此设计的产品是否合理,能否满足运动员的特殊需要,还需要进行一系列生理生化指标的测定,方能给以评价。开发这类产品大致程序为:

①确定使用对象和使用时期。

②初步设计配方。

③以运动模型作配方的初步测试、筛选。

④将初步筛选出的配方进行调整,再进行动物模型测试,初步确定配方。

⑤运动饮料试验(包括测定必要的生理生化指标)。

⑥确定配方,制订原材料标准、生产工艺、成品质量标准、包装规格、试生产。

⑦正式投产。

4)运动员饮料加工实例

(1)麦芽低聚糖运动饮料

麦芽低聚糖是以淀粉为原料经酶法生产的含 3~8 个葡萄糖分子的碳水化合物,能经小肠逐步消化吸收。麦芽低聚糖的渗透压约为葡萄糖的 1/4,其甜度约为蔗糖的 30%,生理特点是被吸收利用的速度比单糖、双糖慢,一次摄入后可以维持较长时间的能量补充;同时,引起的胰岛素反应平稳,克服了运动中服用单糖、双糖引起的回跃性低血糖反应。因此,麦芽低聚糖是一种较好的运动能量补充剂。

功能性低聚糖对提高饮料质量十分重要。除麦芽低聚糖外,还有蔗果寡糖、低聚异麦芽糖、大豆低聚糖、低聚半乳糖、异构乳糖、低聚木糖、帕拉金糖和偶合糖等。把这些物质加进饮料或者其他食品中可作为"双歧因子",有益于健康。目前,这些功能性低聚糖是采用生物技术的方法制造的,以淀粉、蔗糖、麦芽糖或乳糖为原料再用相应的酶或固定化细胞方法工业化生产,仍处于批量生产和开发之中。

①配方举例:见表 9.1。

表 9.1 低聚麦芽糖运动饮料配方举例(以 100 L 成品饮料计)

成 分	含量/g	成 分	含量/g
麦芽低聚糖	8 600	氯化钾	48
蛋白糖	100	磷酸氢二钠	10
甜橙浓缩汁	800	硫酸镁	3.5
柠檬酸	210	葡萄糖酸钙	2.5
维生素 C	200	37%氨基酸浓缩液	15

②工艺流程。

该饮料含麦芽低聚糖 6%左右,色泽浅黄,澄清透明,酸甜适口。经动物试验证实:具有延长小鼠急性衰竭游泳时间,降低血尿素氮和血乳酸;增加肝糖原的抗疲劳作用,适合运动

前和训练后肝糖原的合成以及运动中的能量补充。

（2）一种耐力型运动饮料的生产工艺

采用柑橘、菠萝、猕猴桃、西番莲、西红柿、胡萝卜、芹菜等果蔬为基本原料，制作一种适于耐力型运动员饮用的等渗混浊饮料。其中富含糖分、矿物质、维生素等物质，旨在为训练和比赛中的运动员补充能量、水分、K、Ca、Na、Mg、维生素 C、维生素 B_1、维生素 B_2 等。β-胡萝卜素、维生素 C、维生素 E 含量丰富，能在一定程度上防止运动过程中产生的自由基对运动员机体的伤害。在本品中添加一定的咖啡因（考虑其负面影响，国家标准中其限量≤0.15 g/kg），以增强运动员的抗疲劳能力。

①配方举例：饮料配方见表 9.2。

表 9.2　各种成分质量百分比含量

成　分	含量/%	成　分	含量/%	成　分	含量/%
柑橘汁	19	芹菜汁	5	抗坏血酸	0.39
菠萝汁	15	西番莲汁	5	咖啡因	0.01
猕猴桃汁	15	糖	10	乳酸钙	0.05
西红柿汁	15	食盐	0.3	氯化钾	0.1
胡萝卜汁	15	味精	0.1	碳酸镁	0.05

注：糖（葡萄糖：低聚麦芽糖=1∶3）。

②工艺流程：

柑橘、菠萝、猕猴桃、西红柿、胡萝卜、芹菜茎 → 清洗 → 破碎 → 榨汁 → 粗滤 → 复配 → 胶磨 → 测定渗透压 → 调整 pH（渗透压值）→ 均质 → 脱气 → 杀菌 → 配料 → 无菌灌装 → 贴标 → 检验 → 储存

（3）含肽运动员饮料

运动员进行大强度训练时，会出现蛋白质分解代谢增强，细胞膜正常功能失调，细胞酶外泄等现象。为了恢复运动中消耗的组织蛋白，修复损伤的组织，或者最大限度地刺激蛋白质合成，发展肌肉力量，运动员必须增加蛋白质摄入。

据报道，英国十内门公司的食品部 Quest 国际公司研制的 Hypro 饮料，可使激烈运动后机体恢复时间比其他饮料缩短一半，甚至可预防过量训练。该饮料就是基于精选的植物水解产物（它含有肽），其关键在于它可使肽和葡萄糖同时直接吸收。该公司称这一研究成果是运动饮料进入市场以来取得的最大进展。另外，日本的不二制油公司已将大豆多肽制成强化运动饮料，连续饮用可明显增强运动员的体力和耐力，使肌肉疲劳迅速消除并恢复体力。

龚树立等开发的大豆多肽固体饮料经国家体育总局运动医学研究所科研人员以举重

运动员为对象,进行了应用效果观察,反映出多肽饮料对运动员肌肉的动员能力和抗训练疲劳能力有很好的效果。工艺流程为:

中草药粉、多肽
↓

蔗糖、无机盐、维生素复合剂等──→预处理──→称量混合──→制粒──→加香精──→混合──→过筛──→包装

9.2.2 营养强化饮料生产技术

营养强化饮料是一种添加适量的食品营养强化剂,以补充某些人群所需营养素的饮料。该饮料采用多种维生素、矿物质和氨基酸等作为强化剂。此类饮料品种很多,除与一般的饮料功能类似外,还有消除疲劳的作用。

营养素饮料的生产工艺和其他饮料类似,只是配方较为独特而已。现分别介绍钙强化饮料和铁强化饮料。

1)钙强化饮料

钙的补充对骨骼形成期的少年极为重要;对中老年人来说,钙缺乏会引起骨质疏松症。每人每日钙的需要量根据年龄、性别不同而不同,一般需摄入 600 mg。常见钙营养强化剂见表9.3。

表9.3 常见钙营养强化剂

名 称	钙含量/%	溶解度(H_2O)/($mg \cdot 100\ mL^{-1}$)	生物利用率/%	名 称	钙含量/%	溶解度(H_2O)/($mg \cdot 100\ mL^{-1}$)	生物利用率/%
活性钙	48	88.9	—	葡萄糖酸钙	9	3 300	27±3
磷酸氢钙	23	25	39±3	天门冬氨酸钙	23	—	—
碳酸钙	40	1	29±5	甘氨酸钙	21	—	—
乳酸钙	13	5 000	32±4	苏糖酸钙	13	—	—
醋酸钙	22	40 000	2±4				

强化剂用量原则上是要符合消费对象在日常膳食中各种营养素的供给量和保持营养平衡的需要。一般情况下,具体添加量以相当消费对象对该营养素正常供给最标准(RDA)的 1/3~1/2 为宜,应符合上限和下限之规定。钙元素的上限为每人 2.5 g/d。人体有自动调节钙平衡的能力,多余的钙质会从粪便排泄,若过多服用会造成浪费。

最新又出现一种酪蛋白磷酸肽(CPP)的钙强化吸收促进剂。它开始于日本,由酪蛋白酶解获得,富含磷酸丝氨酸的肽类,在中性或微碱性情况下能使钙保持可溶状态,故在小肠中能促进钙吸收。另据美国的研究,柠檬酸苹果酸钙(CCM)具有良好的吸收性。CCM 是

钙、柠檬酸和苹果酸的络合物,除良好的生物高利用性外,还有缓和钙对铁的吸收阻碍作用,而且 CCM 的溶解性和风味也好。

近年来含有 CCM 的钙保健型饮料已进入市场,这种饮料除钙、柠檬酸外,还加有苹果、梨、柠檬等的果汁以及苹果醋、香料等。

下面以富钙果汁饮料为例,说明钙强化饮料的加工工艺。

(1)工艺流程

钙及其他营养素
水果原汁 } ──→调配──→均质──→脱气──→杀菌──→灌装──→封罐──→灭
辅料

菌──→冷却──→成品

(2)参考配方

表 9.4　富钙果汁饮料配方

配　料	比例/%	配　料	比例/%
原果汁	15	EDTA 铁钠	0.015
精制蔗糖	3	维生素 C 磷酸酯镁	0.04
低聚果糖	3	牛磺酸	0.05
醋酸钙	0.5	柠檬酸	0.02
高纯度 CPP(含量≥85%)	0.04	甜味剂(三氯蔗糖)	0.01
L-乳酸锌	0.005	天然香料	适量

(3)产品质量指标

该产品色泽悦目、明亮,呈乳白色或浅黄色;水果香气明显酸甜可口,无异味;营养及功效成分明确,配比合理,钙含量达到 1 mg/mL。

2)强化铁饮料

铁具有形成血红蛋白的重要功能,铁的缺乏不仅降低血红蛋白的浓度,同时作为细胞含铁酶的成分,对运动时的氧气输送和氧化酶作用的效率有很大影响。临床表明,人体对铁的吸收比钙困难。

食物中的铁可分为两类:

①以 $Fe(OH)_3$ 络合物形式存在于植物中,与其络合的有机分子有蛋白质、氨基酸、有机酸等,这种形式的铁必须事先与有机部分分开,并还原成为亚铁离子才能被人体吸收,阻碍非血红素铁吸收的物质有高浓度的单宁、多酚;促进其吸收的物质有乳酸、柠檬酸等有机酸、维生素 C 和含维生素 C 的果蔬汁。

②血红素铁,是与血红蛋白和肌红蛋白中的卟啉相结合的铁,此种类型的铁不容易受到酸以及磷酸的影响,将会以卟啉铁形式直接被肠黏膜上皮细胞所吸收,其吸收率比起离子铁要高 3 倍,是最容易被吸收的铁质。血液中的血红素铁是目前人类最佳的和最丰富的补铁来源。

铁强化饮料举例如下:

（1）工艺流程

新鲜猪血

↓

离心 { 上层血浆蛋白
下层红血球 → 溶血 → 酶解蛋白质 → 调 pH 值<4 → 血红素铁析出 → 水洗数次

→ 移到另一容器 → 调 pH 值=7 附近 → 过滤 → 血红素铁溶液（测定铁含量）}

白砂糖 → 溶解 → 过滤

稳定剂 → 溶解 → 过滤

柠檬酸 → 溶解 → 调配

香精

山梨酸钾 → 溶解

（2）饮料配方

血红素铁溶液 50%、蔗糖 10%、柠檬酸 0.5%、稳定剂 0.3%、山梨酸钾 0.05%、橘子香精适量。稳定剂选择 0.1%~0.3%的藻酸丙二醇酯或同时添加藻酸丙二醇酯 0.1%~0.2%和蔗糖脂肪酸酯 0.1%~0.2%效果较好。

（3）操作要点

①猪血的预处理。在新鲜猪血中立即加入 0.8%的柠檬酸三钠,1%~0.2%的亚硫酸氢钠,0.7%的维生素 C 和 0.1%的硝酸钠,混匀。

②离心。用 4 000 r/min 的速度离心 10 min,弃去上层血浆,收集下层红血球。

③溶血。用超声波处理 5 min,即可完全溶血。也可选用渗透压法溶血,在红血球中加入 2.5 倍体积的水,搅拌均匀,放置 30 min,靠渗透压的作用使红血球破裂,达到溶血的目的。最后可用显微镜观察红血球是否破裂。

④酶解蛋白质。溶血后,用 NaOH 调 pH 值至 9 左右,加入 1.2%的碱性蛋白酶,搅匀,在 50 ℃条件下恒温水浴 5 h,然后加热到 80 ℃使蛋白酶失活。

⑤血红素铁溶液的提取。酶失活后,冷却至室温,加 HCl 调 pH 值在 4.0 以下,使血红素铁析出,水洗数次,移入另一容器中,再加入适量水,分散后,用 NaOH 调 pH 值至 7 附近,进行过滤,即得血红素铁溶液。

⑥铁含量的测定。铁含量的测定通常采用硫氰酸钾比色法,其中灰化条件要求在 500 ℃以上,时间长于 4 h,硫氰酸铁的稳定性差,时间稍长,红色就会逐渐消退,这会影响测定结果,因此应在规定的时间内完成比色。然后根据测定的结果,计算出血红素铁溶液中铁的含量,从而来确定在饮料配方中所加血红素铁溶液的比例,要求饮料中铁的含量要在 1 mg/100 mL 以上。

⑦饮料的配制。将蔗糖、稳定剂、柠檬酸、山梨酸钾等固体物质先用水溶解过滤之后,再进行混合配制,最后加入香精,混匀定容。

⑧均质。生产中应采用二次均质,以达最佳稳定状态,首先选用 19.6 MPa 的压力,再采用 39.2 MPa 的压力。

⑨杀菌。灌装后杀菌,杀菌条件 63~65 ℃、30 min。

⑩检验。严格按照功能饮料的质量标准进行理化和微生物的检验,合格后方能生产销售。

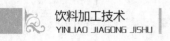

（4）产品加工说明

研究表明每 100 mL 猪血中血红素铁的含量高达 40 mg 左右。而每 100 g 瘦猪肉中仅含有 1.6 mg。本产品以猪血为原料，先通过酶解的方法使血红蛋白水解，生成血红素铁，然后分离得到纯度相对较高的血红素铁溶液。并利用此溶液通过调酸、加香精的方法去除血红素铁的血腥味，从而制得色泽、风味和状态较佳的，且具有一定补铁保健功能的铁强化功能饮料。

新鲜猪血中含有大量的凝血因子和凝血酶原，在钙离子存在时，凝血因子和凝血酶原被激活而发生作用，使血液凝结成团，变为凝胶状态，影响了血细胞的分离，因此，新鲜猪血必须采取抗凝措施。可加入 0.8% 的柠檬酸及其可溶性盐作为抗凝剂（柠檬酸能与钙离子形成沉淀）。

正常血液中，只含有少量的高铁血红蛋白，但在氧化剂存在下，如亚硫酸盐、过氧化氢、氯酸盐等，血红蛋内（含亚铁血红素）就被氧化成高铁血红蛋白，使血红蛋白丧失其正常机能。因此，在血液中需要添加一定量的抗氧化剂，如亚硫酸氢钠和维生素 C，以阻止血红蛋白被氧化，并可使血液中少量的高铁血红蛋白被还原。

9.2.3　花卉类饮料生产技术

花卉饮料是饮料工业中的一个时尚产品。21 世纪中国食品研讨会纪要曾指出："饮料行业是一个有巨大潜力的行业，具有中国特色的各种天然饮料将占主导地位，天然矿泉水的比例将会增加……"。世界饮料的发展与各国人民的饮食习惯、饮食资源和生活水平不同，有所差别，但随着科技的进步、国际的交流，各国饮料的结构都在不断发生变化。20 世纪 90 年代，消费者开始追求营养、天然的饮品，从而促使一些被称为"新时代饮品"的饮料不断推向市场。借鉴欧美经验，国内饮品市场，花卉饮料成为各产品中最流行的饮品之一，同时也为我国食用花卉创造了一条新的途径。

花卉，作为一种天然的食物资源，正日趋向鲜、野、绿、生方向发展。食用花卉，已成一种时尚。花卉不仅有美丽的外观，而且还含有多种活性物质、芳香物质和黄酮、类胡萝卜素等物质，有些花卉不仅可以直接食用，而且还可用其制作各种饮料，食用后能使人的紧张情绪得以松弛，还有美容、健肤、促进血液循环等作用，深受人民的欢迎。据营养学家科学分析，40% 的花卉含有丰富的芳香物质，可以从中提取一定数量的香精作为某些饮料的添加剂。

花卉型饮料是近年来一种新型的天然饮料。这种花卉饮料不含刺激性物质，不仅颜色、香味令人赏心悦目，而且具有滋润肌肤、美容养颜和提神明目之功效，特别受到女性消费者的青睐。现在欧洲市场上流行玫瑰花、向白葵花饮料等。花卉的植株在生产过程中不用化肥，也不喷洒化学农药，无污染。在花盛开时，采用人工采摘，然后通过高科技急速脱水干燥、超微粉碎，从而确保原色原味及可速溶性和稳定性。这种花卉饮料可以直接饮用，也有些制成粉剂用开水冲泡，不掺入其他果汁，饮之爽口，浓郁不凡。南方一些地方已出现桂花露、玫瑰花露、茉莉花露、百合露等花卉新品种饮料，同时还研制开发菊花、玫瑰花、牡丹花等花卉饮料。

下面举例说明花卉饮料的加工。

1)芦荟饮料

芦荟为百合科多年生常绿肉质植物。其卓著的美容、保健、营养、药用价值备受关注。新鲜芦荟的成分十分复杂,至今已发现对人体有益的活性成分达七八十种,待测定的有上百种,其主要成分有:芦荟素、芦荟因、芦荟酊、芦荟苷、19种氨基酸、苹果酸、柠檬酸、酒石酸、月桂酸、多种矿物质和微量元素、活性酶以及多种维生素(维生素 A、维生素 B_1、维生素 B_2、维生素 B_6、维生素 B_{12}、维生素 C)。目前,芦荟在食品、医药、日化行业中被广泛应用,其保健功效源于它含有的特殊成分,我国目前最权威的《中华本草》将其药理作用归纳为止泻、抗菌、调节免疫力、抗肿瘤、保肝及抗胃损伤、修复组织损伤、保护皮肤等。其活性成分具有软化血管、降低血糖、排出体内毒素、修复受损组织、提高人体免疫力的功效,也是美容护肤的纯天然化妆品。联合国粮农组织(FAO)已将芦荟确认为"21世纪的最佳保健品"之一,开发芦荟保健饮料的前景不可限量。

以芦荟为原料,开发出一种保健饮料,配方为:芦荟11%,蔗糖6.1%,柠檬酸0.16%,抗氧化剂(异抗坏血酸钠)0.09%,定香剂0.08%。方法如下:

选料──→清洗──→外皮剥离──→凝胶破碎──→升温提汁──→过滤──→调配──→过滤──→均质──→脱气灌装──→封盖──→杀菌──→贴标──→成品

选择优质芦荟叶片,先用次氯酸溶液消毒,再用清水冲洗干净。划开外皮,刮下厚厚的蛋清状透明凝胶,尽量避免刮破外皮,若外皮混入凝胶,会给过滤带来麻烦。把刮下的凝胶打浆3~5 min。按配方准确称各种添加剂,调配饮料。然后粗滤,并用均质机均质,压力23~25 MPa。均质后及时脱气,灌装、封盖,进行杀菌。高温瞬时灭菌有利于活性成分的保持。

产品呈浅黄绿色,均匀的混浊液体,具有新鲜芦荟特有的清香,味甘苦微酸,允许有少量沉淀,口感清凉爽滑。

2)玫瑰花饮料

玫瑰花又名赤蔷薇,为蔷薇科落叶灌木。味甘、微苦,气香性温。玫瑰花有利气、行血、治风痹、散瘀止血的功用,可用于妇女月经过多,赤白带下以及肠炎、下痢、肠红、痔出血等。玫瑰香味食品深受人们的喜爱。玫瑰花若单独制成饮料,则风味显得单调,而且有涩味。配合以青梅汁,既掩盖了玫瑰花本身的一些不良风味,又增加了青梅的香气,丰富了饮料的风味。

(1)工艺流程

玫瑰花──→去杂──→清洗──→浸提──→加青梅汁──→调配──→过滤──→热灌装──→封盖──→杀菌──→成品

(2)操作要点

①花汁的提取。鲜花加1~2倍的浸提液,加热至适宜温度,浸提2 h,浸提两次,两次浸提液合并待用。或将第2次浸提液作为下批原料的第1次浸提液。注意加热温度不可过高,否则提取液的香气和颜色都将受到影响。

②青梅汁的提取。取新鲜无病虫害的青梅,破碎并加入果重两倍的水,加热至50~60 ℃,并保持1 h左右,随后让其自然冷却,继续浸提10~12 h,过滤。浸提两次,将两次浸提液合并待用。

③调配。将玫瑰花浸提液和青梅汁按比例混合,并调整糖、酸适度。

④过滤。调配液经200目尼龙网过滤一次,再经250目尼龙网过滤一次。

⑤热装罐。将调配好的汁液加热至75 ℃迅速装罐,以防香气损失过多,立即密封。

⑥杀菌。杀菌条件为95 ℃、15 min,迅速冷却。

(3)结果与讨论

①玫瑰花浸提条件的确定。玫瑰花香气浓郁,但也容易挥发,尤其是在高温下更是如此。而且花中所含的色素(主要是花青素)也易在高温下发生劣变。因此,在浸提取汁时温度的高低就直接影响到浸提液质量的好坏。根据牛家淑、褚洪图的报道,玫瑰花色素的提取以酸性溶液为好,作为饮料柠檬酸是最理想的。通过正交试验并经综合评定:玫瑰花浸提条件以5%柠檬酸液、温度50 ℃、液料比3∶1、浸提时间2 h为好。干花则以5%柠檬酸液、温度70 ℃、液料比3∶1、浸提时间2 h为好。均浸提两次。浸提汁色泽鲜艳,香气浓郁。

②玫瑰花浸提汁与青梅汁的配比。将不同比例的玫瑰花浸提液与青梅汁混合,经综合评定,得出最佳配比为70%浸提液与30%青梅汁混合配比最好,饮料色泽鲜艳,香气浓郁,适口性强。

为体现玫瑰花特有的红玫瑰色,玫瑰花饮料适于制作成酸性饮料。pH值宜在4以下。其色泽和稳定性均好。

【实验实训1】 电解质等渗运动型饮料的加工

1)技能目标

①了解运动饮料的功能及配方。

②掌握运动饮料的制作工艺流程及操作要点。

③能够解决生产中常见的质量问题。

2)主要材料及设备器具

(1)材料及配方

葡萄糖20.07 kg、蔗糖20.07 kg、柠檬酸9.73 kg、磷酸二氢钾3.6 kg、三氯蔗糖0.65 kg、柠檬酸钠2.36 kg、香精1.75 kg、氯化钠2.96 kg、氯化钾87 kg、维生素C 0.42 kg、食用色素0.4 kg,加水至1 000 L。

(2)主要设备器具

夹层锅、调配罐、灌装机、台秤、天平、量筒。

3)工艺流程

原料──→溶解──→调配──→过滤──→灌装──→杀菌──→冷却──→成品

香精、维生素──→稀释

4）操作要点

①调配。将原辅料溶解后进行调配,注意香精、维生素应先溶解稀释、过滤后再加入。

②过滤。原辅料加入后应进行过滤,经250目尼龙网过滤。

③热装罐。将调配好的汁液加热至75 ℃迅速装罐,以防香气损失过多,立即密封。

④杀菌。杀菌条件为95 ℃、15 min,迅速冷却。

5）质量要求

产品透明均匀一致;酸甜适中无异味;均匀的乳状液无杂质,无分层现象。

可溶性固形物3%~8%;钠50~1 200 mg/L;钾50~250 mg/L。

细菌总数<300 个/mL;大肠杆菌<10 个/mL;致病菌不得检出。

【实验实训2】　螺旋藻饮料的制作

1）技能目标

①了解螺旋藻饮料的功能及配方。

②掌握螺旋藻饮料的制作工艺流程。

③掌握螺旋藻饮料的操作要点。

④能够解决生产中常见的质量问题。

2）主要材料及设备器具

（1）材料

螺旋藻粉(从山东泰安生力源股份公司生物工程发展中心购买)、白砂糖(市售)、柠檬酸、β-环糊精、琼脂粉、食用明胶、海藻酸钠、黄原胶、羧甲基纤维素钠(CMC-Na)、维生素 C (Vc)。均为食品级。水(自制蒸馏水)。

（2）主要仪器设备

超声波清洗器、高速可调分散器、磁力加热搅拌器、高压均质机、真空脱气机。

3）工艺流程

螺旋藻浆液──→均质──→酶解──→护色──→离心──→调配──→（过胶体磨）──→二次均质──→脱气──→灌装──→杀菌──→冷却──→成品

4）配方

螺旋藻饮料配方为:琼脂0.1%、螺旋藻0.2%、白砂糖6%~8%、β-环糊精0.3%、柠檬酸0.24% ,Vc 0.1%。

5）操作要点

①浆液配制。将螺旋藻粉,搅打分散后,加热至55~60 ℃。

②均质。将螺旋藻浆液送入均质机中,在25.3~30.4 MPa 的压力下进行均质处理,可以起到对螺旋藻进行较为彻底的破壁效果。

③酶解。调节螺旋藻浆液的pH 值为6.5 左右,按其重量的1%加入木瓜蛋白酶或纤维

素酶,在55~60 ℃下保温2 h,升温至95 ℃灭酶20 min,再降温至40 ℃左右,经过这样处理后,约有15%的螺旋藻蛋白质被降解,既大大降低了藻腥味,又保留了螺旋藻的特有风味,并且避免了因为螺旋藻蛋白质的过度降解可能带来的不适风味。

④护色。按0.05 g/50 mL的比例加入乙二胺四乙酸二钠,混合均匀。

⑤离心分离。将螺旋藻浆液送入离心机中进行离心分离。

⑥调配。将蔗糖、柠檬酸、乳酸、稳定剂维生素C等分别溶解,再与螺旋藻浆混匀。然后过滤。

⑦二次均质。将螺旋藻浆液送入均质机中,压力25.3~30.4 MPa,使饮料更均匀。

⑧脱气。用真空脱气机充分除去饮料中的氧和气泡,防止杀菌时品质下降。

⑨灌装。将螺旋藻浆液灌装到干净的瓶中。

⑩杀菌,冷却。在121 ℃下杀菌处理20 min,而后冷却至常温,包装即成。

6) 质量要求

产品乳黄色或淡绿色,色泽均匀一致;酸甜适中,有螺旋藻的气味和滋味,无异味;均匀的乳状液,无杂质,无分层现象。

可溶性固形物8%;粗蛋白>0.5 g/100 mL;总酸(以柠檬酸计)0.08%~0.15%;铅(以Pb计)≤1.0 mg/kg;砷(以As计)≤0.5 mg/kg;铜(以Cu计)≤10 mg/kg。

细菌总数<300 个/mL;大肠杆菌<10 个/mL;致病菌不得检出。

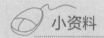
小资料

饮用功能性饮料请"对号入座"

功能饮料不是任何情况下适合于任何人饮用的"多功能"饮品。由于一些功能饮料中含有咖啡因等刺激中枢神经的成分,对于儿童来讲应该慎重。而普通成年人虽然可以饮用功能饮料,但这类饮料并不适合在没有运动的情况下饮用,因为其中所含的元素会增加机体负担,引起心脏负荷加大、血压升高,因此,血压高的人群应注意选择。

本章小结 >>>

本章介绍了功能性饮料的概念和发展概况,介绍了功能因子的种类及其利用价值。重点介绍了营养强化饮料生产技术、运动饮料生产技术、花卉饮料生产技术。介绍了各种功能性饮料生产的工艺流程、产品生产关键控制点及产品质量标准,并介绍了功能性饮料生产的主要设备及其操作要点,并对功能饮料的保健功能和适用人群进行了简要说明。在实际生产中,建议通过多学科的知识收集,了解功能性饮料生产所选用原料的保健特性,以此作为生产工艺与关键控制选择的依据。

复习思考题)))

1.什么是功能性饮料？简述功能性饮料的分类。

2.功能性饮料的功能因子有哪些？

3.功能性饮料常用的营养强化剂有哪些？

第10章
固体饮料的加工

知识目标

了解固体饮料的概念、种类、发展前景和主要设备组成;了解固体饮料的基本原料的化学组成与物理特性以及它们对生产过程与产品质量的影响;了解固体饮料生产过程中的主要的技术难点与解决办法。

能力目标

能够根据原料状况与市场需求合理设计出固体饮料产品的配方;能够根据生产需要选购合适的机械设备;能够生产出几种常规的固体饮料产品。

10.1　固体饮料概述

固体饮料是指以糖(或不加糖)、果汁(或不加果汁)、植物抽提物以及其他配料为原料,通过加工制成粉末状、颗粒状或者块状的并且经冲溶后可以饮用的制品。固体饮料也是指水分含量在5%以下,且具有一定形状,须经冲溶后才可饮用的颗粒状、鳞片状或粉末状的饮料。

10.1.1　固体饮料的种类

1)按原料的组成分类

(1)果香型固体饮料

以糖、果汁(或不加果汁)、营养强化剂、食用香精、着色剂等为原料,加工而成的制品。用水冲溶后,具有与品名相符的色、香、味等感官性状。果香型固体饮料包括了果汁型和果味型两种。

(2)蛋白型固体饮料

以糖、乳制品、蛋粉、营养强化剂或植物蛋白等为主要原料制成的制品。麦乳精即属于此类。

(3)其他型固体饮料

①以糖为主,配以咖啡、可可、乳制品、香精等为主要原料而制得的制品。

②以茶叶、菊花及茅根等植物为主要原料,经抽提、浓缩与糖拌匀(或不加糖)而制得的制品。如速溶柠檬茶及速溶茶、菊花茶、菊花晶等。

③以食用包埋剂吸收咖啡(或其他植物提取物)及其他食品添加剂等为主要原料而制得的制品。

2)按成品的形态分类

(1)粉末型固体饮料

粉末型固体饮料是一种呈粉末状的固体饮料。通常有两种制备方法:一是将各种原料混合后用水溶解,再经过浓缩、喷雾干燥而成粉末状;另外一种方法是将各种原料不用水溶解直接磨成粉末后再按照比例混合起来或者混合起来后再磨成粉末。如橘子粉、速溶豆浆粉、固体汽水、黑芝麻糊等。

(2)颗粒型固体饮料

由混合料调制而成的不等形颗粒状的一种饮料。一般通过配料、烘干、粉碎、筛分制得的固体饮料,如山楂晶、酸梅晶、菊花晶、蜜乳精、杏仁麦乳精等。

(3)片剂型固体饮料

将粉碎的各种原料按配方充分混合均匀后,用压片机压成片剂状的固体饮料,如汽水片、果汁片、燕麦片等。

(4)块状型固体饮料

将粉碎的细粉原料按配方充分混合后,用模型压成立方块形状的固体饮料,如咖啡茶、柠檬茶、橘茶、桂圆茶、奶茶等。

(5)其他型固体饮料

其他型固体饮料是指除上述所讲以外的固体饮料,如红茶、绿茶、沱茶、紫茶等也都是属固体饮料。

3)按成品特性分类

(1)营养型

麦乳精、蜂乳晶、蜜乳晶等。

(2)清凉型

酸梅粉、薄荷晶等。

(3)嗜好型

速溶咖啡、速溶茶粉等。

(4)功能型

黑芝麻糊、补血精、血补乐、美容茶、减肥茶、南瓜粉等。

4)按成品类别分类

(1)果香型

菠萝精、橘子粉、果汁片等。

(2)蛋白型

乐口福、豆奶晶等。

(3)其他型

咖啡晶、可可奶、菊花茶、奶茶等。

5)按饮料溶于水后是否起泡分类

（1）起泡型固体饮料

产品中包含了柠檬酸和碳酸氢钠,溶于水后二者发生反应产生二氧化碳气体形成气泡。如强化汽水晶、起泡可乐饮料粉等。

（2）不起泡型固体饮料

产品加水溶解时不产生气泡的固体饮料。

在上述分类方法中,由于后几类不能反映出原料的类型,因此目前我国多采用第一种方法分类。

10.1.2 固体饮料的特点与发展

从固体饮料的含义、组织状态及其组分来看,固体饮料具有体积小,运输、贮存与携带方便,营养丰富等优点,因此虽然其历史不长,但在产量、品种、包装等方面都有很大的发展。在美国、西欧国家、日本等,固体饮料的产量年递增率达到10%以上。麦乳精、果味粉、速溶咖啡、速溶可可、速溶柠檬茶、菊花茶、菊花晶等,都是比较有名的固体饮料产品。

在国内,各种固体饮料的产量也在迅速增长,其产量已占全部饮料的1/2以上。国产乐口福、杏仁麦乳精、宝宝福、柠檬茶、山楂晶、多维橘子晶、智强核桃粉、黑芝麻糊、油茶、麦片、各类果子晶、减肥茶、豆浆粉、豆乳晶、花生晶、南瓜粉等固体饮料销势很好。

我国的固体饮料工业起步较晚,但近几十年来发展十分迅速。今后,首先要充分利用和发展我国可利用的丰富资源优势,遵循天然、营养的发展方向,针对消费者的不同需求,积极发展乳蛋白、植物蛋白、果蔬汁、速溶茶等营养好、功能强、风味佳的固体饮料,并继续改进固体饮料的包装。采用卫生、环保,开启方便的不同形式的包装,努力开拓市场。

10.1.3 固体饮料生产的主要设备

1)机械振动筛与电磁筛选机

主要去除大豆中的和豆秆、豆壳、泥石、不完整粒等杂质以及金属杂质等。

2)物料粉碎机

粉碎机的主要作用是将颗粒状的物料磨成粉末状。

3)磨浆、均质与合料设备

磨浆设备有轮磨、石磨或钢磨以及胶体磨。均质设备有均质机。合料设备一般采用单浆槽式混合机。

4)浓缩、干燥设备

干燥前需要用浓缩设备对物料进行浓缩处理,作用是去除部分水分,提高干燥效率,节约成本,提高产品质量,一般采用真空浓缩装置完成。干燥设备有真空干燥、热风沸腾和喷雾干燥3种设备。

5)成型设备

成型设备一般有摇摆式颗粒成型机、麦乳精轧粒机等。

6）包装设备

不同包装材料如塑料袋、玻璃瓶、铁听等，而采用不同的设备。近年来，大多厂家都用能自动称量、自动制袋和自动封口的全自动或半自动塑料封袋机。铁听封口则与罐头封盖一样，采用多种型号的全自动或半自动封盖机。

10.2 果香型固体饮料的加工

10.2.1 果香型固体饮料概述

果香型固体饮料是以糖、果汁（或不加果汁）、食用香精、着色剂等为主要原料制成的水分低于5%（以质量计）的固体饮料。

果香型固体饮料与液体饮料相比，具有"体积小，质量轻，运输、贮存、携带等十分方便，包装简易，营养丰富"等特点。具有相应果蔬的色、香、味。

10.2.2 果香型固体饮料的分类

果香型固体饮料从组织形态上可分为"果汁型""果味型"两类。二者都属于果香型固体饮料。它们在质量要求、原辅材料、机械设备、生产工艺等方面很相似。主要区别在于果汁型固体饮料的色、香、味则全部或主要来自天然果汁或果浆，而果味型固体饮料的色、香、味全部来自人工调配。果汁型固体饮料以糖、原果汁或原果浆、食用香精、着色剂等为主要原料。果味型固体饮料以糖、果子香精、着色剂为主要原料。

10.2.3 果香型固体饮料的主要原料

果香型固体饮料的主要原料是果汁、甜味料、麦芽糊精、酸味料、香料、食用色素、增稠剂、乳化剂等。

1）果汁

果汁、鲜果浆或原果粉等，是生产果汁型固体饮料的主要原料。它们除了使产品具有相应鲜果的色、香、味外，还可为人体提供多种必需的营养素。我国资源丰富的苹果、桃子、橘子、广柑、甜橙、杨梅、猕猴桃、山楂、葡萄、刺梨、南瓜、哈密瓜、山枣、山葡萄等果蔬及野生水果等经过破碎、压榨、过滤、浓缩，均可制成高浓度的果汁。

由于这些果汁中大都含有大量的有机酸和酚类物质，因此要注意避免与铜、铁等金属容器接触，一般应使用不锈钢设备。同时操作速度要快，浓缩温度要低，尽量不接触空气，减少果汁中的营养成分特别是维生素 C 的损失。

果汁的浓度应尽可能高一些，一般要求达到 40 °Be 左右，以便饮料中的果汁成分尽量多一些。若采用喷雾干燥法或浆料真空干燥法,果汁的浓度也可略微低一些。成品中鲜果汁的含量一般应保持在20%左右。

2)甜味料

甜味料以蔗糖为主,此外葡萄糖、果糖、麦芽糖等均可使用。蔗糖与葡萄糖等混合有增效作用,还可使制品中的酸味和苦味减弱。

3)麦芽糊精

麦芽糊精在固体饮料中主要用来提高饮料的黏稠性,降低其甜度,增加其体态和分量。用量为固体饮料的10%~15%。

4)酸味料

酸味料可使产品具有与水果相似的酸味,促进食欲。柠檬酸价格便宜,酸味比较醇和,货源较多,用量较大。苹果酸、酒石酸也可作为酸味料配合使用,增强酸味。柠檬酸用量一般为饮料质量的0.7%~1%。

5)香料

香料主要是模仿、改善和增加各类水果的香气、香味。各类食用香精如橘子、柠檬、猕猴桃、山楂、苹果、水蜜桃、哈密瓜等均可使用。一般使用粉末香精,在产品制成时加入,用量为产品质量的0.5%~0.8%。

6)食用色素

食用色素可使固体饮料制品具有与鲜果相应的色泽,增强其与鲜果汁的相似感,增加食品的嗜好性,刺激人们的食欲和购买欲,提高其产品的商品价值。色素的选用应该考虑其营养与安全性问题。

7)稳定剂

稳定剂包括增稠剂和乳化剂,可用来改善和稳定各组分的物理性质和组织状态,使混合浆体具有所要求的流变性和质构形态,并使其保持稳定、均匀。常用的增稠剂有羧甲基纤维素钠、明胶、卡拉胶、阿拉伯树胶、海藻酸钠等。常用的乳化剂有单硬脂酸甘油酯、蔗糖酯、各类复合乳化剂等。

10.2.4　果香型固体饮料工艺流程

果香型固体饮料的一般工艺流程:

配料——原料预处理——称量——合料——成型——干燥——过筛——检验——包装——成品

1)配料

按配方备料。

2)原料预处理

①砂糖需先经粉碎至能通过80~100目筛,投料时用100目筛,成为细糖粉后才能配料。若用其他厂加工的糖粉,须先通过60目筛,然后投料,以免粗糖粉和糖粉块混入合料

机,保证配料均匀,不出现色点和白点。

②如需投入糊精,同样需先过筛,且在加入糖粉之后投料。

③色素及柠檬酸先分别用水溶解,然后分别投料,再投入香精,搅拌混合。

④投入混合机的全部用水量(包括溶解色素和柠檬酸的用水及香精等液体),要保持在全部投料量的5%~7%。用水过多,成型机不好操作,并且颗粒坚硬影响质量;用水过少则产品不能形成颗粒,只能成粉状,不合乎质量要求。如用果汁取代香精,果汁浓度要尽可能提高。

3)合料

合料时需要注意的是,必须严格按照产品配方和投料的次序进行投料,而且一定要充分搅拌使其均匀。

4)成型

成型即造粒,就是将混合均匀和干湿适当的坯料,放进颗粒成型机造型,使其成为颗粒状态。颗粒的大小与成型机筛网孔眼的大小有直接的关系,必须合理选用。一般以6~8目的筛为宜。造型后的颗粒状坯料,由成型机出料口进入盛料盘。

5)烘干

将盛装在盘子中的坯料,轻轻地摊匀铺平,然后放进干燥箱中干燥。烘干温度应保持在80~85 ℃,通常采用热风沸腾干燥法,但颗粒大小不易控制,有时碎粒多。也可采用真空干燥法。产品水分要求不大于2.5%。

6)过筛

干燥后过8~9目筛,以除掉大颗粒或少数结块,使产品颗粒大小基本一致。

7)包装

检验合格的产品要摊凉至室温后包装,否则高温包装易引起回潮,造成产品变质,影响货架期。包装要在低温、低湿环境下进行,避免因吸潮而结块。

10.2.5　几种果香型固体饮料的配方

1)果汁型固体饮料的配方

果汁型固体饮料的配方具体如下:

①橘子晶。52 °Be 橘子浓缩液12.8%、柠檬酸1.5%、糖粉87.5%、明胶适量、色素适量、香精适量。

②山楂晶。浓缩山楂汁13.8%、山楂粉5.5%、糖粉72.3%、糊精粉7%、柠檬酸0.6%、CMC-Na 0.8%、色素 0.005%。

③橘子山楂晶。52°Be 橘子浓缩液6.4%、30°Be 山楂浓缩液6.4%、糖粉85.7%、柠檬酸1.5%、色素适量、香精适量。

④美味番茄饮料片。脱水番茄粉90 kg、洋葱香粉2.2 kg、胡椒0.45 kg、番茄香料2.7 kg、硫酸镁0.36 kg、食盐5 kg、色素适量。

混合制成每片3 g重的片剂,然后再用125 mL的热水进行冲溶,得到具有浓厚番茄香味的饮料。

⑤猕猴桃饮料粉。猕猴桃汁 122 kg、白砂糖 48 kg、蜂蜜 4.5 kg、麦芽糊精 7.3 kg、柠檬酸 0.16 kg、猕猴桃香精 0.35 kg、食用色素适量。

⑥哈密瓜晶。哈密瓜浆 94 kg、白砂糖 51 kg、葡萄糖 8.9 kg、柠檬酸 60 g、变性淀粉 11.7 kg、香精 60 g。

⑦菠萝晶。菠萝浆 20 kg、白砂糖 80 kg、柠檬酸 0.6 kg、菠萝香精 0.2 kg、糊精 0.5 kg、食用色素适量。

⑧粉末菠萝汁。菠萝果汁粉 20 kg、结晶葡萄糖 1 000 kg、无水柠檬酸 15 kg、柠檬酸钠 0.4 kg、环烷酸钠 20 kg、橙花醇 10 kg、糖精钠 0.4 kg、4 号黄色素 0.015 kg、5 号黄色素 0.3 kg、苹果酸 9 kg。

⑨酸枣健身饮料。酸枣粉 100 kg、维生素 C 0.2 kg、维生素 E 40 g、磷酸钙 20 g、可可粉 0.3 kg、谷胱甘肽 20 g、皂苷 2 g、砂糖 238 kg、凝固剂 0.2 kg。

⑩果王补血精。猕猴桃果(取汁)15 kg、蜂蜜 35 kg、胡萝卜(取汁)50 kg、蔗糖 5 kg、维生素 C 1.2 kg、硫酸亚铁 90 g、柠檬酸适量、甘氨酸 38 g。

制法:将猕猴桃与胡萝卜分别制汁,混合后加上其他辅料,浓缩至固形物达 82% ~ 85%,加入适量糊精,再加半胱氨酸防止铁对维生素 C 的破坏作用。然后造粒,热风干燥至水分达 3% ~ 4% 即可。

⑪酸梅粉。白砂糖 100 kg、乌梅粉 6 kg、麦芽糊精 11 kg、CMC-Na 0.9 kg、柠檬酸 1.8 kg、柠檬酸钠 0.3 kg、乌梅香精 0.8 kg、焦糖色素 0.5 kg。

⑫芒果晶。白砂糖 70 kg、浓缩芒果汁(40°Be)25 kg、果葡糖浆(75°Be)15 kg、柠檬酸 0.5 kg、明胶 0.5 kg、芒果香精 0.4 kg、色素适量。

2)果味型固体饮料的配方

果味型固体饮料的配方具体如下:

①鲜橙饮料粉。白糖粉 100 kg、糖浆 12 kg、淀粉糖浆 2.5 kg、50% 柠檬酸液 1.6 kg、橘子油 0.5 kg、橙油 0.35 kg、糖精液 0.74 kg。

②甜橙晶。白砂糖 50 kg、柠檬酸 62 kg、柠檬酸钠 5.6 kg、乳浊剂 9.8 kg、维生素 C 0.3 kg、纤维素树胶 7.3 kg、甜橙油 0.1 kg、液体葡萄糖 7.5 kg、麦芽糊精 75 kg、食用色素适量。

③水蜜桃晶。白砂糖 50 kg、液体葡萄糖 7.5 kg、明胶 50 g、柠檬酸 0.6 kg、水蜜桃香精 0.5 kg、食用色素适量。

④荔枝饮料粉。白砂糖 124 kg、柠檬酸 6 kg、酒石酸 2.1 kg、维生素 C 0.4 kg、色素 80 g、氨基酸 6.6 kg、乳化剂 3.1 kg、增稠剂 1.4 kg、荔枝香精 1.4 kg。

⑤苹果风味饮料粉。蔗糖粉 950 kg、苹果酸 34.5 kg、纤维素树胶 8 kg、柠檬酸钠 3 kg、维生素 C 0.4 kg、食用色素适量。

⑥柠檬香草味饮料粉:粉末焦糖 2.5 kg、速溶糖 8 g、柠檬酸 1 kg、碳酸钠 0.5 kg、桂皮油 0.05 mL、柠檬油 20 mL、香草醛 2 mL。

⑦速溶柠檬饮料粉。柠檬酸(粗粒)8.3 kg、柠檬酸钾(粗粒)3.98 kg、天然粉末柠檬香精 19.02 kg、天然粉末酸橙香精 3.18 kg、磷酸三钙 8.36 kg、玉米糊精 8.88 kg、阿斯巴甜 11.98 kg、食用色素 23 g。

10.2.6　果香型固体饮料的生产实例

1）中华猕猴桃晶

（1）工艺流程

猕猴桃原果——挑选——乙烯催熟——洗果——打浆（去籽、去渣）——过滤——浓缩——配料（加辅料）——造粒——干燥——包装——成品

（2）操作要点

①乙烯催熟。选择8~9成熟、无霉变的新鲜猕猴桃果，在密闭室内分层平铺数层，每天喷洒少量乙烯，经3~5 d催熟处理，使果实柔软即可使用。

②洗果。熟果经流水洗净，再经无菌水冲洗备用。

③打浆。调好打浆机的筛网直径在0.6 mm左右。将催熟洗净的果实经打浆机进行打浆处理，因猕猴桃浆易褐变，所以在打浆时要添加适量的异抗坏血酸等。

④过滤。经打浆得到的果浆仍然有杂质存在，必须过滤处理，可用分离机过滤，去渣得到果汁备用。

⑤真空浓缩。将果汁打入真空浓缩锅内进行浓缩，至3~4倍浓度，以利保存。真空度控制在80~90 kPa，出锅温度保持在50 ℃左右。

⑥配料。配料时，可以按猕猴桃原浆20 kg、白砂糖85 kg、麦芽糖浆5 kg、柠檬酸1.3 kg、苹果酸0.6 kg、柠檬酸钠0.3 kg、食盐2 kg、环烷酸钠2 kg、糖蜜素0.2 kg以及香精适量的配方进行配料，将物料置入搅拌机中进行搅拌，至其呈现为松软状混合物，同时要控制其水分含量在1%左右。

⑦造粒。将上述调好的物料移入筛网直径为10~12目的造粒机中造粒。

⑧干燥。将造好的物料装入托盘中，置真空干燥箱内干燥。抽真空，通蒸汽。注意压力、温度和真空度之间的关系。也可在70~80 ℃的烘房内进行干燥，这种方法要求经验丰富，操作熟练，否则易烘焦而影响产品的质量和外观。

⑨包装。干燥完毕后，待真空度回零后，开箱取出托盘，冷却的产品经检验合格并过筛后，即可进行包装。因猕猴桃晶易受潮，故应在干燥的空调房间内包装。

2）山楂果珍粉、果茶粉

（1）原料加工

①山楂果肉粉和山楂全粉。山楂包括核、皮、肉，用整个山楂果干燥、粉碎、筛分而成的是山楂全粉。去核山楂粉称为山楂果肉粉。

②山楂汁粉。山楂果浸提取汁，由山楂汁经过浓缩、干燥而成的；也可以说山楂汁粉是由山楂浓缩汁干燥而成。

③山楂浆粉。由山楂果打浆，并由山楂浆干燥而成。

④山楂果珍粉。山楂汁添加砂糖、柠檬酸、香精、食用着色剂及麦芽糊精等，经浓缩、干燥而成的果汁型固体饮料，用水冲饮时即为山楂汁饮料。

⑤山楂果茶粉。在山楂浆中配以其他原料以及砂糖、柠檬酸、香精、食用着色剂、麦芽糊精等，经干燥而成的果肉型固体饮料，用水冲饮时即为山楂果茶。

（2）山楂果珍粉和山楂果茶粉的生产工艺

①工艺流程：

a.山楂果──→清洗──→挑选──→冲洗──→破碎──→浸提──→离心分离──→澄清──→过滤──→浓缩（加其他料）──→干燥──→冷却──→包装──→山楂果珍粉

b.山楂果──→清洗──→挑选──→冲洗──→破碎──→浸提──→打浆──→（加其他料）磨细──→均质──→灭菌──→干燥──→冷却──→包装──→山楂果茶粉

②操作要点。

a.对山楂原料的要求：应选用新鲜、饱满、色泽红艳的成熟的山楂果。果实大小不限，但最好能剔除腐烂不合格果实。

b.山楂果珍粉加工中的浸提、澄清和浓缩3个步骤。制粉山楂汁有两种，一种是清汁，一种是浑汁。清汁浸提温度稍低，3次浸提时，70~80 ℃，5~6 h。浸汁用酶法脱胶后进行澄清过滤。浑汁浸提比清汁温度高一些，95~100 ℃，5~6 h，浸提后分离、过滤。浓缩时，清汁比浑汁容易，浑汁果胶含量多，黏度较高，要选用合适的蒸发器。浓缩前的制汁工艺要点与浓缩山楂汁基本相同，因为制粉的浓缩汁是中间产品，浓缩倍数低，一般浓度在30%左右。相对来说，比成品浓缩汁容易浓缩。

c.山楂果茶粉加工中的打浆与磨细。山楂果茶粉是经过打浆，由果浆和添加料经干燥制成的。均质及其以前的工序与果肉型山楂饮料相同。为了能使山楂果中的果胶物质水解，果实组织软化，有利于打浆；同时，为了将果皮和果肉中的天然色素更多地提取出来，在打浆前先行浸提，浸提温度90~95 ℃，时间30~40 min。

d.干燥。干燥前为防止果汁的粘附现象，常加入一定量的干燥助剂，如糊精、淀粉等。有时为防止氧化变质，还加入抗氧剂 BHA 和抗坏血酸等。干燥时，可用喷雾干燥机干燥，进风温度160~180 ℃，出风温度75~80 ℃。成品粉的水分含量为3%~5%，粒度为30~50 μm。

③产品质量标准。

a.感官指标。

色泽：山楂粉呈砖红色、浅红色、粉红色等不同色泽，但同一个厂的产品色泽必须均匀一致。

滋味与气味：酸味较浓，微甜，具有山楂果粉的特有风味，无异味。组织及形态：粉末状或细颗粒状，疏松无结块。

b.理化指标。水分含量 ≤ 3.0%；总酸度（以柠檬酸计）> 5.0%；重金属含量：铜≤10 mg/kg，砷≤0.5 mg/kg，铅≤1 mg/kg。

c.微生物指标。细菌总数≤1 000 个/g；大肠菌群≤30 个/100g；致病菌不得检出。

d.杂质。果肉型山楂粉允许有少量花萼等残留杂质，其他杂质不允许存在。

3）加氨基酸的固体饮料

在固体饮料中，尤其在果子风味中加入氨基酸不仅可以提高饮料的风味，而且能明显地改善口感特征，加不同的氨基酸可得到不同风味的饮料。

当配制橘子风味的固体饮料时，可选用 L-精氨酸、L-天门冬酰胺、L-天门冬氨酸等。当配制葡萄风味的固体饮料时，优先选用的氨基酸是 L-丙氨酸、L-谷氨酰胺、L-天门冬酰胺及这些氨基酸的混合物。

在固体饮料混合物中加入氨基酸的量(以干基计)为 0.1%~8% 。最佳量是 0.5%~4.5%。例如葡萄风味固体饮料配方:

蔗糖 7.3 g、葡萄糖 93.4 g、果糖 63.4 g、L-丙氨酸 0.9 g、L-精氨酸 0.4 g、L-天门冬酰胺 0.2 g、L-谷氨酰胺 0.2 g、阿拉伯树胶 2.5 g、人工色素、香精及悬浊剂 0.3 g、酒石酸氢钾 3.0 g、低甲氧基果胶 0.5 g。

将以上成分混合,用 1 L 水配制,所得的饮料酸甜适度,后味带酸,具有葡萄风味,很像天然的葡萄汁。

10.2.7 果香型固体饮料的质量标准

1)感官指标

色泽:冲溶前不应有色素颗粒,冲溶后应具有该品种应有的色泽。外观状态:颗粒状的应为疏松、均匀小颗粒,无结块;粉末状的应为疏松的粉末,无颗粒、无结块,冲溶后呈混浊液或澄清液。香气和滋味:具有该品种应有的香气及滋味,不得有异味。杂质:无肉眼可见外来杂质。

2)理化指标

水分:颗粒状 ≤2%,粉末状 ≤5%;颗粒度:颗粒状 ≥85%;溶解时间:≤60 秒;酸度:1.5%~2.5%(以适当酸度计);着色剂:符合 GB 2760 规定;甜味剂:符合 GB 2760 规定;食用香料:符合 GB 2760 规定;铅(以 Pb 计)≤1.0 mg/kg;砷(以 As 计)≤0.5 mg/kg;铜(以 Cu 计)≤10.0 mg/kg。

3)微生物指标

细菌总数 ≤1 000 个/g;大肠菌群 ≤30 个/100 g;致病菌不得检出。

10.3 蛋白型固体饮料的加工

蛋白型固体饮料是指含有脂肪和蛋白质的固体饮料,其主要原料有:砂糖、葡萄糖、乳制品、蛋制品等。除此之外,若加进麦精和可可粉,则成为可可型的麦乳精,如加入一些植物抽提物,如人参浸膏、银耳浓浆、桂圆汁等则成为人参晶、银耳晶、桂圆晶等产品。这些产品一般都有良好的冲溶性、分散性和稳定性,用 8~10 倍的开水冲饮时,即可成为各具特色的蛋白饮料。其中麦乳精和一般奶晶的最大区别在于前者蛋白质和脂肪含量较高且具有较浓厚的麦芽香和奶香,后者蛋白质和脂肪含量较低,有添加物的独特滋味和营养价值。

10.3.1 主要原料

①白砂糖。这是蛋白饮料的主要原料,要求纯度达到 99.6% 以上。
②麦精。麦精是麦芽糖和糊精的混合糖分的液体,内含麦芽糖、三糖、四糖、糊精等,以

制啤酒用的干绿麦芽和碎大米各50%为原料制成。呈棕黄色,不混浊,少杂质,无发霉、发酵、焦苦等不正常风味,具有麦芽清香味的浓稠液体。含干物质74.5%,水分不高于25.5%,酸度0.5%以下(以乳酸计)。

③甜炼乳。淡黄色,无杂质沉渣,无异味及酸败现象,没有霉斑及病原菌出现。

④可可粉。新鲜可可豆发酵干燥后,经烘炒、去壳、榨油、干燥等工序加工制成,呈深棕色,有天然可可香,细度以能过100~120目筛为准。

⑤奶油。用新鲜牛奶脱脂所得的乳脂加工制成,呈淡黄色,无异味。

⑥蛋黄粉。新鲜蛋黄或与冰蛋黄混合均匀后,经喷雾干燥制成,为黄色粉末,气味正常。

⑦奶粉。以鲜乳喷雾干燥制成的全脂奶粉,呈淡黄色粉状,无结块及发霉现象,有显著鲜奶味,无不正常气味。

⑧柠檬酸。一般用量为0.002%,可以帮助形成奶油香味。

⑨小苏打($NaHCO_3$)。主要用于中和原料的酸度,以避免蛋白质受酸的作用产生沉淀和上浮现象,一般使用食品级的$NaHCO_3$。

⑩维生素。作为强化剂,用以生产强化麦乳精,经常用的是维生素A、D和B_{11},维生素A和D只溶于油,维生素B_{11}溶于水,添加时需注意添加方式。

⑪麦芽糊精。用于生产具有特殊风味的奶晶,如人参晶、银耳晶等,目的在于降低甜度并增加黏稠性。

⑫其他添加物。主要是一些植物抽提物,用以生产具有特殊风味的奶晶饮料,如人参浸膏、银耳浓浆等,这些一般由各厂家自行生产。

10.3.2　工艺流程

在此以麦乳精为例介绍蛋白型固体饮料的生产工艺流程。按干燥方式分,蛋白型固体饮料的工艺流程可分为真空干燥式和喷雾干燥式两种,以真空干燥式居多,其生产工艺流程如下:

化糖
配浆 ——→混合——→乳化——→贮存——→装盘——→干燥——→轧粒——→贮存——→检验——→
包装——→检验——→成品

10.3.3　工艺要点

①化糖(溶糖)。先在化糖锅中加入一定量水,然后按照配方加入砂糖、葡萄糖、麦精及其他添加物如人参浸膏等,在90~95℃条件下搅拌溶化,使之全部溶解,然后用40~60目筛网过滤,加入混合锅。待温度降至70~80℃时,在搅拌情况下加入适量$NaHCO_3$中和各种原料可能带来的酸度,从而避免引起随后与之混合的奶质的凝结现象。$NaHCO_3$一般添加量为0.2%左右。

②配浆。先在配浆锅中加入适当的水,然后按照配方加入炼乳、蛋粉、乳粉、可可粉、奶油,使温度升高至70℃,搅拌混合。蛋粉、乳粉、可可粉等需先经40~60目筛网过滤,避免

硬块进入锅中而影响产品的质量。奶油应先经熔化,然后投料。料浆混合均匀后,经 40~60 目筛网过滤。

③混合。在混合锅中让糖浆与奶浆充分混合,并加入适量的柠檬酸以突出奶香并提高奶的热稳定性。柠檬酸用量一般为 0.002%。

④乳化。可采用均质机、胶体磨、超声波乳化机,以胶体磨为多,进行两次以上的均质乳化,使得浆料中的脂肪球破碎成尽量小的微液滴,增大脂肪球的总表面积,改变蛋白质的物理状态,减缓或防止脂肪析出,从而大大提高产品的乳化性能。

⑤脱气。浆料在乳化过程中混进大量空气,如不加以排除,则浆料在干燥时势必产生起泡翻滚现象,使浆料从烘盘中逸出,造成损失,因此必须进行脱气。一般脱气在真空浓缩锅中进行,真空度为 0.0960 MPa,蒸汽压力控制在 0.098 MPa 以内。脱气的同时还起一定的浓缩调整浆料水分的作用。一般应使完成脱气的浆料水分控制在 28% 左右。

⑥分盘。分盘就是将脱气完毕并且水分含量合适的浆料分装于烘盘中,每盘数量需根据烘箱具体性能及其他实际操作条件而定,每盘浆料厚度一般为 0.7~1 cm。

⑦干燥。将装有浆料的烘盘放置在干燥箱内的蒸汽排管或蒸汽薄板上。干燥初期,真空度保持在 0.0907~0.0933 MPa,随后提高到 0.0960~0.0987 MPa,蒸汽压力控制在 0.147~0.196 MPa,干燥时间为 90~100 min。干燥完毕后不能立即消除真空,必须先停蒸汽,然后放进冷却水冷却约 30 min,待料温下降以后才能消除真空出料,全过程为 120~130 min。

⑧轧粒。将完成干燥的蜂窝状的整块产品,放在轧粒机中轧碎,使产品基本上保持均匀一致的鳞片状。在此过程中要特别注意卫生,工作场所还要调温、调湿,空气参数为温度 20 ℃,相对湿度为 40%~45%,这样可避免因吸潮而结块。

⑨检验、包装:产品粉碎后,在包装之前必须按照质量要求抽样检验,包装后则着重检验成品包装质量。检验合格的成品可在空调室进行包装,环境条件与粉碎车间相同。

10.3.4　麦乳精

麦乳精是以乳粉、蛋粉、麦精、蔗糖、香精等为原料,通过调制、乳化、脱气浓缩、真空干燥、轧粒包装等工艺过程而制成的一种具有疏松、多孔性的扁平颗粒和部分细粉的固体型饮料。简单地说,麦乳精是采用真空干燥等方法干制而成的一种速溶调制乳制品。

麦乳精是从食物的混食和互补设想,具有动物性和植物性蛋白质与脂肪增补的特点。另外,麦乳精还具有营养丰富、颗粒疏松、溶解性好、冲饮便利,既能热饮又能冷饮,四季皆宜、香味浓郁、容易吸收、开启方便等特点。同时,麦乳精常以可可粉、杏仁粉、人参粉等调味,具有添加物特有的风味和营养。

麦乳精成品要求含有 30% 的总乳固体,脂肪含量为 10%~14%,蛋白质含量为 7%~9%,总糖含量为 65%~70%,水分不超过 2.5%。麦乳精的种类较多,配料比例不一。其原料的配比,须根据原料的成分和产品的质量要求进行计算决定。

1)麦乳精配方

①配方 A(传统配方)。砂糖 20.1%、葡萄糖粉 2.7%、奶粉 4.8%、炼奶 42.9%、奶油 2.1%、蛋粉 0.7%、麦精 18.9%、可可粉 7.6%、小苏打 0.2%、香精适量、VAD 油 6.0 mL、柠檬酸 0.002%。

②配方 B。白砂糖 63 kg、饴糖 15 kg、麦芽糖 9 kg、奶粉 48 kg、奶油 1 kg、精炼油 1 kg、蛋粉 2 kg、骨泥 15 kg、柠檬酸 15 g、可可粉 6 kg、V_A 1.6×10^5 单位、V_D 4.8×10^5 单位。

③配方 C。白砂糖 4 kg、麦芽糖 25 kg、液体葡萄糖 2 kg、奶粉 5 kg、炼乳 30 kg、奶油 2 kg、可可脂 1 kg、全蛋粉 0.8 kg、可可粉 5 kg、小苏打 50 g。

④配方 D。白砂糖 62 kg、麦芽糖 70 kg、液体葡萄糖 15 kg、炼乳 260 kg、奶油 9 kg、蛋黄粉 2.7 kg、可可粉 25 kg、柠檬酸 24 g、小苏打 0.72 kg、酱色 1.5 kg。

⑤配方 E。白砂糖 20 kg、液体葡萄糖 2.7 kg、奶粉 4.8 kg、炼奶 43 kg、奶油 2.1 kg、蛋粉 0.7 kg、可可粉 7.6 kg、柠檬酸 2 g、麦精 18.9 kg、小苏打 0.2 kg。

生产强化麦乳精时，须加入 V_A、V_D 及 V_{B1} 等，以达到产品的质量要求，由于 V_A、V_D 不溶于水而溶于油，因此应先将其溶于奶油中，然后投料。V_{B1} 溶于水，可在混合锅中投入。加进其他添加物如人参浸膏、银耳浓浆的蛋白型固体饮料，一般不再加麦精，以利显示其黏加物的风味和香味。该类产品的脂肪和蛋白质含量较低，一般为 4%～5%。为了降低此类产品的甜度并增加其黏稠性，可考虑加入 10%～20% 的麦芽糊精。这类产品一般不能以麦乳精命名，以便区别那些含有麦乳精并且脂肪和蛋白质含量较高的蛋奶型固体饮料。

2)麦乳精的生产工艺

麦乳精固体饮料的生产工艺，基本上可分为真空干燥法和喷雾干燥法。喷雾干燥法与调制奶粉的生产相似。真空干燥法较为普通，成品外形呈酥松轻脆、多孔状的碎干粒，具有消费者所喜爱的芳香风味，是一种良好的辅助性滋补食品。现将其流程介绍如下：

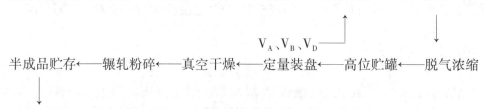

①化糖。先在化糖锅中加入糖量 10%～15% 的饮用水，通入热蒸汽加热到 90 ℃ 左右时，按照配方加进所需的砂糖、葡萄糖、麦精、人参渗膏、银耳浓浆等，不断搅拌使其全部溶解，升温到 95 ℃，保持 10 min，并在搅拌条件下加入适量的碳酸氢钠，以中和各种原料可能引入的酸度，从而避免随后与之混合的奶质引起的凝结现象。碳酸氢钠的添加量随各种原料酸度的高低而定，控制料液酸度在 0.1 以下(以乳酸计)，一般加进的量为原料总投入量的 0.2% 左右。最后关闭热蒸汽，过滤糖液备用。

②配料制浆。调浆锅应装备有搅拌器、过滤筛、循环管道等。先在调浆锅中加入粉料重量为 15%～20% 的净化灭菌水，先加入甜炼乳，然后加入全脂奶粉、全蛋粉、可可粉，使其通过 60 目筛网，在不断搅拌的条件下，将各种原料分别筛入锅中，避免硬块混进锅中而影响产品质量，奶油须先经熔化后，才能投料。

③混合。先将可可乳浆通过 40 目过滤器，用泵输送至混合锅中，并开动行星式搅拌器。然后再将冷却至 70 ℃ 左右的备用糖浆，用泵送至混合锅内进行搅拌，使奶浆与糖浆充

分混合。随后,加入奶油、维生素、柠檬酸等,连续搅拌制得含水量在22%左右的均匀麦乳精浆料。加入柠檬酸是为了突出奶香味并提高奶的热稳定性,柠檬酸用量一般为全部投料的0.002%。含水量可根据输送条件给予调整。同时还要调整好料液温度和酸度以及配料比例,使其充分混合均匀,以便减少蛋白质的变性和维生素的破坏,并防止细菌的繁殖和外来污染等。

④乳化均质。

a.乳化均质的作用。麦乳精浆液含乳固体员17%以上,含固形物大约78%,还含有可可粉带进的不溶性粗纤维和添加的油脂。在调制的过程中,经过搅拌和循环输送,仍难使奶油中团聚的脂肪粒分散,更无法使脂肪球变细,从而影响其黏度和食用时的口感。乳化均质的作用就是使混合料均匀一致,使分散介质微粒化,使冲调液保持浓稠、均匀、色鲜、分层慢、沉淀少。

b.乳化均质的方法。麦乳精浆液属胶体性体系,水是分散介质,糖浆、甜炼乳、奶油等为乳液相,可可粉、全蛋粉、全脂乳粉为固相,乳脂肪中的磷脂是亲油性乳化剂,麦乳精浆液基本上属油水型,在乳油液中尚有一定微粒的悬浮状胶体。均质是乳品生产中重要的加工过程,通过高压均质泵进行均质操作,或采用高速旋转的胶体磨,对物料进行乳化,或利用超声波乳化等,都可使物料均匀一致、微粒细化,起到一定的均质乳化作用。

⑤浓缩脱气。麦乳精浆料在乳化过程中混入大量的空气,如不加以排除,则浆料在干燥时势必发生气泡翻滚现象,使浆料从盘中逸出,造成损失。因此必须将乳化后的浆料在浓缩锅中脱气,以防止浆料干燥时空气瞬时溢出,造成溢盘。并且,为了缩短干燥时间,在真空脱气的同时进行适当浓缩,使固形物含量达到82%~84%,黏度在大约为6.0 Pa·s。脱气浓缩还有调整浆料水分的作用,一般应使完成脱气的浆料水分控制在28%左右,以待分盘干燥。

⑥分盘。分盘就是将脱气完毕并且水分含量合适的浆料分装于盘中。浓缩麦乳精浆液用螺杆泵输送至中间贮罐,进行贮存。然后再用定量装盘机分别装入盘中。

⑦烘盘涂塑。麦乳精浆料中含有大量的蛋白质和糖分,在干燥过程中,由于干燥温度往往超过了其黏结温度点,因而易造成浆料与金属烘盘黏结。可采用底漆预处理工艺后再用聚四氟乙烯分散液涂膜来解决。

⑧干燥。干燥就是将装好料的盘放置在干燥箱里的蒸汽排管上或蒸汽薄板上,排除水分,加热干燥的过程。这一环节是生产麦乳精中一个重要的环节。根据麦乳精产品结构的要求,一般偏于真空干燥。国内生产麦乳精也有用喷雾干燥和常压微波干燥生产的。

⑨轧粒粉碎。麦乳精干燥后经冷却出箱后呈多孔状板块,需要通过轧粒机进行粉碎,使产品基本上保持一致的鳞片状。

⑩储存、检验与包装。粉碎后的成品应储存于防潮的料箱中,及时加盖,杜绝与潮湿空气接触,防止结块,并按批送入半成品贮存库,等待做质量检验和准备包装。产品轧碎后,在包装之前必须按照质量要求抽样检验,各项指标符合质量要求规定后,由检验部门出具合格包装通知书,按批号进行包装。包装容器分为马口铁罐、玻璃瓶、塑料瓶、塑料袋等。单层聚乙烯膜的气密性欠佳,在夏季高温潮湿季节,另需采取防潮措施。马口铁罐、玻璃瓶等的货架期为1年,单层塑料袋的货架期不超过3个月。

包装室需要安装空调,夏季温度保持在 28 ℃ 以下,冬季在 18 ℃ 以上,相对湿度一般为 40%~45%。

3)麦乳精的质量标准

麦乳精的质量标准,由全国乳与乳制品卫生标准及卫生管理办法科研协作组,在各生产单位现有企业标准的基础上,补充完善,暂行试用。

(1)感官指标

①色泽。麦乳精的色泽应基本均匀一致,带有光泽。可可型呈棕红色到棕褐色,强化型呈乳白色到乳黄色。

②组织状态。颗粒疏松,呈多孔状,颗粒大小基本均匀,允许混有部分粉,无结块现象。

③冲调性。溶化较快,呈均匀的乳浊液,无上浮物,可可型的允许有少量可可粉沉淀。

④滋气味。可可型应具有牛乳、麦精、可可等复合的滋气味。强化型的应具有牛乳、麦精和添加物复合的滋气味,甜度适中,无其他异味。

(2)理化指标

①水分≤2.5%。

②溶解度:可可型≥90%,强化型≥95%。

③比容:真空干燥法≥190 mL/100 g,喷雾干燥法≥160 mL/100 g。

④蛋白质:可可型≥8%;强化型≥7%。

⑤脂肪≥9%。

⑥总糖:65%~70%(其中蔗糖 46%~49%)。

⑦灰分≤2.5%。

⑧重金属:铅≤0.5 mg/kg,砷≤0.5 mg/kg。

⑨强化型:V_A>1 500 单位/100 g,V_B>1.5 mg/100 g,V_D>500 单位/100 g。

(3)卫生指标

①细菌总数≤2 万个/g。

②大肠菌群:约 40 个/100 g。

③致病菌:不得检出。

(4)其他要求

①DDT、六六六农药残留量,暂作内控指标。

②保存期。听装 1 年,玻璃瓶装或塑料瓶装半年,塑料袋装 3 个月。

③质量误差。500 g 以下(含 500 g)±1%,500 g 以上±0.5%。

10.3.5 豆乳粉、豆乳晶

豆乳品固体饮料是 20 世纪 70 年代以来,世界食品工业中迅速发展起来的一类蛋白饮料。它主要包括豆乳粉、豆乳晶或豆浆粉、豆浆晶等。豆乳品固体饮料就是以豆乳、糖为主要原料,添加其他辅料,经过真空干燥或喷雾干燥等方法制得的疏松的、颗粒状或粉末状的制品,属一种老幼皆宜的多功能营养型固体饮料。

豆乳制品的生产,源于我国传统的豆浆,但又与其有着明显的不同。第一,豆乳类制品,是采用现代科学技术和设备,实现了工业化生产的产品;而传统的豆浆实质上是我国传统豆制品的简单生产过程中的中间产品。第二,豆乳制品具有特殊的色、香、味,有"人造乳"之称,可与牛乳相媲美;而传统的豆浆,外观组织粗糙,口感有粉粒感和涩味感,并对口腔和喉咙有刺激感,具有明显的豆腥味。第三,豆乳类制品营养丰富,营养素组成科学、合理,工业化生产具有通用标准;传统豆浆营养单一,营养素来源只限于大豆。豆乳是在豆浆的基础上发展起来的,它去除了豆腥味和抗营养因子,并通过营养调配,更符合人体需求,它属豆浆的改朝换代产品。由于习惯的原因,有时人们将现在的豆乳粉、豆乳晶还称为豆浆粉和豆浆晶。

1)豆乳粉、豆乳晶的原辅材料

豆乳粉、豆乳晶的主要原料是大豆、白砂糖,另外还有淀粉糖精、糊精、麦芽糖、小苏打、海藻酸钠、酪蛋白钠、单甘酯、蔗糖脂肪酸酯、大豆磷脂、蛋白酶、香料、牛奶粉等。

①大豆。选用新鲜、粒大、饱满、无杂质、无发霉变质的优质大豆作主要原料。

②海藻酸钠。是近年来发展很快的一种食品增稠剂,为白色或淡黄色粉末。几乎无臭无味,不溶于乙醇、乙醚和氯仿等有机溶剂。海藻酸钠为水合能力非常强的亲水性分子,有吸湿性,溶于冷水和热水,溶于水成黏稠状胶状液体。其黏度在 pH 值为 5~10 时稳定,当 pH 值降至 4.5 以下时黏度明显增加,到 pH≤3 时,则有不溶于水的海藻酸钠沉淀析出。

③酪蛋白钠。是一种增稠稳定剂,更是一种良好的天然蛋白源。具有增黏力、黏接力、蛋白特有的起泡性和保气性,用途很广。酪蛋白钠为白色或淡黄色粒状物或粉末,几乎无臭、无味。与其他蛋白质相比,其最大特点是稳定性强,在 94 ℃下加热 10 s 或 121 ℃下加热 5 s 均不凝结。

④单硬脂酸甘油酯。简称单甘酯,是常用的乳化剂。呈乳白色至微黄色的粉末或蜡块状物,无臭、无味,不溶于水,但与热水强烈振荡混合时可分散在水中呈乳化态,溶于乙醇和热脂肪油。属于 W/O 型乳化剂。

⑤蔗糖脂肪酸酯。是性能十分优良的食品乳化剂。它除具有提高豆乳的乳化稳定性的作用外,还可防止蛋白质的分层沉淀。蔗糖酯一般为白色至微黄色粉末状、蜡状或块状物,也有无色至微黄色的黏稠状液体,无臭或稍有点特殊臭味。蔗糖酯一般无明显的熔点,在 120 ℃以下很稳定,如加热到 145 ℃以上则会分解。蔗糖单酯易溶于水,而二酯、三酯和多元酯却难溶于水,相反却易溶于油类和非极性溶剂中。

⑥大豆磷脂。是一种天然乳化剂,近年来随着功能性食品的兴起,大豆磷脂的消费量不断增加。大豆磷脂以卵磷脂为主,同时含有脑磷脂和少量的糖脂,有液体状和固体状两种形态。液体产品呈淡黄色呈褐色透明或半透明的黏稠状,稍带有特异的气味,不溶于水但能在水中膨润而呈胶体溶液,能溶于氯仿、乙醚和四氯化碳等有机溶剂中,有吸湿性。固体产品呈黄色至褐色粉末或颗粒状,无异味,吸湿性强,在空气中易被氧化成黄色至棕褐色。在医疗方面,卵磷脂是防治神经系统、心脏、肺及代谢疾病的药物,并对全身无力和贫血等有一定的疗效。因此,大豆磷脂既是一种天然乳化剂,又是一种功能性食品添加剂。

⑦油脂。豆乳制品中加入油脂可提高口感和改善色泽。油脂添加量在 1.5%。添加的油脂宜选用亚油酸含量高的植物油,如豆油、花生油、菜籽油、棉籽油、玉米油等。一般以优质玉米油为最佳。

⑧赋香剂。奶味豆乳制品中可用香兰素调香,当然最好用奶粉或鲜奶。奶粉的使用量一般为 5%(占固形物)左右,鲜奶为 30%(占成品)左右。

其他辅料,在麦乳精中已做介绍,这里不再重复。

2)豆乳粉、豆乳晶的配方

豆乳制品近年来发展快,风味千差万别,配料也各不相同,各企业对配方也不愿公开。下例配方,仅供参考。

①速溶豆乳晶。大豆 100 kg、白砂糖 120 kg、精盐 0.1 kg、海藻酸钠 0.5 kg、糊精 90 kg、大豆磷脂 2 kg、蔗糖酯 1 kg、香兰素少许、Na_3PO_4 50 g、$NaHCO_3$ 少许。

②速溶豆乳粉。大豆 100 kg、$NaHCO_3$ 适量、8.2%豆乳 91.5%、蔗糖 1%、葡萄糖0.5%、食盐 0.1%、豆油 2.3%。

3)豆乳粉、豆乳晶的生产工艺

豆乳粉、豆乳晶的生产工艺基本相同,只是后期的干燥方法不同(喷雾干燥,真空干燥)得到的产品外形不同,要求不同。配料上也略有不同。豆乳粉为粉末状产品,豆乳晶为颗粒状产品。现将其工艺流程和生产技术介绍如下。

(1)工艺流程

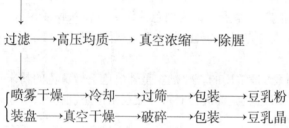

大豆 ⟶ 筛选 ⟶ 脱皮 ⟶ 清洗 ⟶ 浸泡 ⟶ 磨浆 ⟶ 浆渣分离 ⟶ 豆浆 ⟶ (加辅料)营养调配

过滤 ⟶ 高压均质 ⟶ 真空浓缩 ⟶ 除腥

{ 喷雾干燥 ⟶ 冷却 ⟶ 过筛 ⟶ 包装 ⟶ 豆乳粉
装盘 ⟶ 真空干燥 ⟶ 破碎 ⟶ 包装 ⟶ 豆乳晶

(2)豆乳生产的基本原理

豆乳生产的根本就是利用大豆蛋白质的功能特性和磷脂的强乳化性。变性后的大豆蛋白质、磷脂及油脂的混合体系,经均质或超声波处理,互相之间发生作用,在水中形成均匀的乳状分散体系,即豆乳。

(3)操作工序

①筛选。目的是除去大豆原料中的豆秆、豆壳、泥石、金属,霉烂、虫蛀豆,不完整粒等杂质,提高产品质量,延长设备使用寿命。

②脱皮。是豆乳制品过程中关键工序之一。通过脱皮可以减少土壤中带来的耐热细菌,改善豆乳的风味,限制起泡性。同时还可以缩短脂肪氧化酶钝化所需要的加热时间,降低贮存蛋白的热变性,防止非酶褐变,赋予豆乳以良好的色泽。

③浸泡。浸泡是磨浆的前提,其目的是软化大豆籽粒组织,以降低磨浆时的能耗与磨损,提高胶体分散程度及悬浮性。浸泡大豆的关键参数是温度和时间,具体参数应按照大豆品质、水质、气温等因素来选取。在浸泡水中加 $NaHCO_3$,可起到缩短浸泡时间、提高均质效果及改善豆乳风味等作用,应提倡使用。

④磨浆。将浸泡好的湿大豆磨碎成白色糊状物称为豆糊,将豆糊与适量水混合而成浆体。现代化工厂多采用加入足量的水直接磨成浆体,再把浆体分离除去豆渣萃取浆液。

大豆磨碎后,大豆中所含的脂肪氧化酶在一定的温度、水分、氧气等条件下会发生反应产生豆腥味,因此常用热水磨浆法,即在接近100 ℃的水中热烫一段时间以钝化脂肪氧化酶,同时应尽可能防止蛋白质变性。也可在磨浆前用气蒸一小段时间,这样既可钝化酶又可保持蛋白质良好的溶解性。

豆乳生产的制浆工序与传统的制浆工序既有相同之处,也有不同之处。相同之处就是将大豆磨碎,最大限度地提取大豆中的有效成分,除去不溶性的多糖及纤维,而且磨碎设备也是相同的;不同之处主要是豆乳生产制浆必须与灭酶工序相结合,一方面要最大限度地溶出大豆中的有效成分,另一方面又要尽可能地抑制浆体中异味物质的产生。

⑤浆渣分离。磨浆后的浆液含有以不溶性的膳食纤维为主要成分的豆渣,需加以分离去除。过去常用的是挤浆机,现在多用离心机。

在豆乳生产中,制浆工序总的要求是磨得要细,滤得要精,浓度要固定。豆糊的细度一般要求在120目以上,豆渣含水量要求在85%以下,豆浆的浓度一般要求在8%~10%。

⑥营养调配。为了提高成品的营养价值与商品价值,在调制缸中按产品的配方和标准要求,将豆浆、风味物质、营养强化剂、赋香剂、稳定剂、乳化剂、甜味料、果汁或其他食品添加剂等加在一起,充分搅拌均匀,并用水调整至规定的浓度。

大豆中虽含有优质的植物蛋白和脂肪酸,但维生素和矿物质含量并不充分。如大豆中维生素 B_1 和 B_2 含量不足,维生素 A 和 C 含量很低,维生素 B_{12} 和 D 几乎没有,因此,在豆制品中有必要进行营养强化。

豆乳中最常添加的矿物质是钙,并以添加 $CaCO_3$ 为最好,它具有溶解度低,不易造成蛋白质沉淀和有提高豆乳制品消化率等优点。为防止因添加钙盐引起豆乳沉淀,在蛋白质浓度较低(低于1%)的情况下,可先在豆乳中添加富含 R-酪蛋白等物质后,再添加钙盐,这样就不会再出现沉淀了。若在加酪蛋白之前,先将豆乳进行一下热处理(90~100 ℃,5~10 min),则所获得的稳定效果会更好。

⑦高压均质。均质处理是提高豆乳制品口感与稳定性的关键工序。用来完成豆乳均质处理的设备主要有胶体磨和均质机,胶体磨通常作为均质机的预均质设备,均质机是生产优质豆乳制品不可缺少的设备。豆乳的均质温度应控制为 70~80 ℃ 比较适宜。均质的次数一般以两次效果较好。

⑧真空浓缩。新磨制的豆浆中含有 85%~90% 的水分。通过浓缩除去部分水分,可大大节约干燥时的能量消耗,具有明显的经济效益和特殊的质量要求。浓缩温度一般采用 50~55 ℃,真空度 80~93 kPa。这样可以尽量避免蛋白质长时间受热变性。

⑨除腥。豆乳生产中虽然采用了各种各样的除腥脱臭手段,但腥味物质总会有残余,因此在调制时加一些掩盖性物质也是必要的。据日本资料介绍,把植物油和小麦粉混合,经短时间加热处理后,按 0.1%~5% 的比例与豆乳混合,可起到掩盖豆腥味的作用。如果在豆乳中加入热凝固的卵白,也可起到掩盖豆腥味的作用。另外,棕榈油、环状糊精、荞麦粉、胡椒、芥末等也具有掩盖豆腥味的作用。

瞬时高温加热消除豆腥味是利用真空度和温度的相互对应(即真空度越高温度越低,真空度越低温度越高)的原理进行的。

⑩喷雾干燥与豆乳粉生产。喷雾干燥是豆乳粉生产的关键工序,也是由液体豆乳制取固体豆乳粉的唯一办法。制取豆乳粉的目的是销售、贮藏及运输的方便,而真正食用时,又必须将固态豆乳粉与水混合制成浆体,这就需要豆乳粉的溶解性或分散性好。

4)豆乳晶的质量标准

①感官指标。色泽:呈淡红色,有光泽;口味:具有豆浆香味,无豆腥味、苦涩味和其他异味。不许用香精掩盖不良风味;组织形态:呈疏松晶体,不结块;冲泡状态:用热水即冲即溶,呈乳白色均匀悬浮液。

②理化指标。溶解度≥98%;蛋白质≥12%;灰分≤2%;总糖65%~75%;脂肪≤1%;水分≤3%。

③微生物指标。细菌总数≤3万/g;大肠菌群≤30万/100 g;致病菌:不得检出。

10.3.6 豆浆粉、豆浆晶

1)豆浆粉

以豆浆为基本原料,利用食用乳化剂为辅料,通过改善豆浆水的分散性,使豆浆中的蛋白质凝固、分离,再经真空干燥或喷雾干燥制得。

①制法 A。在豆浆中添加大豆卵磷脂或甘油酯、蔗糖酯(用量为 1.0%),使豆浆的水分散性得到改善,然后加压(9 807~19 614 kPa),再将其喷雾干燥,制成豆浆粉。

②制法 B。大豆经过一夜的浸泡后,淋洗干净,加 5 倍的水,用粉碎机粉碎,再在100 ℃温度下加热 10 min,冷却后用离心机离心,得到豆浆,经喷雾干燥后,即成豆浆粉。

2)豆浆晶

①配方。大豆100 kg、精盐 0.1 kg、白砂糖 100~125 kg、Na₃PO₄ 50 g、糊精 80~100 kg、香兰素少许、褐藻胶0.5 kg、蔗糖酯 0.5~1.0 kg、大豆磷脂 1~3 kg。

②工艺流程。

大豆——筛选——去皮——清洗——浸泡——磨浆——浆渣分离——(奶粉、糊精、麦芽糖等)混合搅拌——过滤——均质——浓缩——干燥——粉碎——包装——产品

③操作要点。

a.用平筛除去大小杂质,然后送入去皮机中(一方面去皮,另一方面碾碎与大豆粒差不多大小的泥土)。

b.用 18 ℃左右的温水,浸泡去皮大豆,浸泡用水量为大豆重的 2 倍,浸泡时间一般为12 h左右。

c.大豆浸泡好后,加 7 倍的水磨成豆浆。

d.豆浆用 80~100 目/in 的筛网分离取浆,豆渣加同量的水进行二次取浆(二次取浆的目的是提高出品率和减轻一次磨浆的压紧力)。

e.将两次浆液混合,用泵抽入搅拌锅内。

f.把麦芽糖、糊精、奶粉、蔗糖等倒入溶化锅内,加热并充分搅拌均匀使其溶化。然后抽到搅拌锅内与豆浆一起搅拌加热,直到温度达到 95~98 ℃,保持 2~3 min 后进行过滤、均质。

g.把均质后的物料置于浓缩锅内,真空浓缩(温度 50~60 ℃)。蒸汽加热达到 55 ℃后,关掉蒸汽阀门,当锅内料液超过警戒线时,可放空气或加入小苏打水溶液,使料液不外溢(加小苏打水溶液可使料液在低温、低真空和料液难得起泡的情况下起泡,以提高浓缩质量和产量)。浓缩时真空度控制在 90.057~95.99 kPa。

h.当浓缩料液达到70~75°Be时,取出装料盘(5~10 mm厚)放进烘箱,在70~80 ℃、真空度为95.99~99.9 kPa条件下,烘2~3 h,直至烘干为止。

i.豆浆晶烘成成品后,应立即粉碎进行包装(因其极易吸潮)。包装采用自动包装机,每小袋25~30 g,也可采用手工包装(要特别注意的是包装车间应有空调机、去湿机,以防成品受潮)。每10小袋装成一大袋,最后进行大包装即成。

④生产中的关键问题。

a.豆浆晶的主要原料是大豆和白糖。大豆应选新鲜优质的,白糖要用优质或一级白糖。

b.浸豆水温、时间与pH值要调配适当。大豆以水浸透饱满、豆瓣表面平滑无皱纹为适宜。在浸泡过程中会有部分蛋白质溶出而损失掉,浸泡的水温越高,时间越长,溶出的蛋白质就越多,因此,必须严格控制浸泡时间与水温。一般夏季水温25~35 ℃浸泡3~5 h;冬季水温5~10 ℃浸泡12~16 h;春秋季水温20~25 ℃浸泡6~9 h(或水温10~20 ℃浸泡8~13 h)。浸豆时加0.1%的氢氧化钠或硫酸钠,调节pH值至7~7.5为宜,以抑制微生物生长,缩短浸泡时间。

c.制浆时应严格控制豆浆的pH值。大豆蛋白质是两性物质,其溶解度随pH值的变化而变化。在等电点时(pH值等于5)溶解度最小,为了提高大豆蛋白质的提取率和成品的溶解度,煮浆前需要加入10%的氢氧化钠或碳酸钠,将pH值调至6.5,这时蛋白质溶出最多。

d.迅速加热杀菌,消除豆腥味。大豆豆腥味是由脂肪氧化酶对不饱和脂肪酸的酶促氧化所产生的,根据豆浆生产的具体情况,采用物理加热和添加化学助剂来破坏脂肪氧化酶的活性,消除豆腥味,是较为经济的。大豆蛋白质热敏性高,极易变性,因此加热杀菌的时间越短,效果越好。为了达到杀菌、消除豆腥味的目的,又不至于使蛋白质变性,影响豆浆晶的溶解度,可加热至95~98 ℃,维持4~5 min。当豆浆加热至50 ℃按豆浆的量每公斤加入5 mg维生素C钠盐。另外在煮浆时,还要在豆浆中加消泡剂。

e.由于大豆蛋白热敏性高,因此应采用真空低温浓缩,即在真空度为98.568 kPa以上和4.5 ℃以下为宜。在真空浓缩时加适量的食用消泡剂(卵磷脂),以加快水分蒸发,至含固形物为16%左右时,即停止浓缩。

f.对浓缩物进行干燥之前,加入适量发泡剂(如NaHCO$_3$),以缩短干燥时间。干燥时应防止水分蒸发过快,避免溢盘现象。因此真空度不宜太高,应控制在79.92~86.58 kPa即可,温度控制在60 ℃以下,防止温度过高使产品变焦,影响豆浆的溶解度。

3)产品质量

①感官指标。产品呈均匀的黄色,颗粒呈蜂窝状,均匀一致,无杂质,不结块,无僵片,无异味,有较浓的豆香味。

②理化指标。水分≤2.5%,溶解度≥97%,蛋白质≥8%,碳水化合物≤80%。

③卫生指标。细菌总数≤3万/g;大肠菌群≤30万/100 g;致病菌:不得检出。

10.3.7　大豆、裸麦、薏米速溶饮料

1)原料与配方

大豆粉2 kg、裸麦粉800 g、薏米粉800 g。

2)制作方法

①将大豆浸泡12 h后捞出,在20~30 ℃条件下放置3 d,在此期间洒水5~8次,使之长

出 2 mm 长的芽,然后进行干燥。干燥后在 250~300 ℃条件下烘焙 3 h,然后粉碎,制得大豆粉。

②另将裸麦放在室温水中浸泡 1~2 d,然后放在 20 ℃的条件下,经常搅拌,使之长出 3 mm长的芽,再用 170~180 ℃烘焙 8 h,粉碎得裸麦粉。

③将薏米浸泡 2 d,然后在 30 ℃的温度中放置 4 d,使之长出 1 cm 长的芽,再用 170~180 ℃的温度烘焙 8 h,粉碎后得薏米粉。

④将大豆粉 0.2 g、裸麦粉 0.08 g、薏米粉 0.08 g 装入小纸袋,得到大豆、裸麦、薏米速溶饮料。

3)产品特点

本饮料具有咖啡风味而不含咖啡因;营养成分高,消化性好,且有一定药效;具有特殊的香味和风味,特别适合不能饮用咖啡的成年人与儿童饮用。

10.3.8 发芽大豆粉速溶饮料

1)原料配方

发芽大豆粉 10 kg、发芽黑麦粉 4 kg、发芽薏米粉 4 kg、决明子 2 kg、砂糖、奶粉、蜂蜜各适量。

2)制作方法

①将大豆浸泡 1 d,在 20~23 ℃的温度下放置 3 d,洒 5~6 次水,当发出 2 mm 的芽后,进行干燥;用 250~300 ℃的温度烘焙 3 h,进行粉碎,制成大豆粉。

②另将黑麦在室温条件下浸泡 1~2 d,在 20 ℃下不断搅拌,使之发芽;待长出长33 mm的芽后,用 170~180 ℃的温度烘焙 8 h,再进行粉碎,制成黑米粉。

③另将薏米浸泡 2 d,在约 30 ℃的温度下放置 4 d;待长出 3 cm 的芽后,用 170~180 ℃的温度烘焙 8 h,再进行粉碎,制成薏米粉。

④将决明子在 200~250 ℃温度下烘焙 1 h,再进行粉碎,制成决明子粉。

⑤将大豆粉、黑米粉、薏米粉、决明子粉按 10:4:4:2 的质量比混合,制成混合粉末 20 kg。再加 50 倍的水,在室温下煮 24 h,分离浸出液;在 45~60 ℃条件下浓缩至 1/20 得 50 kg 浓缩液;然后,喷雾干燥,得到干燥粉末 10 kg。粉末得率为 20%。

⑥在 10 kg 混合粉末中,添加 400 kg 热水,在 80~90 ℃条件下加热 1 h,提取浸出液;将浸出液浓缩到 1/20,得到的固体成分含量为 20% 的浓缩液。然后将浓缩液喷雾干燥,从而得到速溶饮料。

3)产品特点

在速溶饮料中添加热水,混合砂糖和奶粉,其风味和口感基本与速溶咖啡相同。或在速溶饮料中添加热水,再添加适量的蜂蜜、奶粉等,作为儿童饮料深受欢迎。

【实验实训】 柑橘味固体饮料的加工

1)配方

①果汁型柑橘味固体饮料。浓缩橘汁(60 °Be)20 kg、白砂糖 70 kg、柠檬酸 1.8 kg、橘子香精 0.15 kg、CMC-Na 0.6 kg、食用色素适量。

②果味型柑橘味固体饮料。柠檬酸 1.2 kg、白砂糖 90 kg、液体葡萄糖(65 °Be)15 kg、橘子香精 1 kg、明胶 0.7 kg、食用色素适量。

2)工艺流程

配料——原料预处理——称量——合料——成型——烘干——过筛——检验——包装——成品

①配料。从上述配方中选取一种进行备料。同时要设计好用水量。投入混合机的全部用水量(包括溶解色素和柠檬酸的用水及香精等液体),要保持在全部投料量的 5%~7%。用水过多,成型机不好操作,并且颗粒坚硬影响质量;用水过少则产品不能形成颗粒,只能成粉状,不合乎质量要求。如用果汁取代香精,果汁浓度需尽可能提高,用水量相应减少。

②原料预处理。

a.颗粒状物质砂糖需先经粉碎至能通过 80~100 目筛,投料时用 100 目筛,成为细粉后才能配料。如需投入糊精同样需先过筛,且在加入糖粉之后投料。

b.色素及柠檬酸先分别用水溶解,然后分别投料,再投入香精,搅拌混合。

③合料。按照产品配方和投料次序进行投料,而且充分搅拌均匀。

④成型。成型即造粒,就是将混合均匀和干湿适当的坯料,放进颗粒成型机造型,使其成为颗粒状态。颗粒的大小,与成型机筛网孔眼的大小有直接的关系,必须合理选用。一般以 6~8 目的筛为宜。造型后的颗粒状坯料,由成型机出料口进入盛料盘。

⑤烘干。将盛装在盘子中的坯料,轻轻地摊匀铺平,然后放进干燥箱中干燥。烘干温度应保持在 80~85 ℃,通常采用热风沸腾干燥法,但颗粒大小不易控制,有时碎粒多。也可采用真空干燥法。产品水分要求不大于 2.5%。

⑥过筛:干燥后过 8~9 目筛,以除掉大颗粒或少数结块,使产品颗粒大小基本一致。

⑦包装。检验合格的产品要摊凉至室温之后包装,否则高温包装易引起回潮,造成产品变质,影响货架期。包装要在低温、低湿环境下进行,避免因吸潮而结块。

本章小结)))

本章内容主要讲述了固体饮料的概念、分类、基本配方和一般工艺流程。具体介绍了果香型和蛋白型两类固体饮料。在工艺流程部分,还简要介绍了加工所需要的基本设备。限于篇幅,许多具体的操作工艺没有详谈。希望同学们在今后的实际工作中,针对某种具体的产品,结合生产实际,再次学习和研究,以便生产出优质的固体饮料。

复习思考题)))

1.在你的成长历程中,你曾经饮用过哪些固体饮料产品? 请说出它们的名字、形状或状态、味道,猜测其基本配方。

2.果汁型与果味型两种果香型固体饮料各有什么特点? 你更加喜欢哪一种?

3.什么是麦乳精? 其基本配方和一般工艺流程是什么?

4.本章所讲的豆乳制品与普通的豆浆有什么区别?

5.豆乳粉、豆乳晶、豆浆粉、豆浆晶这几种产品在配方、工艺上有什么相同和不同点?

第11章 果酒饮料的加工

知识目标

了解果酒的分类,熟悉发酵微生物;理解果酒加工的原理;掌握果酒的加工技术。

能力目标

能进行果酒加工;能够对果品进行相应的破碎、压榨、浸提等预处理;会进行菌种的接种;能对果酒产品的质量进行评定。

11.1 果酒饮料概述

水果经破碎、压榨取汁、发酵或浸泡等工艺精心调配酿制而成的各种低度饮料酒都可称为果酒。我国习惯上对所有果酒都以其果实原料名称来命名,如葡萄酒、苹果酒、山楂酒等。而在国外,多数人认为只有葡萄榨汁发酵后的酒才称作 Wine,其他果实发酵的名称各异。如苹果酒称为 Cider,梨酒称为 Perry。而葡萄酒是果酒类中的最大宗最古老的酒精饮料之一。

果酒酒精度低,营养丰富,含有多种有机酸、芳香酯、维生素、氨基酸等营养成分,经常适量饮用,既可提神,又能增加入体营养,有益身体健康。葡萄酒中含有多种氨基酸、矿物质和维生素,对维持和调节人体的生理机能起到良好的作用,尤其对身体虚弱、患有睡眠障碍者及老年人的效果更好;苹果酒含有丰富的维生素、苹果酸、柠檬酸,对防止动脉硬化有较好的作用;山楂酒具有消积、健脾、开胃的功效;桑葚酒具有养生养颜、抗氧化、抗衰老、软化血管、增强免疫力等诸多保健功效。随着人们生活水平的提高以及对生活质量的更高要求,果酒的诸多优点和独特功效受到越来越多的重视。

11.1.1 果酒饮料的分类

1)按果酒制作方法分类

按果酒的制作方法分为发酵果酒、蒸馏果酒、配制果酒、起泡果酒和加料果酒 5 种类型。

（1）发酵果酒

将果汁或果浆经酒精发酵和陈酿而成。根据发酵程度的不同,又分为全发酵果酒（糖分全部发酵,残糖在 1% 以下）和半发酵果酒（糖分部分发酵）。发酵果酒的酒精含量比较低,多数为 10°~13°,酒精含量在 10°以上时能较好地防止其他杂菌对果酒的危害,保证果酒的质量。在发酵果酒中,葡萄酒占的比重最大。

（2）蒸馏果酒

果品经酒精发酵后,再经蒸馏所得到的酒,又名白兰地。通常所指白兰地是以葡萄为原料而成,其他水果酿制的白兰地,应冠以原料水果名称,如苹果白兰地、樱桃白兰地、苹果白兰地、李子白兰地等。饮用型蒸馏果酒,其酒精含量多在 40%~55%。酒精含量在 79%以上时,可以用其配制果露酒或用于其他果酒的勾兑。直接蒸馏得到的果酒一般须进行酒精、糖分、香味和色泽等的调整、并经陈酿使之具有特殊风格的醇香。

（3）配制果酒

配制果酒也称果露酒。它是以配制的方法仿拟发酵果酒而制成的,通常是将果实或果皮和鲜花等用酒精或白酒浸泡提取,或用果汁加酒精,再加入糖分、香精、色素等调配成色、香、味与发酵果酒相似的酒。配制果酒有桂花酒、柑橘酒、樱桃酒、刺梨酒等。这些酒的名称与发酵果酒相同,但制法不同。鸡尾酒是用多种各具色彩的果酒按比例配制而成的。

（4）加料果酒

加料果酒是以发酵果酒为基酒,加入植物性芳香物等增香物质或药材等而制成。常见的加料果酒以葡萄酒为多,如加香葡萄酒是将各种芳香的花卉及其果实利用蒸馏法或浸提法制成香料,加入酒内,赋予葡萄酒以独特的香气。还有将名贵中药加进葡萄酒中,使酒对人体有滋补和防治疾病的功效,这类酒有味美思、人参葡萄酒、丁香葡萄酒、参茸葡萄酒等。

（5）起泡果酒

起泡果酒是以发酵果酒为酒基,经密闭二次发酵产生大量 CO_2 气体（或人工充入 CO_2 气体）,这些 CO_2 溶解在果酒中,饮用时有明显刹口感的果酒。

根据制作原料和加工方法的不同可将起泡果酒分为香槟酒、小香槟和汽酒。香槟是以发酵葡萄酒为酒基,再经加糖密闭发酵产生大量的二氧化碳而制成,因初产于法国香槟省而得名;小香槟是以发酵果酒或果露酒作为酒基,经发酵产生 CO_2 或人工充入 CO_2 而制成的一种低度的含 CO_2 的果酒。汽酒则是在配制果酒中人工充入 CO_2 而制成的果酒。

注意:经二次发酵所产生的二氧化碳气泡细小均匀,较长时间不易散失,而人工充入的二氧化碳气泡较大,保持的时间又短,容易散失。

2)按含糖量分类

按果酒含糖量（以葡萄糖计）的多少将果酒分为干酒、半干酒、半甜酒和甜酒 4 类。

①干酒。含糖量在 4.0 g/L 以下的果酒。

②半干酒。含糖量在 4.1~12.0 g/L 的果酒。

③半甜酒。含糖量在 12.1~50.0 g/L 的果酒。

④甜酒。含糖量在 50.1 g/L 以上的果酒。

3)按酒精含量分类

按酒中含酒精的多少将果酒分为低度果酒和高度果酒两类。

①低度果酒。酒精体积分数为 17%以下的果酒,俗称 17°。

②高度果酒。酒精体积分数为18%以上的果酒,俗称18°。

4)按原料分类

按原料分类,果酒可分为葡萄酒、苹果酒、山楂酒、柑橘酒、杨梅酒等。

11.1.2 果酒酿造微生物

果酒的酒精发酵与微生物的活动有密切的关系。果酒酿造的成败和品质的好坏,首先决定于参与发酵的微生物种类。凡是霉菌和细菌等有害微生物的存在和参与,必然会造成酿制的失败。酵母菌是果酒发酵的主要微生物,而酵母菌的种类很多,其生理功能各异,有良好的发酵菌种,也有危害性的菌种存在。果酒酿制须选择优良的酵母菌进行酒精发酵,同时防止杂菌的参与。

葡萄酒酵母菌是优良酵母菌品种,它具备优良酵母菌的主要特征:发酵能力强,可使酒精度达到12°~16°,发酵效率高,可将果汁中的糖分充分发酵转化成酒精;抗逆性强,能在经SO_2处理的果汁中进行繁殖和发酵,在发酵中可产生芳香物质,赋予果酒的特殊风味。葡萄酒酵母不仅是葡萄酒酿制的优良酵母,对于苹果、柑橘及其他果酒的酿制也属较好的菌种。

果实上常附着有大量的野生酵母,随破碎压榨带入果汁中参与酒精发酵。常见的品种有巴氏酵母菌和尖端酵母菌等。这些酵母菌的抗硫力较强。如尖端酵母菌能忍耐470 mg/L的游离二氧化硫,其繁殖速度快,常在发酵初期活动占优势。但其发酵力较弱,只能发酵到酒精4%~5%,在此酒精度下,该酵母即被杀死。生产中常采用大量接种优良酵母菌,使在果汁中形成优势来控制野生酵母的活动。

空气中的产膜酵母(又名伪酵母或酒花菌)、圆酵母、醋酸菌以及其他菌类也常侵入发酵池或罐内活动。它们常于果汁发酵前或发酵势较弱时在发酵液表面繁殖并生成一层灰白色的或暗黄色的菌丝膜。它们很强的氧化代谢力将糖和乙醇分解为挥发性酸和醛等物质,干扰正常的发酵进行。由于这些杂菌的繁殖需要充足的氧气;且其抗硫力弱,在生产上常采用减少空气,加强硫处理和接种大量优良酵母菌等措施来消灭或抑制其活动。

除酵母类群外,乳酸菌也是果酒酿造的重要微生物,一方面能把苹果酸转化为乳酸,使新葡萄酒的酸涩、粗糙等缺点消失,同时变得醇厚饱满,柔和协调。但当乳酸菌在有糖存在时,易分解糖成乳酸、醋酸等,使酒风味变坏。

11.1.3 果酒发酵原理

果酒发酵的原理主要包括两部分。首先是酒精发酵,即利用酵母菌将果汁中可发酵性的糖类进行酒精发酵生成酒精,可分为前发酵和后发酵两步;然后是陈酿,果酒在此过程中经酯化、氧化、澄清等物理化学作用,最终制成酒液清晰、色泽鲜美、醇和芳香的产品。

1)酒精发酵

(1)酒精发酵的主要过程

果酒的酒精发酵是指果汁中所含的己糖在酵母菌一系列酶的作用下,通过复杂的化学变化,最终产生乙醇和CO_2的过程。果汁中的葡萄糖和果糖可直接被酒精发酵利用,蔗糖和麦芽糖在发酵过程中通过转化酶的作用生成葡萄糖和果糖并参与酒精发酵。但是,果汁中的戊糖、木糖和核酮糖则不能被酒精发酵利用。

简单反应式为:$C_6H_{12}O_6 \longrightarrow 2CH_3CH_2OH + 2CO_2$

(2)酒精发酵的主要副产物

酵母菌在无氧条件下将葡萄糖分解成乙醇和CO_2,同时也产生了乙醛、琥珀酸、甘油、高级醇类等中间副产物。

①甘油。甘油可赋予果酒以清甜味,并且可使果酒口味圆润。

②乙醛。游离乙醛的存在会使果酒具有不良的氧化味。用二氧化硫处理会消除此味。因为乙醛和SO_2结合可形成稳定的亚硫酸乙醛,此种物质不影响果酒的风味。

③醋酸。醋酸为挥发酸,风味强烈,在果酒中含量不宜过多。一般在正常发酵情况下,果酒的醋酸含量只有$0.2 \sim 0.3$ g/L。醋酸在陈酿时可以生成酯类物质,赋予果酒以香味。

④琥珀酸。琥珀酸的存在可增进果酒的爽口性,在葡萄酒中的含量一般低于10 g/L。

此外,还有一些由酒精发酵的中间产物丙酮酸所产生的具有不同味感的物质,如具辣味的甲酸、具烟味的延胡索酸、具榛子味的乙酸酐等。

在果酒的酒精发酵过程中,还有一些来自酵母细胞本身的含氮物质及其所产生的高级醇,它们是异丙醇、正丙醇、异戊醇和丁醇等。这些醇的含量很低,但它们是构成果酒香气的主要成分。

(3)影响酒精发酵的主要因素

①温度。温度是影响发酵的最重要因素之一。液态酵母活动的最适温度为$20 \sim 30$ ℃,在此温度范围内温度每升高1 ℃,发酵速度就提高10%,当温度为$34 \sim 35$ ℃时,繁殖速度迅速下降,至40 ℃停止活动。一般情况下,发酵危险温度区为$32 \sim 35$ ℃,这一温度称发酵临界温度

根据发酵温度的不同,可以将发酵分为高温发酵和低温发酵。30 ℃以上为高温发酵,其发酵时间短,但口味粗糙,杂醇、醋酸等含量高。20 ℃以下为低温发酵,其发酵时间长,但有利于酯类物质生成保留,果酒风味好。

②酸度(pH)。酵母菌在pH为$4 \sim 6$生长良好,发酵力较强。但一些细菌也生长良好,因此,生产中,一般控制pH为$3.3 \sim 3.5$,此时,细菌受到抑制,酵母活动良好。pH下降至2.6以下时,酵母菌也会停止繁殖和发酵。

③氧气。酵母是兼性厌氧微生物,在氧气充足时,主要繁殖酵母细胞,只产少量乙醇;在缺氧时,繁殖缓慢,产生大量酒精。因此,在果酒发酵初期,应适当供给氧气,以达到酵母繁殖所需,之后,应密闭发酵。对发酵停滞的葡萄酒经过通氧可恢复其发酵力;生产起泡葡萄酒时,二次发酵前轻微通氧,有利于发酵的进行。

④糖分。糖浓度影响酵母的生长和发酵。糖度为1%~2%时,生长发酵速度最快,高于25%,出现发酵延滞。60%以上,发酵几乎停止。因此,生产中,生产高酒度果酒时,要采用分次加糖的方法,以保证发酵的顺利进行。

⑤乙醇。乙醇是酵母的代谢产物,不同酵母对乙醇的耐力有很大的差异。多数酵母在乙醇浓度达到2%,就开始抑制发酵,尖端酵母在乙醇浓度达到5%就不能生长,葡萄酒酵母可忍受13%~15%的酒精,甚至16%~17%。所以,自然酿制生产的果酒不可能生产过高酒

度的果酒,必须通过蒸馏或添加纯酒精生产高度果酒。

⑥SO_2。果酒发酵中,添加SO_2有以下作用:

a.杀菌和抑菌。SO_2是理想的抑菌剂,细菌对SO_2最为敏感,而酵母抗SO_2能力较强。葡萄酒酵母可耐$1\ g/L$的SO_2。果汁含SO_2为$10\ mg/L$,对葡萄酒酵母无明显作用,但其他杂菌则被抑制。SO_2含量达到$50\ mg/L$酒精发酵仅延迟$18\sim20\ h$,但其他微生物则完全被杀死。

b.澄清作用。由于SO_2的抑菌作用,使发酵起始时间延长,从而使果汁中的杂质有时间沉降下来并除去。

c.溶解作用。添加SO_2后生成的亚硫酸有利于果皮中色素、酒石、无机盐等成分的溶解,可增加浸出物的含量和酒的色度。

d.抗氧化作用。SO_2能防止酒的氧化,特别是阻碍和破坏果汁的多酚氧化酶,减少单宁和色素的氧化,阻止氧化浑浊、颜色退化,并能防止果汁过早褐变。

2)陈酿

果酒完成酒精发酵后,酵母的臭味、生酒味、苦涩味和酸味等都较重,另外还含有很多细小微粒和悬浮物会使酒液混浊。因此,果酒必须经过陈酿,使不良物质减少或消除,产生新的芳香物质,以使果酒风味醇和芳香,酒液清澈色美。

陈酿过程中主要有以下几种变化。

(1)酯化反应

果酒中所含的有机酸和乙醇在一定温度下发生酯化反应生成酯和水,有机酸的种类不同,形成酯的种类和速度均不同。酯具有香味,它是果酒芳香的主要来源之一。酯化反应的速度较慢,反应速度与温度成正比例关系,与时间则成反比例关系。适当的升温(即热处理),可以增加酯的含量,从而改善果酒的风味。酯的形成在陈酿的前两年较快,以后变得缓慢,直至完全停止。

酯的含量决定于果酒的成分和陈酿时间。一般陈酿的时间越长,酯的含量也越多。但酯化反应难以达到理论限度,陈酿50年的葡萄酒只能产生酯的理论产量的3/4。

(2)氧化还原反应

果酒在陈酿过程中,由于换桶以及贮藏期间通过桶壁的缝隙会有少量的氧进入酒中,得以进行一系列的缓慢的氧化作用,使醇(特别是甲醇)氧化成醛或酸,进而酸醇结合成酯,降低了具有不良风味的甲醇,杂醇油,挥发酸,鞣质等的含量,增加了酯类及其他芳香物质的含量,改善了果酒的风味。

但是如果每升果酒中含有数十毫升的氧时,果酒就会产生"过氧化味"或引起果酒发生混浊。果酒中含有一定量的可被氧化的物质,例如单宁、色素,微量乳酸发酵所产生的1,3-二羟丙酮、维生素C等。这些物质的存在可以减少或防止果酒中有损品质的氧化反应,它们的存在赋予果酒较强的还原力,而果酒特有的芳香物质的形成正是果酒中的特殊成分被还原的结果。

(3)澄清作用

果酒的陈酿时间少则$1\sim2$年,多则数十年。在陈酿过程中,由于酒石的析出、单宁及色素的氧化沉淀、胶质物的凝固、单宁与蛋白质结合产生的沉淀,以及酵母细胞的存在等会使果酒发生混浊。因此,需通过澄清作用使果酒达到稳定澄清的状态。

在葡萄酒中含有较大量的酒石酸,因为可溶于水,故不影响酒的稳定性。但是,当其形成不溶性的盐类(酒石)——酒石酸氢钾和酒石酸钙时,就会使酒发生混浊。利用低温可除去酒石酸盐,而广泛采用的方法是:添加偏酒石酸。在新酒中加入 $50 \sim 100$ mg/L 的偏酒石酸可使果酒数月之内不发生沉淀。若有低温的配合,防沉淀的效果更佳。

酵母菌细胞及其碎屑、树胶、蛋白质、果胶物质和大分子色素等在酒中可以形成胶体溶液,该胶体中的颗粒由小变大,最终使酒液变得混浊。这是果酒不稳定的主要原因。酵母细胞及其碎屑在陈酿过程中会在重力作用下自然沉淀,通过换桶则可除去,也可通过过滤而除掉。蛋白质、树胶和果胶物质等通常是通过加用明胶使其沉淀而排除。

11.1.4 果酒酿造基本技术

果酒的酿造方法,虽然因原料种类及制品要求的不同而略有差异,但基本工艺过程是近似的。

1)清洗

清洗可以除去表皮粘附的尘埃、泥沙及微生物,特别是喷过农药的原料,常用的药品为 1% 左右的盐酸液或 0.1% $KMnO_4$ 液。在常温下浸泡数分钟,再用清水洗去药品,洗时最好使用流动水使果品震动及摩擦,以提高洗涤效果。

果皮上附着有大量酵母菌,利用自然发酵时,不需彻底清洗,仅需冲洗掉尘埃与泥沙即可。

2)去皮、去核与去心

果品的外皮、果心、一般都较粗糙,具有不良风味。因此,许多果品酿酒都需要去皮去心,以提高制品的质量,如香蕉、芒果、枇杷。浆果类的葡萄、杨梅、桑葚等不必去皮。荔枝、龙眼、枇杷、芒果还应去壳。

去皮时,只要求去掉不合要求的部分,过度的去皮去心,只能增加原料的消耗定额,并不能提高成品的质量。凡与果肉接触的刀具,机器部位,必须用不锈钢或合金制成。

3)破碎、榨汁

为便于发酵,原料需破碎处理。破碎后一般先行榨汁,然后发酵。但如制带色果酒(如红葡萄酒、杨梅酒、桑葚酒等)则不同,原料破碎后连皮带肉一起发酵,以浸提果皮中所含的色素,而压榨操作则在主发酵结束后进行。

4)果汁的改良

为保证发酵正常地进行和成品酒达到质量的要求,一般要对果汁或发酵醪液的含糖量及酸度进行调整。

(1)糖的调整

生成 1 mL 酒精需 1.7 g 糖。一般果汁含量在 10% ~ 15%,因此只能生成 6% ~ 9% 的果酒,为提高酒精度,需要对含糖量进行调整。

①添加蔗糖。糖分调整,可以添加蔗糖。加糖的方法,是先取一部分果汁,放在混合槽中,边加糖,边搅拌,使溶解后,再与余下的果汁混合均匀。

②添加酒精。加 1 mL 酒精可相当于加 1.7 g 蔗糖,以此来计算添加酒精量。以酒精调

节含糖量所制成的果酒,风味较差。

(2)酸的调整

果汁的酸度因种类和品种,栽培条件的不同而有很大的变化。在调整时,先测定果汁含酸量,然后确定如何调酸。若酸度偏低,则需加入适量酒石酸、柠檬酸或酸度较高的果汁进行调整,一般用酒石酸进行增酸效果较好。若酸度偏高,可采用化学降酸法,即用碳酸钙、碳酸氢钾或酒石酸钾其中任一种来中和过量的有机酸来降低酸度。

加酸时,先将酒石酸用水配成50%的水溶液,然后再添加到葡萄浆液中。降酸时,碳酸钙用量计算如下:

$$w = 0.66(A - B)L$$

式中 w——所需碳酸钙量(g);

　　0.66——反应式的系数;

　　A——果汁中酸的含量(g/L);

　　B——降酸后酸的含量(g/L);

　　L——果汁体积(L)。

5)灭菌

(1)加热法

采用巴氏灭菌法,即将果汁加热到60~65 ℃,维持30 min。温度不超过65 ℃,否则将引起酶促褐变,损耗了糖和酵母的氮源,不利于发酵,同时色泽加深,损害酒的外观。

(2)SO_2处理

SO_2有3种应用形式,如下:

①直接燃烧硫黄生成SO_2,这是一种最古老的方法,目前有些葡萄酒厂用此法对贮酒室、发酵和贮酒容器进行杀菌。

②将气体SO_2在加压或冷冻下形成液体,贮存于钢瓶中,可以直接使用,或间接溶于水中成亚硫酸后再使用,使用方便、准确。

③使用偏重亚硫酸钾($K_2S_2O_5$)固体,又名焦亚硫酸钾,白色结晶,理论上含$SO_2$57.6%(实际按50%计算),需保存在干燥处。

若使用偏重亚硫酸钾,各加工步骤的添加量见表11.1。

表 11.1　各加工步骤偏重亚硫酸钾添加量

处理步骤	$K_2S_2O_5$使用量	备　注
消毒软木塞	15~20 g/10 L 水	加 5 g 柠檬酸/10 L 水
在罐装前消毒瓶子	20~30 g/10 L 水	加 5 g 柠檬酸/10 L 水
消毒酿酒桶	10 g/10 L 水	加 5 g 柠檬酸/10 L 水
发酵前果酒发酵醪	1~1.5 g/10 L 果汁	—
果酒第 1 次倒酒时	1~1.5 g/10 L 果酒	—
第 2 次或第 3 次倒酒时	0.75~1 g/10 L 果酒	—
果酒罐装时	0.3~0.4 g/10 L 果酒	—
加糖果酒或含有残留糖的果酒罐装时	0.5 g/10 L 果酒	加工过程中的总添加量不超过 2 g/10 L

6）果汁发酵

（1）发酵环境及容器

①发酵室。室温保持在 20 ℃左右，相对湿度 75%左右，要求通气良好，日光不直射，排水容易。

②贮藏室。要求温度为 10~15 ℃，通常设在发酵室的下层。

③发酵容器。发酵容器有桶、缸、罐等多种形式，使用前必须洗净，并经熏硫消毒。

④发酵池。用钢筋混凝土或石、砖砌成。盖上安有发酵栓，进料孔等，池内安装有控温设备。发酵池具有投资少，易建造，寿命长，对环境适应性强，建地面积小易管道化，便于操作、搞好清洁卫生、管理等特点。但与木质桶相比，因无渗氧性，酒的成熟较慢，并缺少橡木所固有的香气。

（2）发酵形式

①开放式。将果汁置于发酵桶中，不加盖，空气供给充足，发酵迅速，但易遭杂菌污染，开放式分有隔板式和无隔板式两种。有隔板式是在桶上端处装一多孔隔板，以防果渣上浮；无隔板式果渣露出液面，必须时常搅拌。

②密闭式。此式是将果汁装入筒中密闭桶盖，以防外界杂菌侵染，并于桶盖装一发酵栓，以利 CO_2 逸出。此式也分为隔板式和无隔板式。

（3）酵母菌选择

①酵母菌的分离选育。在果酒生产中，酵母菌是主要的发酵微生物。酵母菌不仅对果酒产量、质量和发酵生产管理影响很大，而且对果酒风味的形成也至关重要。真正优良的果酒用酵母菌，应该具备起酵快，拥有连续发酵能力，易于长期贮存，能耐乙醇、高压、高 SO_2、低温、能产生甘油和糖苷酶，但不失香和絮结，并且能使发酵进行得完全，残糖少等优点。要获得优良的酵母菌，必须要对其进行分离选育。优良的果酒用酵母菌的获得主要有以下 3 种途径：一是从国外引进；二是从当地天然酵母中选育；三是对现有优良酵母进一步改良。

②产香酵母和产酯酵母。用筛选的纯种酿酒酵母作为发酵菌种酿造的酒通常风味过于平淡。因此，选育果酒酵母已不只限于酿酒酵母，而扩展到水果上存在的一些产香酵母、产酯酵母，如孢汉逊酵母属（Hanseniaspora）、克勒克酵母属（Kloeckera）、毕赤酵母属（Pichia）等酵母的选育。研究表明，这些酵母会对果酒的总体风味产生积极的影响，能生成很多芳香物质和特殊风味成分，使果酒的风味特征明显改善。

（4）酒母的制备

酒母即扩大培养后加入发酵醪的酵母菌，试管装酵母菌需经过 3 次扩大培养后才可加入，分别称一级培养、二级培养、三级培养，最后酒母桶培养。具体方法为：

①一级培养。一级培养于生产前 10~15 d 进行。选取完熟无变质的葡萄压榨取汁，装入洁净试管或三角瓶内，试管内装量为 1/4（10~20 mL），三角瓶则为 1/3（50 mL），在无菌操作下接入纯培养菌种，在 25~28 ℃恒温下培养 24~48 h，当发酵旺盛时可进入下一步培养。一级培养灭菌条件：在 58.8 kPa 的压力下灭菌 30 min，冷却至 28~30 ℃。

②二级培养。二级培养用洁净的 1 000 mL 三角瓶，加入新鲜葡萄汁 500~600 mL，如前法灭菌，冷却后接入培养旺盛的试管酵母菌液 2~3 支或三角瓶酵母液一瓶，在 25~28 ℃

恒温下培养 24 h，即可进行三级扩大培养。

③三级培养。三级培养用洁净的 10 L 左右具有发酵栓的大玻璃瓶，加葡萄汁至容积的 70%左右。在无菌室接入二级菌种，接种量为 2%~5%，安装发酵栓。在 25~28 ℃恒温下培养 24~28 h，当酵母发酵旺盛时，可进一步扩大培养。三级培养灭菌条件：葡萄汁须经加热或 SO_2 杀菌，SO_2 杀菌浓度为 150 mg/L，SO_2 杀菌后需放置 1 d 后再使用；玻璃瓶口用 70%酒精进行消毒。

④酒母桶培养。酒母培养在酒母桶中进行。酒母桶一般用不锈钢罐，将酒母桶用蒸汽杀菌 15~30 min，4 h 后装入经杀菌冷却的葡萄汁（葡萄汁杀菌采用蒸汽加热至 85 ℃，保持 3~5 min，冷却至 30 ℃），装量为酒母桶容量的 80%，接入发酵旺盛的三级培养酵母，接种量为 5%~10%，在 28~30 ℃下培养 1~2 d 即可作为生产酒母。培养后的酒母可直接加入发酵液中，用量为 3%~10%。

（5）干酵母的活化

为了生产上的方便，有时候也采用活性干酵母进行接种。活性干酵母使用前需要进行活化。在 35~42 ℃的温水中加入 10%的活性干酵母，小心混匀，静置，经 20~30 min 后酵母已复水活化，可直接添加到经 SO_2 处理过的果浆中，一般干酵母的用量为 0.2 g/L。

为了减少商品活性干酵母的用量，也可在复水活化后再进行扩大培养，制成酒母使用。这样能使酵母在扩大培养中进一步适应使用的环境条件，恢复全部的潜在性能。做法是将复水活化的酵母投入澄清的含 SO_2 的葡萄汁中培养，扩大比为 5~10 倍，当培养至酵母的对数生长期后，再次扩大 5~10 倍培养。培养条件与试管装酵母菌相同。

（6）发酵过程

果酒在发酵期间，因发酵状态的不同，可分为主发酵（又称前发酵）和后发酵两个阶段。

①主发酵。在开始发酵时，果汁中糖分及其他养料丰富，在供氧充足的情况下，酵母菌繁育非常旺盛，绝大部分糖变成了酒精，故称为主发酵。

②后发酵。主发酵完成后的发酵液，留有少量糖和衰弱的酵母菌，在移换容器时又吸收空气中的氧而重新活跃起来，继续利用残糖而引起微弱的酒精发酵，称为后发酵。

7）果酒的澄清

后发酵完成后，酒液一般是澄清的，但有时也带混浊。造成混浊的原因很多，如果酒中的果胶、不溶性蛋白质、果肉微粒、灰尘、杂菌、霉菌孢子以及色素沉淀微粒等。自然澄清需时间太长，通常都采用人工澄清，人工澄清的方法主要有下列 3 种：

（1）过滤

过滤借助多孔介质把果酒中的固体物质分离开，常使用硅藻土、石棉等助滤剂。用离心分离与过滤联合使用，会得到较好效果。此外，还可采用超滤膜过滤。

（2）下胶

下胶物质能与果酒中的溶胶体悬浮物质相互作用而沉淀。下胶量必须适当，下胶过量反会造成更加混浊。因此，在下胶前要预做小型试验。常用的下胶物质有明胶、蛋清、鱼胶、皂土灯。

（3）酶法

对于含果胶物质较多的果酒（如柑橘酒、香蕉酒等），利用果胶酶水解果胶物质以澄清酒液是相当有效的。

8）陈酿

果酒陈酿的适宜环境条件为 10~15 ℃,空气相对湿度 75% 左右。果酒陈酿需时较长,至少半年,通常需要 2~3 年。在陈酿期间,要注意倒酒。倒酒,也称为换桶,是将酒液从一个容器导入另一个容器的操作。倒酒包括填酒与取酒,据贮酒容器容量和气温变化将原酒加入(取出),以保持容器满容的操作称为填酒(取酒)。

9）冷热处理

果酒的陈酿,在自然条件下需很长时间,为了缩短酒龄,提高稳定性,可对葡萄酒进行冷处理和热处理。

（1）冷处理

酒中的过饱和酒石酸盐在低温的条件下,其溶解度降低而结晶析出。低温还可使酒中的氧的溶解度增加,从而使酒中的单宁、色素、有机胶体物质以及亚铁盐等氧化而沉淀析出。需要注意的是:冷处理的温度须高于果酒的冰点温度,不得使酒液结冰;酒若结冰会发生变味。冷处理只有迅速降温至要求温度时,才会有理想的效果,并要保持其温度稳定,处理时间一般为 3~5 d。冷处理可用专用的热交换器或专用冷藏库。

（2）热处理

升温可加速酒的酯化及氧化反应,增进葡萄酒的品质。还可以使蛋白质凝固,提高酒的稳定性,并兼有灭菌作用,增强酒的保藏性。热处理宜在密闭条件下进行,以免酒精及芳香物质挥发损失。处理温度也须稳定,不可过高,以免产生煮熟味。葡萄酒以 50~52 ℃下处理 25 d 效果最好。

（3）冷热交互处理

冷热交互处理可兼收两种处理的优点,并克服单独使用的弊端。

10）装瓶

取果酒装入玻璃瓶中,在 20 ℃左右放置 7 d 如仍保持清晰而未出现混浊,即可装瓶。当然,为增加酒的风味,延长陈酿期,也可推迟装瓶。装瓶后需进行杀菌。

11.2　几种果酒加工工艺

11.2.1　葡萄酒加工工艺

1）葡萄酒发展状况

我国葡萄酒发展有着悠久的历史,据考证,在汉代就已经开始种植葡萄并有葡萄酒的生产了,司马迁著名的史记中首次记载了葡萄酒。到了唐朝葡萄酒有了较大的发展,以至在唐代的许多诗句中,葡萄酒的芳名屡屡出现,如脍炙人口的著名诗句:葡萄美酒夜光杯,欲饮琵琶马上催。醉卧沙场君莫笑,古来征战几人回。

1892 年,南洋华侨张弼士在烟台创建了中国第一家葡萄酒企业——张裕酿酒公司,开启了中国葡萄酒近代工业史。新中国成立后,中国的葡萄酒行业有了较大的发展,在酒的质量上也不断提高,如烟台红葡萄酒、烟台金白兰地曾于1952、1962、1979年连续在全国评酒会上被评为国家名酒,畅销几十个国家和地区,驰名中外。在我国葡萄酒发展保持良好发展的同时,一批葡萄酒企业也纷纷打响了自己的品牌。经过数十年的发展,目前,在我国的500多家葡萄酒企业中,已经形成了以张裕、王朝、长城等为龙头的一线葡萄酒品牌。

当前,中国葡萄酒市场日趋成熟,葡萄酒销量逐年攀升。基于中国高端葡萄酒市场的蓬勃发展和发展潜力,国外葡萄酒纷纷进军国内,主要有法国、西班牙、意大利、德国、美国、智利、阿根廷、澳大利亚、新西兰和南非等国家。产品的形式主要有原装的进口瓶装酒、在中国国内灌装的葡萄酒(国外酒、国外品牌、中国分装)和经调配后加贴自有品牌的葡萄酒(国外酒与国内酒调配、中国品牌)。

2)葡萄酒的分类

按色泽分类,葡萄酒可以分为红葡萄酒、白葡萄酒和桃红葡萄酒。

(1)红葡萄酒

红葡萄酒是选择皮红肉白或皮肉皆红的酿酒葡萄作为原料,采用皮汁混合发酵,然后进行分离陈酿而成。红葡萄酒的色泽应成自然宝石红色或紫红色或石榴红色等,失去自然感的红色不符合红葡萄酒色泽要求。

(2)白葡萄酒

白葡萄酒选择白葡萄或浅红色果皮的酿酒葡萄作为原料,经过皮汁分离,取其果汁进行发酵酿制而成。白葡萄酒和红葡萄酒是按葡萄酒的色泽来区分的。白葡萄酒颜色接近无色,浅黄带绿或浅黄或禾秆黄色,而红葡萄酒则为自然宝石红色、紫红色或石榴红色等。

(3)桃红葡萄酒

桃红葡萄酒的色泽介于红、白葡萄酒之间,选用皮红肉白的酿酒葡萄,进行皮汁短期混合发酵,达到色泽要求后进行皮渣分离,继续发酵,陈酿成为桃红葡萄酒。这类酒的色泽是桃红色或玫瑰红或淡红色。

3)优质葡萄酒酵母的来源

(1)葡萄果皮表面

在传统的葡萄和葡萄酒产区,酵母菌多年繁殖生长,逐渐适应了当地的气候条件、土壤条件和葡萄品种,并且由于自然选择的作用而形成了适应于不同类型葡萄酒的株系。

(2)果园园区及发酵车间

土壤果园的土壤和空气中也存在大量的酵母菌,可以从中筛选到优良葡萄酒酵母菌种。一旦葡萄浆果被运入酒厂进行加工,则在厂区表面环境包括水泥地面、加工设备、酒窖、灌装线以及厂区空气中都有酵母的存在。

(3)发酵醪

从发酵醪液中筛选酵母具有很强的针对性。在发酵醪中分离筛选时,应根据目的要求和发酵过程中酵母菌群消长规律选择恰当的取样时期。

对于已获取的优良葡萄酒酵母,必须经过多菌株的发酵比较,根据其发酵能力和发酵结果筛选出适合某种葡萄酒生产的优质酵母。筛选工作非常繁杂,往往需要从十几株乃至上百株酵母中通过发酵比较,选出所需要的优良酵母。

目前,国内使用的优良葡萄酒酵母菌种有:中国食品发酵科研所选育的 1450 号及 1203 号酵母;Am-1 号活性干酵母;张裕酿酒公司的 39 号酵母;北京夜光杯葡萄酒厂的 8567 号酵母等;长城葡萄酒公司使用法国的 SAF-OENOS 活性干酵母;青岛葡萄酒厂使用的加拿大 LALLE-MAND 公司的活性干酵母。

4)红葡萄酒加工工艺

(1)工艺流程

原料选择──→分选──→清洗──→去梗破碎──→调整糖酸度──→SO_2 处理──→前发酵──→压榨──→后发酵──→陈酿──→澄清──→过滤──→调配──→装瓶──→杀菌

(2)工艺要点

①原料选择。要求选择无病果、烂果并充分成熟的酿酒用葡萄作为原料,原料色泽深、果粒小,风味浓郁,果香典型;原料糖分要求达 21% 以上,最好达 23%~24%;原料要求完全成熟,糖、色素含量高而酸不太低时采收。常用的品种主要有赤霞珠、黑比诺、佳丽酿、蛇龙珠等。

②分选、清洗。剔除霉变、未成熟的颗粒,进行彻底地清洗。若受到微生物污染或有农药残留时,可用浓度为 1%~2% 的稀盐酸浸泡或加入 0.1% 高锰酸钾,以增强洗涤效果。

③去梗破碎。每颗果粒都破裂,但不能将种子和果梗破碎,破碎过程中,葡萄及汁不得与铁、铜等金属接触。破碎后的果浆应立即进行果梗分离,防止果梗中的青草味和苦涩物质溶出,还可减少发酵醪体积,便于输送,防止果梗固定色素而造成色素的损失。破碎可采用人工或机械破碎。

④糖酸度的调整。为使酿制的红葡萄酒成分稳定并达到要求指标,必须对果汁中影响酿制质量的成分做量上的调整。一般葡萄汁的含糖量为 14~20 g/100 mL,只能生成8.0°~11.7°的酒精。而成品葡萄酒的酒精浓度多要求为 12°~13°,甚至 16°~18°,故生产中采用补加糖使其生成足量的酒精。

酒石酸是葡萄中的主要酸,它的存在提升了葡萄酒的口味。葡萄酒中也有适量的苹果酸,还有少量的柠檬酸。葡萄酒发酵时其酸分在 0.8~1.2 g/100 mL 最适宜。若酸度低于 0.5 g/100 mL,则需加入适量酒石酸、柠檬酸或酸度较高的果汁进行调整,一般用酒石酸进行增酸效果较好。若酸度偏高,可采用化学降酸法。我国葡萄酒原料基地生产的葡萄,在大多数情况下不需要补酸,反而有一些原料需要进行降酸处理。测定葡萄浆含酸量,确定是否添加酸或降酸。

⑤SO_2 处理。发酵醪中 SO_2 含量一般要求达到 30~150 mg/L,见表 11.2。葡萄酒酿造时,为了便于操作,一般添加偏重亚硫酸钾($K_2S_2O_5$)作为 SO_2 的来源。偏重亚硫酸钾使用时,先将固体溶于水中,配成 10% 溶液,然后按工艺要求添加。

表 11.2 SO_2 添加量

原料状况	SO_2添加量/$(mg \cdot L^{-1})$
健康葡萄,一般成熟,强酸度(pH3.0)	30~50
健康葡萄,完全成熟,弱酸度(pH3.5)	50~100
带生葡萄,破损,霉烂	100~150

举例:假设发酵醪中SO_2含量要求达到30 mg/L,如何添加偏重亚硫酸钾?

解答:偏重亚硫酸钾有50%的有效SO_2,故每克偏重亚硫酸钾可以产生0.5 g的SO_2,现目标浓度是30 mg/L,则每1升葡萄醪需要偏重亚硫酸钾的量为30÷0.5=60 mg/L。也就是1 L葡萄醪需要加入0.06 g的偏重亚硫酸钾。

⑥前发酵。前发酵也称主发酵,是酒精发酵的主要阶段。发酵罐或桶、泵、管道等辅助设备必须采用SO_2消毒处理,见表11.1;试管装葡萄酒酵母必须经过活化处理,活化后酒母添加量为3%~10%;干酵母则可用温水活化后直接添加。

发酵醪的装入量控制在发酵设备有效体积的80%~85%;前发酵开始后,果汁的甜味渐减,酒味增加,品温也逐渐升高,有大量的CO_2逸出,皮渣上浮绪成一层,称之为"酒帽"。发酵达高潮时气味刺鼻熏眼,晶温升到最高,葡萄酒酵母细胞数保持一定水平。以后发酵势逐渐减弱,CO_2放出逐渐减少并接近平静,品温逐渐下降到近室温,糖分减少到1%以下,酒精积累接近最高,汁液开始清晰,皮渣酒母部分开始下沉,葡萄酒酵母细胞逐渐死亡,活细胞减少,前发酵结束。

在26~30 ℃条件下,前发酵经过一周左右就能基本完成。为了掌握发酵进程,须经常检查发酵液的品温、糖、酸及酒精含量的变化。当相对密度达到1.01~1.02时,结束主发酵。我国传统的红葡萄酒生产大都属于开放式发酵。近年来红葡萄酒的生产多采用新的密闭式发酵。

a.开放式发酵。控制温度,要保持温度在30 ℃以下。高于30 ℃时酒精容易蒸发而散失,影响成品的品质。高于35 ℃时醋酸菌容易活动,使挥发酸增多,酒精发酵受阻。因此,发酵室内须安装控温设备,保证酒精发酵处在比较适宜的温度条件下。

空气的控制。坚厚的酒帽会阻碍CO_2的排出,过多CO_2的存在会直接影响酵母菌的正常发酵。为此,必须将浮渣压没在发酵液中,这样还有利于促进果皮及种子中的色素、单宁及芳香成分充分地溶出。常用的方法是将发酵液从桶底放出,用泵将其喷淋在浮渣上,每天1~2次。也可用压板将酒帽压在液面下30 cm左右。

b.密闭式发酵。将调整过的葡萄汁液及发酵旺盛的酒母送入密闭发酵桶至八成满。安装发酵栓,发酵产生的CO_2将通过发酵栓逸出,发酵过程中产生的CO_2积存在发酵液面上部的空间,可防止氧化作用生成挥发酸。密闭式发酵的进程及管理与开放式发酵相同。其优点是芳香物质不易挥发,酒精浓度可达较高,游离酒石酸较多,挥发酸分较少,其缺点是热量不易散失,须配备控温设备。

前发酵期间常见的异常现象产生原因及改进措施见表11.3。

表11.3 前发酵期异常现象的产生原因和改进措施

异常现象	产生原因	改进措施
发酵缓慢,降糖慢	①发酵温度过低 ②SO_2添加量过大,抑制酵母代谢	①提高发酵温度,加热部分果汁至30~32 ℃,再混合 ②循环倒汁,接触空气
发酵剧烈,降糖快	发酵温度过高	降低发酵醪温度
出现异味	感染杂菌	增加SO_2添加量抑制杂菌
挥发酸含量高	感染醋酸菌	增加SO_2添加量并避免葡萄醪和空气接触,增加压盖次数,做好工艺卫生

⑦压榨。主发酵结束后,要及时进行酒渣分离,如果不进行酒渣分离而将皮渣浸在醪液中发酵直到糖分全部变成酒精,酿成的酒色泽过深,酒味粗糙涩口,不受市场欢迎。分离温度控制在 30 ℃以下。

先分离自流原酒,然后再进行压榨。压榨酒和自流酒的数量比例一般为 1∶7。压榨酒含单宁较多,味涩、色深,与自流酒成分差异较大,若生产高档名贵葡萄酒则不能使用压榨酒。压榨后的残渣可供蒸馏酒或果醋的制作。

⑧后发酵。前发酵结束后,原酒中还残留有 $3\sim5$ g/L 的糖分,这些糖分在葡萄酒酵母的作用下继续发酵转化成酒精和 CO_2。后发酵的作用有:

a.残糖的继续发酵。将原酒中剩余的糖分继续转化成酒精和 CO_2。

b.澄清作用。前发酵得到的原酒中还残留部分酵母,在后发酵期间发酵残留糖分,后发酵结束后,酵母自溶或随温度降低形成沉淀。残留在原酒中的果肉、果渣随时间的延长自行沉降,形成酒脚。

c.陈酿作用。原酒在后发酵过程中进行缓慢的氧化还原作用,促使醇酸酯化,使酒的口味变得柔和,风味更趋完善。

d.降酸作用。某些红葡萄酒在压榨分离后,需诱发苹果酸—乳酸发酵,对降酸及改善口味有很大好处。苹果酸—乳酸发酵是在葡萄酒酒精发酵结束后,在乳酸菌的作用下,将苹果酸分解为乳酸和 CO_2 的过程。苹果酸—乳酸发酵使红葡萄酒总酸含量下降,酸涩感降低,增加细菌学稳定性,具有风味修饰等作用,但控制不当也会引起葡萄酒的乳酸菌病害。

后发酵比较微弱,应避免接触空气,宜在 20 ℃左右进行。后发酵缸中装酒量为有效体积的 95%左右,仍用偏重亚硫酸钾补充添加 SO_2,添加量为 $30\sim50$ mg/L,发酵温度控制在 $18\sim25$ ℃,发酵时间 $5\sim10$ d。当相对密度下降至 $0.993\sim0.998$ 时,发酵基本停止,糖分已全部转化,可结束后发酵。

后发酵期间的异常现象产生原因及改进措施见表 11.4。

表 11.4　后发酵异常现象产生原因和改进措施

异常现象	产生原因	改进措施
气泡溢出多,有嘶嘶声	前发酵出池残糖过高	应准确化验感染杂菌,加强卫生管理;发酵容器、管道应冲洗干净或定期用酒精消毒
臭鸡蛋味	SO_2 添加量过大,产生 H_2S	应立即倒桶
挥发酸增高	感染醋酸菌,乙醇氧化为醋酸	加强卫生管理,适当增加 SO_2 添加量,避免酒和空气接触

⑨陈酿。将后发酵结束的原酒,用酒泵(或虹吸管)转入专用贮酒容器(罐、瓶、橡木桶)中,密封,送入贮酒室进行陈酿。贮酒室温度一般保持在 $12\sim15$ ℃;空气相对湿度保持在 85%~95%;室内有良好的通风设施,能定期进行通风换气。

优质红葡萄酒陈酿期一般 $2\sim4$ 年。红葡萄酒倒酒工艺一般为:第 1 次倒酒后,一般冬季每周添酒 1 次,高温时每周添酒 2 次。第 1 次倒酒 2~3 个月后,进行第 2 次倒酒。第 2 次倒酒后每月添酒 1~2 次。以后根据陈酿期,每隔 10~12 个月倒酒 1 次。

⑩澄清。自然澄清时间长,人工澄清可采用添加鸡蛋清的方法,每 100 L 酒添加 2~3 个蛋清,先将蛋清打成沫状,用少量果酒拌匀后加入整体果酒中,充分搅拌均匀,静置 8~10 d 即可。

⑪调配。葡萄酒的成分非常复杂,不同品种的葡萄酒都有各自的质量指标。为了使酒质均一,保持固有的特色,提高酒质或修正缺点,常在酒已成熟而未出厂时取样品评及化学成分分析,确定是否需要调配及调配方案。以葡萄酒的分类为依据(GB/T 15307—2006),设计配酒方案。

调配指标有:

a.酒度。酒度若低于指标,最好用同品种的高酒度的葡萄酒进行勾兑调配。也可以用同品种的蒸馏酒或精制酒精调配。

b.糖分。若糖分不足,最好用同品种的果汁进行调配。亦可用精制的砂糖调配。

c.酸度。酸度不足时以柠檬酸补充,1 g 柠檬酸相当于 0.935 g 酒石酸。酸度过高时可用酒石酸钾来中和。

d.颜色。红葡萄酒的色调太浅时,可用色泽较浓的葡萄酒进行调配。有时也用葡萄酒色素予以调配,但以天然色素为好。

⑫装瓶、杀菌。将封盖的酒瓶放入水浴锅中,逐渐升温,使瓶子中心温度达到 65~68 ℃,保持时间 30 min 即可。以木塞封口的,水溶液面应在瓶口下 4.5 mm 左右。若采用皇冠盖,水面则可淹没瓶口。

5)白葡萄酒加工工艺

白葡萄酒的加工与红葡萄酒相比,主要区别在原料的选择、果汁的分离及其处理、发酵与贮存条件等方面。白葡萄酒用澄清的葡萄汁发酵。

(1)白葡萄酒工艺流程

原料选择──→分选──→清洗──→破碎──→压榨──→白葡萄汁(SO_2处理)──→葡萄汁澄清──→调整成分──→酒精发酵──→陈酿(包括换桶、填桶)──→调配──→澄清──→过滤──→装瓶──→杀菌

(2)工艺要点

①原料的选择与处理。生产白葡萄酒选用白葡萄或红皮白肉的葡萄,常用的品种有龙眼、雷司令、贵人香、白羽、李将军等。

②破碎与压榨取汁。酿制白葡萄酒的原料破碎方法与红葡萄酒的操作差异不大,酿造红葡萄酒的葡萄破碎后,尽快地除去葡萄果梗;白葡萄酒的原料破碎时不除梗,破碎后立即压榨,利用果梗作助滤剂,提高压榨效果。白葡萄酒是葡萄压榨取汁后进行发酵,而红葡萄酒是发酵后压榨。

现代葡萄酒厂在酿制白葡萄酒时,用果汁分离机分离果汁,即将葡萄除梗破碎,果浆流入果汁分离机进行果汁分离。红皮白肉的葡萄酿制白葡萄酒时,只取自流汁酿制白葡萄酒。

③葡萄汁澄清。采用 SO_2 澄清法。酿制白葡萄酒的葡萄汁在发酵前如果添加 SO_2,不

仅具有杀菌、抗氧化、增酸、还原等作用,促进色素和单宁溶出,使酒风味变好,同时还具有澄清果汁的作用。将葡萄汁冷却到15 ℃时添加SO_2,SO_2的添加方法和添加量与红葡萄酒加工的相同。

④调整成分与发酵。白葡萄酒利用的葡萄汁为净液,一般缺乏单宁,须在发酵前按4~5 g/100 L的比例加入单宁,以提高酒的品质。糖和酸的调整同红葡萄酒加工。加入活化后的葡萄酒酵母,主发酵温度为16~22 ℃,发酵时间为15 d。残糖降至5 g/L,主发酵结束。后发酵的温度不超过15 ℃,发酵期为1个月左右。残糖降至2 g/L,后发酵结束。苹果酸—乳酸发酵会影响大多数白葡萄酒的清新感,所以,在白葡萄酒的后发酵期,一般要抑制苹果酸—乳酸发酵。

⑤陈酿。白葡萄酒发酵结束后,应迅速降温至10~20 ℃,静置1周,采用换桶操作除去酒脚。一般白葡萄酒的酒窖温度为8~11 ℃,相对湿度为85%,贮存环境的空气要求清新。白葡萄酒的换桶操作必须采用密闭的方式,以防氧化,保持酒的原有果香。

6)葡萄酒质量标准

葡萄酒感官要求见表11.5。

表11.5　葡萄酒感官要求

项　目			要　求
外观	色泽	白葡萄酒	近似无色、微黄带绿、浅黄、禾秆黄、金黄色
		红葡萄酒	紫红、深红、宝石红、红微带棕色、棕红色
		桃红葡萄酒	桃红、淡玫瑰红、浅红色
	澄清程度		澄清,有光泽,无明显悬浮物(使用软木塞封口的酒允许有少量软木渣,装瓶超过1年的葡萄酒允许有少量沉淀)
	起泡程度		起泡葡萄酒注入杯中时,应有细微的串珠状气泡升起,并有一定的持续性
香气与滋味	香气		具有纯正、优雅、怡悦、和谐的果香与酒香,陈酿型的葡萄酒还应具有陈酿香或橡木香
	滋味	干、半干葡萄酒	具有纯正、优雅、爽怡的口味和悦人的果香味,酒体完整
		半甜、甜葡萄酒	具有甘甜醇厚的口味和陈酿的酒香味,酸甜协调,酒体丰满
		起泡葡萄酒	具有优美醇正、和谐悦人的口味和发酵起泡酒的特有香味,有杀口力
典型性			具有标示的葡萄品种及产品类型应有的特征和风格

葡萄酒理化要求见表11.6。

表 11.6 葡萄酒理化要求

项 目			要 求
酒精度[a](20 ℃)(体积分数)/%			≥7.0
总糖[d](以葡萄糖计)/(g·L⁻¹)	平静葡萄酒	干葡萄酒[b]	≤4.0
		半干葡萄酒[c]	4.1~12.0
		半甜葡萄酒	12.1~45.0
		甜葡萄酒	≥45.1
	高泡葡萄酒	天然型高泡葡萄酒	≤12.0(允许差为3.0)
		绝干型高泡葡萄酒	12.1~17.0(允许差为3.0)
		干型高泡葡萄酒	17.1~32.0(允许差为3.0)
		半干型高泡葡萄酒	32.1~50.0
		甜型高泡葡萄酒	≥50.1
干浸出物/(g·L⁻¹)	白葡萄酒		≥16.0
	桃红葡萄酒		≥17.0
	红葡萄酒		≥18.0
挥发酸(以乙酸计)/(g·L⁻¹)			≤1.2
柠檬酸/(g·L⁻¹)	干、半干、半甜葡萄酒		≤1.0
	甜葡萄酒		≤2.0
二氧化碳(20 ℃)/MPa	低泡葡萄酒	<250 mL/瓶	0.05~0.29
		≥250 mL/瓶	0.05~0.34
	高泡葡萄酒	<250 mL/瓶	≥0.30
		≥250 mL/瓶	≥0.35
铁/(mg·L⁻¹)			≤8.0
铜/(mg·L⁻¹)			≤1.0
甲醇/(mg·L⁻¹)	白、桃红葡萄酒		≤250
	红葡萄酒		≤400
苯甲酸或苯甲酸钠(以苯甲酸计)/(mg·L⁻¹)			≤50
山梨酸或山梨酸钾(以山梨酸计)/(mg·L⁻¹)			≤200
注:总酸不作要求,以实测值表示[以酒石酸计(g·L⁻¹)]			

a.酒精度标签标示值与实测值不得超过±1.0%(体积分数)。

b.当总糖与总酸(以酒石酸计)的差值小于或等于2.0 g/L时,含糖最高为9.0 g/L。

c.当总糖与总酸(以酒石酸计)的差值小于或等于2.0 g/L时,含糖最高为18 g/L。

d.低泡葡萄酒总糖的要求同平静葡萄酒。

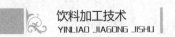

11.2.2 猕猴桃酒加工工艺

猕猴桃酒采用纯猕猴桃精酿而成。猕猴桃的维生素含量高出柑橘、苹果几十倍,含有人体必需的糖、蛋白质、氨基酸等多种矿物质,是各种水果中营养最丰富、最全面的水果。

1)工艺流程

原料选择──→预处理──→主发酵──→分离、压榨──→后发酵──→调配、陈酿──→配酒、过滤──→装瓶──→杀菌──→成品

2)操作要点

①原料选择。选择充分成熟、柔软的果实为原料。剔除生硬果、腐烂果、病虫害果。

②预处理。将果实洗净沥干,然后用人工或破碎机破碎为浆状。破碎时加适量软水。

③主发酵。将果浆转入已消毒的发酵罐中,果浆装入量为发酵罐容积的80%。调节含糖量至8.5%,每100 kg果浆中加入7~8 g亚硫酸,接入5%的酵母菌种进行发酵。发酵初期要供给充足的空气,使酵母加速繁殖。发酵中、后期需密闭容器。发酵温度控制在25~30 ℃。发酵期间每天搅拌2次,待含糖量降至0.5%以下,发酵液无声音和无气泡产生时即为主发酵终点。一般持续5~6 d。

④分离、压榨。主发酵结束后,立即把果渣和酒液分离,先取出自流汁,然后将果皮、果渣放入压榨机榨出酒液,转入后发酵。

⑤后发酵。主发酵后的酒液中还有少量糖未转化为酒精,可将酒液的酒度调到12°,在严格消毒的容器内保温20~25 ℃,发酵1个月左右再行分离。

⑥调配、陈酿。把后发酵的酒液用虹吸法分离沉淀,再用食用酒精调酒度至16°~18°,然后密封陈酿1~2年。

⑦配酒、过滤。用食用酒精将陈酿酒的酒度调至15°~16°,再行过滤,即为成品酒。

⑧装瓶。将过滤后的成品酒装入消过毒的洁净玻璃瓶内,立即压盖密封,贴标入库。

3)质量指标

成品呈金黄色,透亮,具有猕猴桃酒特有的芳香和陈酒醇香,酒度16°~18°,含糖12%,总酸为0.6%。

11.2.3 果酒加工中容易出现的质量问题及控制措施

果酒酿制过程中环境设备消毒不严,原材料不合规格,以及操作管理不当等均可引起果酒发生各种病害。引起病害的原因主要是由于微生物的原因,也有化学方面的原因。

1)生膜

生膜又名生花,是由酒花菌繁殖所形成的。果酒暴露在空气中,会先在表面生长一层灰白色或暗黄色、光滑而又薄的膜,随后逐渐增厚、变硬,膜面起皱纹,此膜将酒面全部盖满。膜受振动即破碎成小块下沉,并充满酒中,使酒混浊,产生不愉快气味。

酒花菌种类很多,主要是醭酵母菌。该菌在酒度低、空气充足、24~26 ℃时最适宜其繁

殖,当温度低于4 ℃或高于34 ℃时停止繁殖。生膜的防治方法有:

①贮酒盛器须经常装满,加盖封严。

②在酒面上加一层液体石蜡隔绝空气,或充满一层CO_2或SO_2气体。

③若已发生生膜,则须用漏斗插入酒中,加入同类的酒充满盛器使膜溢出以除之。注意不可将膜冲散,严重时需用过滤法除去膜再行保存。

2)变味

（1）酸味

果酒变酸主要是由于醋酸菌发酵引起的。若醋酸含量超过0.2%,就会感觉有明显的刺舌;超过1%就会刺鼻;如发现晚,生成醋酸已达1%以上,则完全不能作果酒饮用,但可用来酿制果醋或经中和后蒸制白兰地。

醋酸菌繁殖时先在酒面上生出一层淡灰色薄膜,最初是透明的,以后逐渐变暗,有时变成一种玫瑰色薄膜,出现皱纹,并沿器壁生长而高出酒的液面,以后薄膜部分下沉,形成一种黏性的稠密的物质。

引起醋酸发酵的醋酸菌种类很多,常见的是醋酸杆菌。防治方法同生膜。

（2）霉味

容器发霉、原料霉烂未洗净等原因都会使酒产生霉味。霉味可用活性炭处理而减轻或去除。

（3）苦味

苦味多由种子或果梗中的糖苷物质的浸出而引起,可通过加糖苷酶加以分解,或提高酸度使其结晶过滤除之。

（4）臭鸡蛋味和大蒜味

臭鸡蛋味和大蒜味是酒中的固体硫被酵母菌所还原从而产生了硫化氢和乙硫醇而引起的。因此,硫处理时切勿将固体硫过量地直接混入果汁中,利用加入过氧化氧的方法可以将其去除。

（5）其他异味

酒中的木臭味、水泥味和果梗味等可经加入精制棉籽油、橄榄油和液体石蜡等与酒混合使其被吸附。这些油与酒互不融合而上浮,分离之后即去除异味。

3)变色

在果酒生产过程中,如果铁制的容器与果酒或果汁相接触,使酒中的铁含量偏高(超过$8 \sim 10$ mg/L)会导致酒液变黑。铁与单宁化合生成单宁酸铁,呈蓝色或黑色(称为蓝色或黑色败坏)。铁与磷酸盐化合则会生成白色沉淀(称为白色败坏)。因此,在生产实践中须避免铁质容器与果汁和果酒接触,减少铁的来源。如果铁污染已经发生,则可以用明胶与单宁沉淀后消除。

果酒生产过程中果汁或果酒与空气接触过多时,由于过氧化物酶在有氧的情况下将酚类化合物氧化而成褐色(称为褐色败坏)。用SO_2处理可以抑制过氧化物酶的活性,加入维生素C等抗氧化剂也可有效地防止果酒的褐变。

4)混浊

果酒发酵完成没有及时进行分离,由于酵母菌体的自溶或被腐败性细菌所分解可产生

浑浊;另外有机酸盐的结晶析出、色素单宁物质析出、蛋白质沉淀等均会导致酒液浑浊。这些浑浊现象可采用下胶过滤法除去。但如果是由于醋酸菌等杂菌的繁殖而引起浑浊则须先行巴氏杀菌,然后再用下胶过滤处理。

【实验实训1】 桑葚果酒的加工

桑葚属于多年生桑科木本植物桑成熟的聚合果,其营养成分十分丰富,据相关资料报道,桑葚果含水分 84.71%、粗蛋白 0.36%、转化糖 9.16%、灰分 0.66%、粗纤维 0.91%,另还含苹果酸、维生素 B_1、维生素 B_2、硫胺素、核黄素、抗坏血酸、胡萝卜素等。

1)实验目的

熟悉果酒加工基本操作,掌握果酒调配方法,掌握桑葚果酒加工技术。

2)原辅料和仪器设备

桑葚、白砂糖、柠檬酸、酵母菌、枣花蜂蜜、食用酒精、纱布等。

3)工艺流程

(1)桑葚发酵原酒的制备

桑葚——挑选——清洗——捣碎——浆体——调糖、调酸——杀菌——接种——发酵——过滤——灭菌——桑葚发酵原酒

(2)桑葚浸泡原酒的制备

桑果——挑选——清洗——捣碎——浆体——食用酒精浸泡——过滤——调糖——杀菌——桑葚浸泡原酒

(3)桑葚酒成品的制备

调配(桑葚发酵原酒、桑葚浸泡原酒、白砂糖、蜂蜜)——陈酿——过滤——桑葚酒

4)操作要点

(1)浆体的制备

桑果应在红熟期采收,以防收集运输时软烂。除去霉烂果,装入筐内用流动的清水漂洗,然后取出淋干,放入高速组织捣碎机捣碎,得到浆体。

(2)发酵原酒制备

①调糖、调酸。在浆体中加入 5%的枣花蜂蜜混匀,再用砂糖调整至含糖量为 18%左右。用柠檬酸调 pH 值为 3.3~3.5,以便抑制杂菌而促进酵母发酵。

②巴氏杀菌。温度为 60~65 ℃,时间为 10~15 min,然后冷却至 25 ℃左右。

③接种发酵。接入 4%的用桑果汁培养成的酒母,进行酒精发酵,温度控制在 24~25 ℃。发酵 10 d,取上清液过滤,并对滤液进行巴氏杀菌,得到桑果发酵原酒。

(3)浸泡原酒的制备

①浸泡。取一部分浆体按 1∶3 的比例加入 25%的食用酒精浸泡,8 d 后过滤,得到紫红色透明有光泽的滤液。

②调糖。用白砂糖调整糖度至12%左右。

③巴氏杀菌。在60~62 ℃条件下,灭菌10~15 min,得到浸泡原酒,贮存备用。

(4)调配

发酵原酒和浸泡原酒按3∶1进行配比,用白砂糖和适量蜂蜜调整糖度,使桑果酒保持最佳风味。

(5)陈酿

配制好的酒液,陈酿1~2个月,过滤,包装,得成品桑葚果酒。

【实验实训2】 苹果酒的加工

我国是世界上盛产苹果的国家之一,山东、陕西、辽宁、河北、山西等省为主要产区。苹果不仅含有丰富的、可供微生物发酵利用的碳水化合物,而且还含有人体必需的多种维生素如维生素 C、维生素 B_1、维生素 B_2 及钙、铁、锌等矿物元素,营养成分非常丰富。苹果酒作为世界第2大果酒,产量仅次于葡萄酒。

1)实验目的

学习果酒发酵原理,明确果酒加工基本方法,掌握苹果酒加工技术工艺条件。

2)原辅料和仪器设备

苹果、蔗糖、柠檬酸、偏重亚硫酸钾、葡萄酒酵母(干酵母或试管菌种)、鸡蛋、手持糖度计、pH 计、温度计、密度计、小型榨汁机、发酵罐、贮酒桶、纱布、水浴锅等。

3)工艺流程

苹果──→分选──→洗涤──→破碎──→榨汁──→果汁处理──→酒精发酵──→陈酿──→澄清过滤──→调配──→装瓶──→巴氏灭菌──→苹果酒

4)操作要点

①原料。选择无虫害、无腐烂、成熟度好的苹果作为原料。原料苹果含糖量14%~15%,含酸量0.4%左右,单宁含量0.2%左右为最佳。

②洗涤。40 ℃流动水漂洗,将附着在苹果上的泥土、微生物和农药洗净。

③破碎。将洗净的苹果去核,切成1 cm³的小块,在含有0.02% Vc的水中浸泡10 min。

④榨汁。将苹果块放入榨汁机中,将果渣和果汁分离,尽量减少果汁与空气接触,避免果汁褐变。

⑤果汁处理。测定果汁的含糖量和含酸量,若不足,需要用蔗糖和柠檬酸分别补充,最终要求果汁含糖量18%~20%,含酸量3.0~6.0 g/L,果汁中 SO_2 含量达到75~150 mg/L,SO_2 具体添加量与果汁的 pH 密切相关。

苹果汁中 SO_2 添加量与 pH 的关系见表11.7。

表 11.7　苹果汁中 SO_2 添加量与 pH 的关系

苹果汁的 pH	要求的 SO_2 浓度
<3.0	酸度足以抑制微生物生长,无须添加 SO_2
3.0~3.3	75 mg/L
3.3~3.5	100 mg/L
3.5~3.8	150 mg/L
>3.8	首先调节 pH,在此条件下即使添加 200 mg/L 也无济于事

⑥酒精发酵。果汁输入量占发酵罐容积的 80% 左右,采取密闭发酵,发酵温度为 15~18 ℃,发酵时间 10~15 d,活性干酵母用量为 0.2 g/L。当相对密度 ≤1.000,残糖降至 5.0 g/L时,结束发酵。

⑦陈酿。陈酿温度 10~15 ℃,相对湿度 85%~90%,保持室内空气清洁、新鲜。陈酿期一般需要 4~6 个月。第 1 次倒酒后 2~3 个月,进行第 2 次倒酒,倒酒时向苹果酒中重新加入 50 mg/L 的 SO_2 以抑制杂菌,防止苹果酒氧化,倒酒后及时将贮酒罐填满。

⑧澄清、过滤、杀菌。苹果酒的澄清、过滤、杀菌同红葡萄酒加工。

5)质量标准

苹果酒质量标准见表 11.8。

表 11.8　苹果酒质量标准

指　标	项　目	干　型	半干型
感官指标	色泽	呈金黄色或淡黄色	
	澄清度	外观澄清透明,无悬浮物	
	香味	具有清晰、优雅、协调的苹果香与酒香	
	口味	清新爽口,酒体醇厚,余味悠长	
	典型性	具有苹果酒的典型风格	
理化指标	酒精含量/%(体积分数,20 ℃)	11.5±0.5	11.5±0.5
	总糖(以葡萄糖计)/$(g \cdot L^{-1})$	4.0	4.1~12.0
	总酸(以苹果酸计)/$(g \cdot L^{-1})$	4.5~4.7	4.5~7.5
	挥发酸(以乙酸计)/$(g \cdot L^{-1})$	≤1.1	≤1.1
	游离 SO_2/$(mg \cdot L^{-1})$	≤50	≤50
	总 SO_2/$(mg \cdot L^{-1})$	≤250	≤250
	干浸出物/$(g \cdot L^{-1})$	≥12	≥12
	铅/$(mg \cdot L^{-1})$	≤0.5	≤0.5

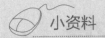 小资料

白兰地的加工原理

利用沸点的不同,将一种混合液体中的某种成分分离出来的方法称之为蒸馏。葡萄酒(果酒)蒸馏所得的馏出物,称为白兰地,白兰地一般多用白葡萄酒为原料酒,一般都是发酵完毕的新酒,酒精度为7°~8°,酸分低,浸出物少,易蒸馏。红葡萄酒残渣也可用作原料。

葡萄酒的成分主要是酒精和水,水的沸点在常压下是100 ℃,酒精的沸点在常压下是7~8 ℃,蒸馏结果可以得到含酒精较多的液体。蒸馏的目的是将全部酒精蒸出,同时含有少量沸点较低的醇和沸点较高的酸。但是其中沸点最低的乙醛和沸点最高的杂醇油(戊醇,乙二醇)等,因有臭味应除去。

本章小结)))

水果经破碎、压榨取汁、发酵或者浸泡等工艺精心调配酿制而成的各种低度饮料酒都可称为果酒。果酒按制作方法可分为发酵果酒、蒸馏果酒、配制果酒、起泡果酒和加料果酒5种类型。本章主要介绍了红葡萄酒、白葡萄酒、猕猴桃酒、山楂酒、桑葚果酒、苹果酒等多种果酒的加工技术。

发酵果酒加工的一般工艺流程为:原料选择——分选——清洗——破碎取汁——调整糖酸度——SO_2处理——酒精发酵(包括前发酵和后发酵)——陈酿——澄清——过滤——调配——装瓶——杀菌

酿制过程中环境设备消毒不严,原材料不合规格,以及操作管理不当等均可引起果酒发生生膜、变味、变色、混浊等病害,应引起重视。

复习思考题)))

1.红葡萄酒前发酵与后发酵有什么不同?

2.白葡萄酒和红葡萄酒的加工工艺流程及操作有何异同?

3.SO_2在果酒酿造中有什么作用? 如何正确使用?

4.发酵果酒常见质量问题有哪些?

5.葡萄汁酸度为5.5 g/L,若提高到8.0 g/L,每1 000 L需加酒石酸或柠檬酸为多少?(1 g 酒石酸相当于0.935 g 柠檬酸)

第12章 高新技术在软饮料加工中的应用

实训 1 膜分离技术（超滤技术）

1）实验原理

膜分离技术指的是以压力为驱动力,依据高分子半透膜的物理或化学性能,在液体与液体间、气体与气体间、液体与固体间、气体与固体间的体系中,进行不同组分的分离纯化。它主要包括超滤、微滤、反渗透、电渗析等方法。

超滤是膜分离技术类型之一,是指应用孔径 1.0~20.0 nm(或更大)的超滤膜来过滤含有大分子或微粒粒子的溶液,使大分子或微粒粒子从溶液中分离的过程。它是一种以膜两侧的压力差为推动力,利用膜孔在常温下对溶液进行分离的膜技术,所用静压差一般为 0.1~0.5 MPa,料液的渗透压一般很小可忽略不计。

（1）超滤膜

超滤膜一般为非对称膜,要求具有选择性的表皮层,其作用是控制孔的大小和形状。超滤膜对大分子的分离主要是筛分作用。超滤膜已发展了数代,第一代为醋酸纤维素膜;第二代为聚合物膜,如聚砜、聚丙烯膜、聚丙烯腈膜、聚醋酸乙烯膜、聚酰亚胺膜等,其性能优于第一代膜,应用较广;第三代为陶瓷膜,强度较高。其膜组件型分为片型、管型、中空纤维型及螺旋型等。

（2）膜分离技术的特点

①膜分离过程是在常温下进行,因而特别适用于对热敏感的物质,如果汁、酶、药品等的分离、分级、浓缩与富集。

②膜分离过程不发生相变化,能耗低,因此膜分离技术又称省能技术。

③膜分离过程可用于冷法杀菌,代替沿袭的巴氏杀菌工艺等,保持了产品的色、香、味及营养成分。

④膜分离过程不仅适用于无机物、有机物、病毒、细菌直至微粒的广泛分离,而且还适用于许多特殊溶液体系的分离,如溶液中大分子与无机盐的分离、一些共沸物或近沸点物系的分离等。

⑤由于仅用压力作为膜分离的推动力,因此分离装置简便,操作容易、易自控、维修,且在闭合回路中运转,减少了空气中氧的影响。

⑥膜分离过程易保持食品某些功效特性,如蛋白的泡沫稳定性等。

⑦膜分离工艺适应性强,处理规模可大可小,操作维护方便,易于实现自动化控制。

(3)超滤技术在饮料加工业中的应用

①果汁加工。经过超滤澄清的果汁可有效地防止后浑浊,保持果汁的芳香成分;茶饮料的澄清。

②乳品及豆制品加工。在乳品工业中采用超滤设备浓缩鲜奶,以降低运输成本;乳清蛋白的回收。

③酒类加工。主要用于低度酒的除浊澄清,能明显提高酒的澄清度,保持酒的色、香、味,而且可以无热除菌,提高酒的保存期。

④糖类加工。美国和日本的一些制糖厂,先用超滤处理甘蔗原汁,可降低20%黏度,使以后的加工设备更容易处理糖浆。

⑤除菌。用一定截留分子量的超滤膜处理果汁以后,可将各种造成食品的腐败菌和病菌除去,同时可保持果汁的原有风味。现在美国有许多啤酒厂用陶瓷微滤膜将生啤酒过滤除菌,既保持了啤酒的风味,又延长了货架寿命。

⑥酶加工。采用超滤膜浓缩和提取酶制剂,不仅节能,而且可降低酶的失活程度,提高了酶的回收率。

2)实验目的

通过实验进一步了解膜分离技术的应用。本实验采用超滤技术处理茶汁,要求学生掌握超滤设备的原理和基本操作。

3)实验材料与设备

(1)实验材料

市售茶叶、200目滤布等。

(2)实验设备

国产超滤设备、台秤、天平、容器、烧杯等。

4)实验方法

(1)工艺流程

茶叶──→热水浸泡──→过滤──→冷却──→超滤──→澄清茶汁

(2)操作要点

①茶汁的制备。根据实验用量,配置浓度为2%的茶汁。先称取一定重量的茶叶放入容器中,加入开水浸泡,保持温度在85~95 ℃,时间约30 min。然后用200目滤布过滤,冷却后备用。

②超滤膜的选择。在茶饮料的生产过程中,由于技术原因,茶制品存放一段时间后呈混浊状态,出现絮状物,俗称"冷后浑"。经研究发现,"冷后浑"现象与茶叶中所含的咖啡碱、多酚类物质及高分子量蛋白质、多糖、果胶等物质有关。超滤法在保证茶饮料原有风味的前提下,可保持茶饮料良好澄清状态。可选用截留分子质量为7万~10万的超滤膜。使茶中的蛋白质、果胶、淀粉等大分子物质得以分离,从而获得低黏度、澄清、稳定的茶饮料。

(3)操作压力的确定

在采用超滤技术过滤时,随着时间的延长,膜内所截的大分子和胶体物质增多,阻碍了膜的通量。此时,不能用提高操作压力的措施,加快通量,否则,在较强的压力差的作用下,

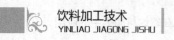

超滤膜会破裂,虽茶汁通量增加,但滤液质量会受很大影响。一般采用 0.3～0.35 MPa 的操作压力效果较好。

（4）实验设计

影响超滤速度的因素很多,如膜的分子量截留值、料液的浓度、操作温度、操作压力等因素,可进行多因素多水平的正交实验方法,分析出最佳条件。

5)产品的评价

（1）感官指标

具有原有的茶色;茶香较浓;清澈透明,无沉淀。

（2）卫生指标

应符合国家标准。

6)讨论题

a.超滤是否会使茶中的风味物质如茶多酚、咖啡碱损失？为什么？

b.超滤膜的清洗和保养方法？

实训 2　超微粉碎技术

1)实验原理

超微粉碎一般是指将 3 mm 以上的物料颗粒,粉碎至 10～25 μm 以下的过程。由于颗粒的微细化导致表面积和孔隙率的增加,超微粉体具有独特的物理化学性能,微细化的食品具有很强的表面吸附力和亲和力。因此,具有很好的固香性、分散性和溶解性,特别容易消化吸收。

（1）超微粉碎设备

超微粉碎依赖于超微粉碎设备。超微粉碎设备主要有下面几种:

①球磨机。它主要靠冲击进行破碎。

②胶磨机。胶磨机也称胶体磨,主要由一固定表面和一旋转表面所组成。胶体磨能使成品粒度达到 2～50 μm。胶磨机是一种比较理想的超微粉碎设备,但胶体磨对料水比有一定要求。

③气流磨机。气流磨又称流能磨或喷射磨,是利用压缩空气或过热蒸汽通过一定压力的喷嘴产生超音速气流作为物料颗粒的载体,使颗粒获得巨大的动能。两股相向运动的颗粒发生相互碰撞或与固定板冲击,从而达到粉碎的目的。

④振动磨机。振动磨是用弹簧支撑磨机体,由一带有偏心块的主轴使其振动,磨机通常是圆柱形或槽形。

⑤冲击粉碎机。这种粉碎机利用围绕水平轴或垂直轴高速旋转的转子对物料进行强烈冲击、碰撞和剪切。

⑥超声波粉碎机。超声波发生器和换能器产生高频超声波。超声粉碎后颗粒粒度在 4 μm 以下,而且粒度分布均匀。

⑦均质乳化机。如果需要对液状物料进行细化、均质,可以通过均质和乳化机来实现。其作用原理是通过机械作业或流体力学效应造成高压、挤压冲击和失压等使料液在高压下挤研,在强冲击下发生剪切,在失压下膨胀,而达到细化和均质的目的。

（2）超微粉碎在饮料加工中的应用

①液体饮料和固体饮料加工。利用超微粉碎技术已开发出各种液体饮料和固体饮料,如蛋白饮料、粉茶、豆类固体饮料、超细骨粉富钙饮料、速溶绿豆精等。中国有着悠久的饮茶文化,传统的饮茶方法是用开水冲泡茶叶。但是人体并没有完全吸收茶叶的全部营养成分,一些不溶性或难溶的成分,如维生素 A、K、E 及绝大部分蛋白质、碳水化合物、胡萝卜素以及部分矿物质等都大量留存于茶渣中,大大地影响了茶叶的营养及保健功能。如果将茶叶在常温、干燥状态下制成粉茶,使粉体的粒径小于 5 μm,则茶叶的全部营养成分易被人体肠胃直接吸收,可以即冲即饮。

②果皮、果核经超微粉碎可转变为食品。蔬菜在低温下磨成微膏粉,既保存全部的营养素,纤维质也因微细化而增加了水溶性,口感更佳。

③粮油加工。经超微粉加工的面粉、豆粉、米粉的口感以及人体吸收利用率得到显著提高。将麦麸粉、大豆微粉等加到面粉中,可制成高纤维或高蛋白面粉。

④水产品加工。螺旋藻、海带、珍珠、龟鳖、鲨鱼软骨等通过超微粉加工制成的超微粉具有一些独特优点。

⑤功能性食品加工。超微粉碎技术在功能性食品基料的制备上起重要作用。例如以蔗渣为原料加工膳食纤维;各种畜、禽鲜骨经过超微粉碎成骨泥或骨粉,既能保持95%以上的营养素,而且营养成分又易被人体吸收,骨髓粉（泥）可以作为添加剂,制成高钙高铁的骨粉（泥）系列食品,具有独到的营养保健功能。

⑥调味品加工。微粉食品的巨大孔隙率会造成集合孔腔,因而可吸收并容纳香气从而经久不散,这是重要的固香方法之一,因此,作为调味品使用的超微粉,其香味和滋味更浓郁、突出。

2）**实验目的**

了解超微粉碎的形式,超微粉碎产品的特点,掌握超微粉碎设备的操作。本实验采用超微粉碎机处理茶叶。

3）**实验材料与设备**

（1）实验材料

市售茶叶、分析筛（40～400 目）等。

（2）实验设备

干燥箱、粉碎机、超微粉碎机等。

4）**实验方法**

（1）工艺流程

茶叶──→干燥──→粗粉碎──→过筛──→超微粉碎──→筛分──→茶粉

（2）操作要点

①茶叶的干燥。称取一定量的茶叶,放入干燥箱内干燥,温度在 50 ℃左右,干燥一定时间,使茶叶有脆性,便于粉碎。

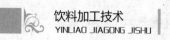

②粗粉碎。将干燥完毕的茶叶进行粗粉碎,以获得微粒,从而有利于超微粉碎。

③过筛。用40目标准筛过筛。

④超微粉碎。将过筛后的茶粒加到超微粉碎机内,开机、粉碎。

⑤筛分。超微粉碎完毕后,过400目达到一定标准,用标准筛进行筛分,以获得不同目数的产品。

5)实验结果

(1)产品的得率

分别计算不同目数的产品百分率。

(2)产品的评价

感官指标:超微粉碎茶粉具有原有的茶色;茶香较浓;口感细腻。

卫生指标:应符合国家标准。

6)讨论题

不同目数产品的溶解性、颜色、口感有何不同?

实训3 超临界流体萃取技术

1)实验原理

(1)超临界流体萃取技术的基本原理

超临界流体萃取是一种新型的萃取分离技术。任何物质都具有气、液、固三态。对一般物质而言,当液相和气相在常压下成平衡状态时,两相的物理性质,如黏度、密度等相差很显著,而在较高的压力下,这种差别逐渐缩小,当达到某一温度与压力时,两相差别消失合并成一相,此状态点称为临界点,此时的温度与压力分别称为临界温度与临界压力,当温度和压力略超过临界点时,其流体的性质介于液体和气体之间,称为超临界流体。

该技术是利用流体(CO_2溶剂)在临界点附近某一区域(超临界区)内,与待分离混合物中的溶质,具有异常相平衡行为和传递性能,它具有对溶质溶解能力随压力和温度改变而在相当宽的范围内变动这一特性,从而达到溶质的分离。它可从多种液态或固态混合物中萃取出待分离的组分。

超临界流体的密度与压力和温度有关。因此,在进行超临界萃取操作时,通过改变体系的温度和压力,改变流体密度,进而改变萃取物在流体中的溶解度,以达到萃取和分离的目的。在各种可作为超临界流体物质中,CO_2的临界温度为31.1 ℃;接近室温,临界压力为7.24 MPa;溶解力强;挥发性强;无毒,无残留;安全,不会造成环境污染;价格便宜,纯度高;性质稳定,避免产物氧化;节能。因此对保护热敏性和活性物质十分有利,更适于作为天然物质的萃取剂。

通常,超临界流体萃取系统主要由4部分组成:

①溶剂压缩机(即高压泵)。

②萃取器。

③温度压力控制系统。

④分离器和吸收器。

（2）超临界流体萃取技术的特点

①由于在临界点附近，流体温度或压力的微小变化会引起溶解能力的极大变化，使萃取后溶剂与溶质容易分离。

②由于超临界流体具有与液体接近的溶解能力，同时它又保持了气体所具有的传递性，有利于高效分离的实现。

③利用超临界流体可在较低温度下溶解或选择性地提取出相应难挥发的物质，更好地保护热敏性物质。

④萃取效率高，萃取时间短。可以省去清除溶剂的程序，彻底解决了工艺繁杂、纯度不够、且易残留有害物质等问题。

⑤萃取剂只需再经压缩便可循环使用，可大大降低成本。

⑥超临界流体萃取能耗低，集萃取、蒸馏、分离于一体，工艺简单，操作方便。

⑦超临界流体萃取能与多种分析技术，包括气相色谱（CC）、高效液相色谱（HPIC）、质谱（MS）等联用，省去了传统方法中蒸馏、浓缩溶剂的步骤，避免样品的损失、降解或污染，因而可以实现自动化。

（3）超临界流体萃取技术在饮料加工中的应用

由于超临界流体萃取技术在农产品加工中的应用日益广泛，已开始进行工业化规模的生产。例如：德国、美国等国的咖啡厂用该技术进行脱咖啡因；澳大利亚等国用该技术萃取啤酒花浸膏；欧洲一些公司也用该技术从植物中萃取香精油等风味物质，从各种动物油中萃取各种脂肪酸，从奶油和鸡蛋中去除胆固醇，从天然产物中萃取药用有效成分等。

迄今为止，超临界二氧化碳萃取技术在农产品加工中的应用及研究主要集中在以下5大方面：

①农产品风味成分的萃取，如香辛料、果皮、鲜花中的精油、呈味物质的提取。

②动植物油的萃取分离，如花生油、菜籽油、棕榈油等的提取。

③农产品中某些特定成分的萃取，如沙棘中沙棘油、月见草中 r-亚麻酸、牛奶中胆固醇、咖啡豆中咖啡碱的提取。

④农产品脱色脱臭脱苦，如辣椒红色素的提取、羊肉膻味物质的提取、柑橘汁的脱苦等。

⑤农产品灭菌防腐方面的研究。

2）实验目的

利用超临界流体萃取技术分离提取某种成分。如风味物质、色素的提取等。本实验从干姜中萃取姜油。

3）实验材料与设备

（1）实验原材料

市售鲜姜。

（2）实验设备

干燥箱、粉碎机、天平、分析筛、国产超临界萃取设备等；钢瓶装 CO_2 气体：纯度99.5%以上（食品级）。

4）实验方法

（1）工艺流程

鲜姜清洗──→切片──→低温干燥──→粉碎──→过筛

CO_2钢瓶──→冷凝器──→高压器──→加热器──→萃取罐──→过滤──→减压──→分离罐（CO_2循环）──→姜油

（2）操作要点

①鲜姜预处理。鲜姜清洗后,去皮、切成薄片2~3 mm,在干燥箱内45~50 ℃低温烘干,粉碎至20目左右备用。

②萃取分离。称取0.5 kg重的干姜粉,加到萃取罐中,通过CO_2提高萃取压力到预定试验值,加热升温并保持在设定温度,用一定流量的超临界CO_2流体连续萃取。溶于CO_2流体的油脂流入分离罐,经降温降压,CO_2在分离釜中重新汽化,并循环压缩、冷却为CO_2流体使用,姜油从分离罐底部取出。

（3）实验设计

由于萃取的压力、萃取温度、萃取时间等因素都影响到萃取率,因此采用正交实验的方法确定最佳工艺条件。可采用三因子三水平正交试验如下:

表 12.1　三因子三水平正交试验

因子 水平	A 压力/MPa	B 温度/℃	C 时间/h
1	20	30	2.0
2	25	40	3.0
3	30	50	4.0

（4）萃取率的计算

$$萃取率(\%) = \frac{萃取油量}{装样量} \times 100\%$$

$$有效萃取率(\%) = \frac{萃取油量}{装样量 - 总含油量} \times 100\%$$

5）实验结果

（1）萃取条件的确定

如萃取压力为25 MPa、萃取温度为50 ℃、萃取时间为2 h时的萃取率较高。

（2）产品质量指标

将萃取物(姜油)称重计算萃取率,再做进一步分析。超临界CO_2萃取的姜油,外观为棕黄色、油状液体,具有姜的天然香气和辛辣味;折射率(20 ℃)为1.495~1.499;密度(25 ℃)为0.86~0.91 g/cm^3;微生物及重金属检查应符合国家标准。

6）讨论题

a.干姜为什么要粉碎到一定的细度?

b.除了萃取压力、温度和时间,还有哪些因素影响姜油的萃取率?

实训4 微胶囊造粒技术

1）实验原理

微胶囊造粒技术就是将固体、液体或气体物质包埋、封存在一种微胶囊内,成为一种固体微粒产品的技术,这样能够保护被包裹的物料,使之与外界隔绝,达到最大限度地保持其原有的色香味、性能和生物活性,防止营养物质的破坏与损失。

（1）微胶囊造粒技术的特点

微胶囊化的核心物质,其特点与微胶囊前有所不同,可归纳为如下：

①将液体或半固体的物料转化为固体粉末可以使核心物质稳定化,贮存期延长。

②经胶囊化的核心物质将以一定速率逐渐释放,在食品中加入胶囊化的风味剂,回味延长。

③隔离物料,起保护作用,防止光、水、温度、气体可能引起的物料变质。

④掩盖不良风味,如异味、苦味、辛辣味等。

⑤胶囊化对食品的质构有改善作用,且由于胶囊化可降低风味物质的损失,提高利用率。

（2）微胶囊技术在饮料加工中的应用

①包埋酸味剂。由于酸味剂和食品中的许多成分相互作用,往往产生不良作用,影响到产品的质量,而微胶囊化的酸味剂可解决这些问题。

②胶囊化天然色素。许多天然色素应用时存在溶解度问题,微胶囊化后可明显改善它们的溶解度,增加色素的稳定性,消除分层现象,同时可延长保存期。

③微胶囊化的风味剂和香料。可改善风味剂和香料对光、氧化、挥发的稳定性,延长保存期等特点。

④微胶囊化的甜味剂。温度和湿度对甜味剂的品质有重要影响,微胶囊化的甜味剂吸湿性明显下降,改善了它们的流变特性,使甜味感更持久。

⑤微胶囊化的维生素和矿物质。微胶囊化的脂溶、水溶性维生素和矿物元素,其应用效果更好,能减少对产品品质的不良影响,提高了维生素的稳定性。

⑥微胶囊化酶制剂或微生物。微胶囊化的酶制剂或微生物,对热、pH稳定性得到明显改善,拓宽了应用范围。

⑦微胶囊化防腐剂等添加剂。微胶囊技术包埋防腐剂,可利用其缓释特点,延长其防腐时间并减少其毒性。此外,用微胶囊技术可包埋生物活性物质等添加剂。

2）实验目的

通过实验了解微胶囊技术的基本知识,掌握常用的一种包埋方法。本实验采用离心喷雾(微胶囊包埋)技术制作粉末油脂。熟练掌握离心喷雾干燥的操作原理。

3）实验材料与设备

（1）实验材料

芝麻油、乳化剂 HLB:4.0~6.0;包埋剂:麦芽糊精、变性淀粉、羧甲基纤维素钠等。

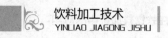

（2）实验设备

均质机、离心喷雾干燥设备、电热恒温水浴箱、搅拌器、台秤、天平、扫描电子显微镜等。

4）实验方法

（1）工艺流程

原料混合——乳化原液——均质乳化（两次）——喷雾干燥——包装

（2）配方（乳化原液的配比）

芝麻油：乳化剂：包埋剂：水 = 1：0.03：（1~2）：（4~6）。

（3）操作要点

①乳化原液的制备。先将包埋剂加水，搅拌、水浴加热溶解；芝麻油与乳化剂混合，稍加热、搅拌溶解后倒入包埋剂溶液中，搅拌制成乳化原液，温度控制为 45~55 ℃。

②均质。将乳化原液倒入均质机中，进行两次均质，第 1 次：压力控制在 15~25 MPa；第 2 次：压力控制在 30~40 MPa。经均质后，得到均匀稳定的 O/W 型乳化液。

③喷雾干燥（微胶囊包埋）。开始操作时，先开启电加热器，并检查是否正常，如正常即可运转，预热干燥器；预热期间关闭干燥器顶部用于喷雾转盘的孔口及出料口，以防冷空气漏进，影响预热；当干燥器内温度达到预定要求时，开动喷雾转盘，待转速稳定后，开始进料进行喷雾干燥；根据设定的工艺条件，通过电源调节和控制所需的进风温度、出风温度、进料速度，将乳化液送入离心喷雾干燥机内，进行脱水干燥。如进风温度控制在：130~140 ℃，出风温度控制在：60~75 ℃。

喷雾完毕后，先停止进料再开动排风机出粉，停机后打开干燥器，用刷子扫室壁上的粉末，关闭干燥器再次开动排风机出粉；必要时对设备进行清洗和烘干。

（4）实验设计

在离心喷雾干燥微胶囊过程中，由于包埋剂的种类、心材与壁材比例、均质的压力、干燥空气进、出口温度、进料速度等因素，都会影响产品质量。可进行多因素多水平的正交实验方法，确定最佳工艺参数。

5）实验结果

（1）膜表面结构的观察

取少量粉末芝麻油样品，用扫描电子显微镜进行观察。胶囊颗粒，表面光滑，有凹陷。由于喷雾造粒不可能均匀一致，因此其颗粒大小有所差异。

（2）产品质量指标

颜色、气味与滋味：淡黄色、无异味、具有芝麻油正常的香味，入口有滑感。

溶解性：热水一冲就能很快溶解。

乳化性：无油滴上浮，无分层结膜现象，冲调后成均匀的乳状液，乳状液稳定性好。

吸潮性：不易吸潮。

卫生指标：应符合国家标准。

6）讨论题

a.试分析离心喷雾干燥时，进料速度对产品的影响。

b.在离心喷雾干燥微胶囊过程中，所有的油脂是否都被包埋了？为什么？

实训 5　真空冷冻干燥技术

1）实验原理

（1）真空冷冻干燥技术的基本原理

水有 3 种相态，即固态、液态和气态，3 种相态之间既可以相互转换又可以共存。真空冷冻干燥是把新鲜的食品如蔬菜、肉类、水产品等预先快速冻结，并在真空状态下，将食品中的水分从固态升华成气态，再由解吸干燥除去部分结合水，从而达到低温脱水干燥的目的。冻干食品不仅保持了食品的色、香、味、形，而且最大限度地保存了食品中的维生素、蛋白质等营养成分。冻干食品具有良好的复水性，食用时只要将该食品加水即可在几分钟内就会复原。

真空冷冻干燥设备通常由干燥室、制冷系统、真空系统、加热系统和控制系统设备组成。

（2）真空冷冻干燥技术的特点

食品冷冻干燥是一种高质量的干燥保存方法，与通常的晒干、烘干及真空干燥相比，具有以下特点：

①食品干燥是在低温（−60～−40 ℃）下进行，且处于高真空状态，因此，特别适用于热敏性高和极易氧化的食品干燥，可以保留新鲜食品的色、香、味及营养成分。

②冻干食品体积、形状基本不变，保持原有的固体骨架结构，同时干制品可以加工成极细的粉状物料，用于制作调味品、保健品和速溶品等。

③冻干食品具有多孔结构，因此，具有理想的速溶性和复水性。复水时，比其他干燥方法生产的食品更接近新鲜食品。

④冻干食品在升华过程中溶于水的可溶性物质就地析出，避免了一般干燥方法中因物料内部水分向表面迁移而将无机盐和营养物携带到物料表面而造成表面硬化和营养损失的现象。

⑤冻干食品采用真空或充氮包装和避光保存，可保持 5 年不变，产品保存期长，常温下即可运输储存，可大大降低其经营费用。

（3）真空冷冻干燥技术在饮料类加工业中的应用

几乎所有的食品原料，果蔬、肉禽、蛋、水产品等都可进行真空冷冻干燥加工，但真空冷冻干燥设备比较昂贵，加工中耗能也大，一般生产成本较高，但从产品流通的总成本、销售价格高以及冷冻干燥法所独有的优点来看，冻干食品在实际生产中具有很高的应用价值。

真空冻干饮料类食品的种类：

①饮料类。咖啡、茶叶等固体饮料。

②水果类。香蕉、苹果、草莓、哈密瓜、菠萝等。

③蔬菜类。蒜、葱、蘑菇、香菜、芦笋、胡萝卜、黄花菜、豌豆、洋葱等。

④保健食品。人参、鹿茸、蜂王浆、蜂蜜、花粉、鳖粉等。

⑤食品添加剂。动物胶质蛋白、天然色素等。

2）实验目的

通过实验了解真空冷冻干燥的基本知识及设备的操作过程。本实验把香蕉片进行冻干。

3）实验材料与设备

（1）实验材料

市售成熟的香蕉、包装袋等。

（2）实验设备

速冻设备(-38 ℃以下)、真空冷冻干燥机、真空包装机、台秤与天平等。

4）实验方法

（1）工艺流程

一般食品真空冷冻干燥可按下面工艺流程图进行：

原料——→前处理——→速冻——→真空脱水干燥——→后处理

（2）操作要点

①前处理。将新鲜成熟的香蕉切成4~5 mm厚片,称重后放在托盘中(单层铺放)。冻干食品的原料若按其组织形态来分,可分为固态食品和液体食品。对固态食品原料的预处理过程,包括选料、清洗、切分、烫漂和装盘等。其目的是清除杂物,易升华干燥。避免加热过度,无论蒸煮还是浸渍,都要按工艺要求加工,只有把好前处理关,才有可能生产出高品质的冻干食品。液态食品原料的成分和浓度各不相同,若将它们直接干燥成粉末,耗能太大,一般采取真空低温浓缩或冷冻浓缩的方法进行预处理。

②速冻。将装好的香蕉片速冻,温度在-35 ℃左右,时间约2.0 h。冻结终了温度约在-30 ℃,使物料的中心温度在共晶点以下。(溶质和水都冻结的状态称为共晶体,冻结温度称为共晶点。)

速冻的目的是将食品内的水分固化,并使冻干后产品与冻干前具有相同的形态,以防止在升华过程由于抽真空而使其发生浓缩、起泡、收缩等不良现象的发生。一般来说,冻结得越快,物品中结晶越小,对细胞的机械损坏作用也越小。冻结时间短,蛋白质在凝聚和浓缩作用下,不会发生变质。

③真空脱水干燥。包括升华干燥和解析干燥两个阶段。

升华干燥:冻结后的食品须迅速进行真空升华干燥。食品在真空条件下吸热,冰晶就会升华成水蒸气而从食品表面逸出。升华过程是从食品表面开始逐渐向内推移,在升华过程中,由于热量不断被升华热带走,要及时供给升华热能,来维持升华温度不变。当食品内部的冰晶全部升华完毕,升华过程便完成。首先,将冷阱预冷至-35 ℃,打开干燥仓门,装入预冻好的香蕉片并关上仓门,启动真空机组进行抽真空,当真空度达到30~60 Pa时,进行加热,这时冻结好的物料开始升华干燥。但加热不能太快或过量,否则香蕉片温度过高,超过共溶点,冰晶溶化,会影响质量。所以,料温应控制为-20~25 ℃,时间为3~5 h。

解吸干燥:升华干燥后,香蕉片中仍含有少部分的结合水,较牢固。所以必须提高温度,才能达到产品所要求的水份含量。料温由-20 ℃升到45 ℃左右,当料温与板层温度趋于一致时,干燥过程即可结束。

真空干燥时间为8~9 h。此时水分含量减至3%左右,停止加热,破坏抽真空,出仓。

如此干燥的香蕉片能在 80~90 s 内用水或牛奶等复原,复原后仍具有类似于新鲜香蕉的质地、口味等。

④后处理。当仓内真空度恢复接近大气压时打开仓门,开始出仓,将已干燥的香蕉片立即进行检查、称重、包装等。

冻干食品的包装是很关键的。由于冷冻食品保持坚硬,外逸的水分留下通道,冻干食品组织呈多孔状,因此与氧气接触的机会增加,为防止其吸收大气水分和氧气可采用真空包装或充氮包装。为保持干制食品含水在 5% 以下,包装内应放入干燥剂以吸附微量水分。包装材料应选择密闭性好,强度高,颜色深的为好。

(3)实验设计

在真空冻干过程中影响因素很多,如物料厚度、预冻温度和升华真空度等条件,可进行多因素多水平的实验设计。通过实验结果确定最佳工艺参数。

5)实验结果

(1)产品的脱水率

$$计算冻干产品的脱水率(\%) = \frac{W_1 - W_2}{W_1} \times 100\%$$

式中　W_1——冻干前的质量,g;

　　　W_2——冻干后的质量,g。

(2)产品的评价

感官指标:外观形状饱满(不塌陷);断面呈多孔海绵样疏松状;保持了原有的色泽;具有浓郁的芳香气味,复水较快,复水后芳香气味更浓。

卫生指标:应符合国家标准。

6)讨论题

a.加热升华时温度是不是越低越好? 为什么?

b.冻干食品与传统干燥食品相比有哪些优点?

参考文献

［1］李勇.现代软饮料生产技术［M］.北京:化学工业出版社,2005.

［2］朱珠.软饮料加工技术［M］.北京:化学工业出版社,2011.

［3］邵长富,赵晋府.软饮料工艺学［M］.北京:中国轻工业出版社,2005.

［4］张国治.软饮料加工机械［M］.北京:化学工业出版社,2006.

［5］王国军.软饮料加工技术［M］.武汉:武汉理工大学出版社,2011.

［6］高愿军.软饮料加工技术［M］.北京:中国科学技术出版社,2012.

［7］朱珠.软饮料加工技能综合实训［M］.北京:化学工业出版社,2008.

［8］祝战斌,蔡健.软饮料加工技术［M］.北京:中国农业出版社,2008.

［9］陈月英,王林山.饮料生产技术［M］.北京:科学出版社,2010.

［10］肖旭霖.食品机械与设备［M］.北京:科学出版社,2006.

［11］杨清香,于艳琴.果蔬加工技术［M］.北京:化学工业出版社,2010.

［12］顾国贤.酿造酒工艺学［M］.北京:中国轻工业出版社,2012.

［13］许学勤.食品工厂机械与设备［M］.北京:中国轻工业出版社,2008.

［14］叶博,徐延驰,盛强.蜂蜜柠檬红茶饮料的研制［J］.农业科技与装备,2011(5):24-25,28.

［15］叶敏.饮料加工技术［M］.北京:化学工业出版社,2008.

［16］田呈瑞,徐建国.软饮料工艺学［M］.北京:中国计量出版社,2005.

［17］高愿军.软饮料工艺学［M］.北京:中国轻工业出版社,2009.

［18］阮美娟,徐怀德.饮料生产工艺学［M］.北京:中国轻工业出版社,2013.

［19］蒋和体.软饮料工艺学［M］.重庆:西南师范大学出版社,2008.

［20］李基洪.软饮料生产工艺与配方［M］.广州:广东科技出版社,2004.

［21］张国农.食品工厂设计与环境保护［M］.北京:中国轻工业出版社,2008.

［22］朱蓓薇.软饮料生产工艺与设备选用手册［M］.北京:化学工业出版社,2004.